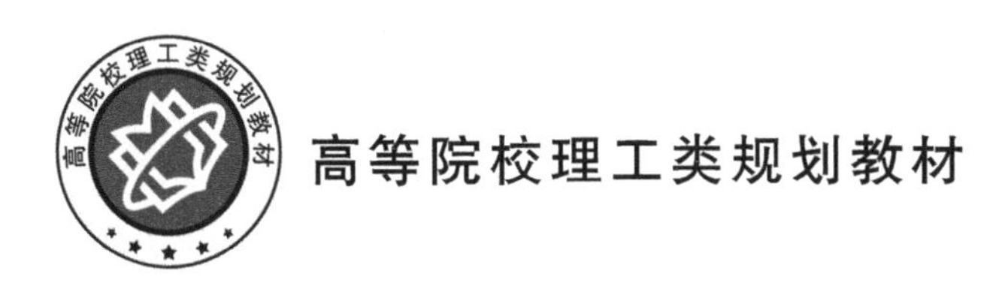

微　积　分

张汉雄　编著

北京邮电大学出版社
www.buptpress.com

内 容 简 介

本书源于作者在中国矿业大学（北京）讲授“高等数学”这门课时的一些思考. 作者力图在不太大的篇幅内, 对一元微积分的主要内容做一个较为严格的介绍. 例如: 用实数的确界公理来证明数列极限的单调有界收敛定理; 用幂级数来定义指数函数和三角函数, 并用代数和分析的方法来证明它们满足我们在中学阶段直接接受或者依靠几何推理得到的一些性质. 鉴于现在的高中毕业生对不等式放缩、反三角函数等内容比较生疏, 本书在第1章对这些属于初等数学的内容做了复习和阐述. 另外, 为了增加可读性, 作者对书中出现的每位数学家都做了简单的介绍.

本书的主要内容包括初等数学回顾、数列的极限、级数、函数的极限、连续函数、导数、中值定理及其应用、原函数、黎曼积分和简单的微分方程.

本书可作为高等院校理工科各专业本科生“微积分”课程的教材或者参考书, 也可供数学爱好者自学.

图书在版编目(CIP) 数据

微积分 / 张汉雄编著. -- 北京：北京邮电大学出版社，2022. 12 (2024.8 重印)
ISBN 978-7-5635-6816-1

Ⅰ. ①微… Ⅱ. ①张… Ⅲ. ①微积分-高等学校-教材 Ⅳ. ①O172

中国版本图书馆 CIP 数据核字（2022）第 236374 号

策划编辑: 彭 楠 **责任编辑:** 刘春棠 **责任校对:** 张会良 **封面设计:** 七星博纳

出版发行: 北京邮电大学出版社
社 址: 北京市海淀区西土城路 10 号
邮政编码: 100876
发 行 部: 电话：010-62282185 传真：010-62283578
E-mail: publish@bupt.edu.cn
经 销: 各地新华书店
印 刷: 保定市中画美凯印刷有限公司
开 本: 787 mm×1 092 mm 1/16
印 张: 14.75
字 数: 364 千字
版 次: 2022 年 12 月第 1 版
印 次: 2024 年 8 月第 2 次印刷

ISBN 978-7-5635-6816-1 定价：36.00 元

前　言

从 2015 年起至今, 作者已经教了七年的“高等数学”(其实就是“微积分”) 了. 每次上这门课的时候, 总有一个想法在脑海中萦绕: 要不要自己写一本书? 这样就能把自己一些稍纵即逝的想法记录下来. 写书的想法很早就有, 但付诸行动却拖了很久, 直到 2021 年的秋季学期才开始动笔. 现在基本完成了一元微积分的部分, 它就是展现在各位面前的这本小书. 目前市面上的微积分教材很多, 这本小书的意义也许只是一个任意小的 ϵ. 如果它能对某些数学爱好者有所裨益, 作者定会感到万分欣慰.

下面说一下对本书的一点构想. 首先, 作者觉得一本教材应该是严谨且易于阅读的, 叙述了但不给证明的结论不能太多. 现在的很多微积分教材通常都会省略某些重要定理的证明. 作者上大学时读的第一本微积分教材就把“有界数列必有收敛子列”当作一条基本结论而没有给出证明. 如果去翻看数学系的教材, 则其大多过于厚重, 好几百页的“卓里奇”不知从何看起, 翻到这个定理结果发现还要用到上一个定理. 因此, 作者想要写一本篇幅紧凑又能自给自足的小书. 自给自足的标准就是提到的结果尽量都给出证明, 特别是后面还要反复用到的结果, 除非它特别显然或者是个公理, 再或者这个结果无关主旨, 不过顺手提及. 为了在比较小的代价下达到这个标准, 我们不追求结果的一般性, 而是满足于够用就行, 所以读者会发现某些定理的条件显得有点苛刻, 这都是为了使证明更加简单.

作者在教学过程中发现, 现在的高中毕业生对不等式放缩、反三角函数等内容知之甚少, 所以本书的第 1 章对这些属于初等数学的内容做了复习和阐述. 在讲述二阶线性常系数微分方程的时候, 本书也有一些独到的处理方法, 通过将二阶方程转化为一阶方程, 避开了微分方程解的存在唯一性定理, 同时还得到了方程的全部解. 另外, 为了增加可读性, 作者对书中出现的每位数学家都做了简单的介绍, 数学家们的照片均来自 MacTutor 数学史网站.

由于作者水平有限, 书中谬误之处在所难免. 作者的邮箱是 zhanghanxiong@163.com, 欢迎大家批评指正.

目　录

第 1 章 初等数学回顾

现在的中学数学与大学数学之间存在一条不容忽视的鸿沟. 许多基本的内容, 如一些重要的代数恒等变形、几个著名的不等式、三角函数的和差化积公式、复数的三角形式、反三角函数等, 在中学数学的大纲中, 要么被删除, 要么被弱化或者边缘化, 我们在这里补一补.

题外话: 大部分数学教材的作者用我们而不是我自称 (艾德蒙·朗道可能是一个例外), 为的是拉近与读者的距离, 这也是写书人的良苦用心.

在本书中, 字母 $a, b, c, p, q, r, s, t, u, v, w, x, y, z$ 一般代表实数或者复数, 字母 i, j, k, l, m, n 一般代表整数 (但也有例外). 另外, $\mathbb{R}$ 表示实数集, $\mathbb{C}$ 表示复数集, $\mathbb{Q}$ 表示有理数集, $\mathbb{Z}$ 表示整数集, $\mathbb{N}$ 表示自然数集, $\mathbb{N}^+$ 表示正整数集.

1.1 平方差公式及其推广

定理 1.1 (平方差公式) 设 a, b 是两个复数, 则

$$a^2 - b^2 = (a-b)(a+b).$$

推论 1.1 若 $a+b \neq 0$, 则 $a - b = \dfrac{a^2-b^2}{a+b}$.

例 1.1 设 x 是一个实数, 则

$$\sqrt{x^2+1} - x = \frac{\left(\sqrt{x^2+1}\right)^2 - x^2}{\sqrt{x^2+1}+x} = \frac{1}{\sqrt{x^2+1}+x}.$$

这个等式从左往右看就是分子有理化, 从右往左看就是分母有理化. 两边取对数, 得到

$$\ln(\sqrt{x^2+1} - x) = -\ln(\sqrt{x^2+1}+x),$$

即 $f(x) = \ln(\sqrt{x^2+1}+x)$ 是一个奇函数. 你知道它的反函数是什么吗? 这里出现了对数函数, 后面我们再详细地谈一谈指数函数以及对数函数到底是如何定义的.

我们还可以做近似计算: 当 x 较大 (比如, $x = 100$) 的时候, $\sqrt{x^2+1} \approx x$, 因此

$$\sqrt{x^2+1} - x = \frac{1}{\sqrt{x^2+1}+x} \approx \frac{1}{x+x} = \frac{1}{2x}.$$

比如, $\sqrt{100^2+1} - 100 \approx \dfrac{1}{200} = 0.005$.

练习 1.1 设 n 是一个正整数, 给出 $\sqrt{n^2+1} - n < 0.01$ 的一个充分条件.

定理 1.2 (立方差公式) 设 a,b 是两个复数, 则

$$a^3-b^3=(a-b)(a^2+ab+b^2).$$

练习 1.2 当 x 较大 (比如, $x=100$) 的时候, $\sqrt[3]{x^3+x}-x$ 大约等于多少?

定理 1.3 (n 次方差公式) 设 n 是一个正整数, a,b 是两个复数, 则

$$a^n-b^n=(a-b)(a^{n-1}+a^{n-2}b+\cdots+ab^{n-2}+b^{n-1}).$$

这个等式的证明很简单, 只需要把右边展开再整理一下即可, 很多项都抵消了. 大多数恒等式的证明都是这般简单而枯燥: 从复杂的一边开始, 慢慢变形到简单的一边.

例 1.2 作为上述定理的特例, 对任意复数 x, 有

$$x^n-1=(x-1)(x^{n-1}+x^{n-2}+\cdots+x+1).$$

因为 $2022=3\times 674$, 所以

$$2^{2022}-1=2^{3\times 674}-1=8^{674}-1=(8-1)(8^{673}+8^{672}+\cdots+8+1)$$

是 7 的倍数.

有没有 n 次方和的公式呢? 我们在初中学过立方和公式

$$a^3+b^3=(a+b)(a^2-ab+b^2),$$

它实际上就是把立方差公式 $a^3-b^3=(a-b)(a^2+ab+b^2)$ 中的 b 换成 $-b$ 得到的. 当 n 是奇数的时候, 由 n 次方差公式可以得到 n 次方和公式.

练习 1.3 写出 5 次方差公式与 5 次方和公式.

练习 1.4 a^2+b^2 和 a^4+b^4 可以因式分解吗?

1.2 二项式定理

定理 1.4 (二项式定理) 设 n 是一个正整数, 则

$$(a+b)^n=\mathrm{C}_n^0a^n+\mathrm{C}_n^1a^{n-1}b+\mathrm{C}_n^2a^{n-2}b^2+\cdots+\mathrm{C}_n^{n-1}ab^{n-1}+\mathrm{C}_n^nb^n.$$

这里 $\mathrm{C}_n^k=\dfrac{n!}{(n-k)!k!}$, 表示从 n 个人中选出 k 个代表的方法总数.

利用求和号 $\sum$, 二项式定理可以写成

$$(a+b)^n=\sum_{k=0}^{n}\mathrm{C}_n^ka^{n-k}b^k=\sum_{k=0}^{n}\frac{n!}{(n-k)!k!}a^{n-k}b^k.$$

二项式定理有一种更对称的写法: 令 $n-k=j$, 则 j,k 都是自然数, 且

$$(a+b)^n=\sum_{j+k=n}\frac{n!}{j!k!}a^jb^k\Longrightarrow\frac{(a+b)^n}{n!}=\sum_{j+k=n}\frac{a^j}{j!}\cdot\frac{b^k}{k!}.$$

由此还可以推出三项式定理:

$$(a+b+c)^n = \sum_{i+l=n} n! \cdot \frac{a^i}{i!} \cdot \frac{(b+c)^l}{l!} = \sum_{i+l=n} n! \cdot \frac{a^i}{i!}\Big(\sum_{j+k=l} \frac{b^j}{j!} \cdot \frac{c^k}{k!}\Big)$$
$$= \sum_{i+j+k=n} \frac{n!}{i!j!k!} a^i b^j c^k.$$

例 1.3　设 a 是一个正数, n 是一个大于 1 的正整数, 则

$$(1+a)^n = \mathrm{C}_n^0 + \mathrm{C}_n^1 a + \mathrm{C}_n^2 a^2 + \cdots > \mathrm{C}_n^2 a^2.$$

练习 1.5 (判断题)　当正整数 n 越来越大时, $\sqrt[n]{n}$ 是否会越来越接近 1?
提示: 令 $a = \sqrt[n]{n} - 1$, 则 $\sqrt[n]{n}$ 接近 1 等价于 a 接近 0.

例 1.4　设 n 是一个正整数, 则 $\left(1+\dfrac{1}{n}\right)^n < \left(1+\dfrac{1}{n+1}\right)^{n+1}$.

证明　利用二项式定理把左边展开,

$$\left(1+\frac{1}{n}\right)^n = \mathrm{C}_n^0 + \mathrm{C}_n^1 \cdot \frac{1}{n} + \mathrm{C}_n^2 \cdot \left(\frac{1}{n}\right)^2 + \mathrm{C}_n^3 \cdot \left(\frac{1}{n}\right)^3 + \cdots$$
$$= 1 + n \cdot \frac{1}{n} + \frac{n(n-1)}{2!} \cdot \frac{1}{n^2} + \frac{n(n-1)(n-2)}{3!} \cdot \frac{1}{n^3} + \cdots$$
$$= 1 + 1 + \frac{1}{2!} \cdot \left(1 - \frac{1}{n}\right) + \frac{1}{3!} \cdot \left(1 - \frac{1}{n}\right)\left(1 - \frac{2}{n}\right) + \cdots$$

同理, 可得

$$\left(1+\frac{1}{n+1}\right)^{n+1} = 1 + 1 + \frac{1}{2!} \cdot \left(1 - \frac{1}{n+1}\right) + \frac{1}{3!} \cdot \left(1 - \frac{1}{n+1}\right)\left(1 - \frac{2}{n+1}\right) + \cdots$$

逐项比较, 易见 $\left(1+\dfrac{1}{n}\right)^n < \left(1+\dfrac{1}{n+1}\right)^{n+1}$.

□

练习 1.6 (2001 年高考数学全国卷第 20 题第 2 问)　设 m, n 都是正整数且 $m < n$, 求证: $(1+m)^n > (1+n)^m$.

1.3　重要的不等式

我们知道这样一个基本事实: 对任意实数, $x \leqslant |x|$.

定理 1.5 (绝对值不等式 I)　设 x, y 都是实数, 则

$$|x+y| \leqslant |x| + |y|.$$

等号成立当且仅当 $xy \geqslant 0$.

证明 因为 $x^2=|x|^2$, 所以

$$(x+y)^2=x^2+2xy+y^2\leqslant x^2+2|xy|+y^2=\big(|x|+|y|\big)^2.$$

开方即得所要的结果.

□

定理 1.6 (绝对值不等式 Ⅱ) 设 x,y 都是实数, 则

$$\big||x|-|y|\big|\leqslant|x-y|.$$

等号成立当且仅当 $xy\geqslant 0$.

证明 因为 $x^2=|x|^2$, 所以

$$\big(|x|-|y|\big)^2=x^2-2|x|\cdot|y|+y^2\leqslant x^2-2xy+y^2=(x-y)^2.$$

开方即得所要的结果.

□

如果 x,y 都是复数, 也有类似的不等式成立. 此时, $|x|$ 表示复数 x 的模长. 显然, 对任意复数 x, 我们有 $\mathrm{Re}\ x\leqslant|x|$, 这里 $\mathrm{Re}\ x$ 表示复数 x 的实部.

定理 1.7 (模长不等式) 设 x,y 都是复数, 则

$$|x+y|\leqslant|x|+|y|.$$

等号成立当且仅当 $x\bar{y}\geqslant 0$.

证明 对任意复数 x, 我们有 $|x|^2=x\bar{x}$. 因此

$$|x+y|^2=(x+y)\overline{(x+y)}=(x+y)(\bar{x}+\bar{y})=|x|^2+x\bar{y}+\bar{x}y+|y|^2.$$

因为 $x\bar{y}$ 和 $\bar{x}y$ 是共轭的两个复数, 所以

$$|x+y|^2=|x|^2+2\mathrm{Re}\ x\bar{y}+|y|^2\leqslant|x|^2+2|x\bar{y}|+|y|^2=(|x|+|y|)^2.$$

上式开方即得所要证的不等式. 等号成立当且仅当 $\mathrm{Re}\ x\bar{y}=|x\bar{y}|$, 即 $x\bar{y}\geqslant 0$.

□

注: 如果记 $x=a+\mathrm{i}b, y=c+\mathrm{i}d(a,b,c,d\in\mathbb{R})$, 则 $\mathrm{Re}\ x\bar{y}=ac+bd$, 因此不等式 $\mathrm{Re}\ x\bar{y}\leqslant|x\bar{y}|=|x|\cdot|y|$, 即 $ac+bd\leqslant\sqrt{a^2+b^2}\cdot\sqrt{c^2+d^2}$, 这就是最简单的 (二维的) 柯西不等式, 等号成立当且仅当 $ad-bc=0$.

利用类似的方法, 可以证明下面的不等式. 请读者写出证明过程.

定理 1.8 设 x,y 都是复数, 则

$$\big||x|-|y|\big|\leqslant|x-y|.$$

等号成立当且仅当 $x\bar{y}\geqslant 0$.

因为复数可以代表一个平面向量, 所以复数的模长不等式也被称为三角形不等式 (triangle inequality). 图 1.1是三角形不等式的图示.

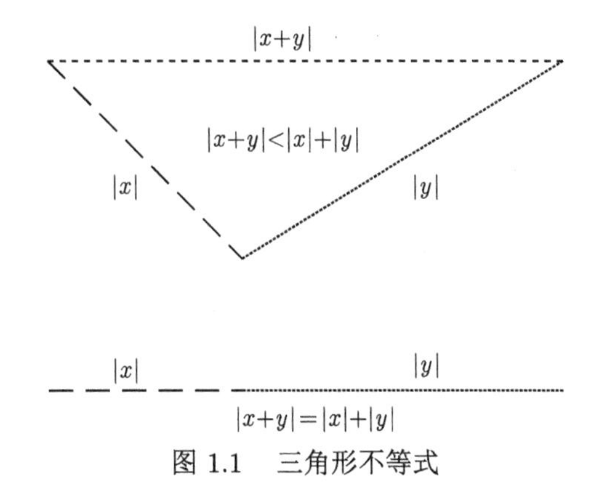

图 1.1　三角形不等式

定理 1.9 (均值不等式)　设 $n \geqslant 2$ 是一个正整数, 则对任意非负实数 $a_1, a_2, \cdots, a_n$, 都有

$$\frac{a_1 + a_2 + \cdots + a_n}{n} \geqslant \sqrt[n]{a_1 a_2 \cdots a_n},$$

等号成立当且仅当 $a_1 = a_2 = \cdots = a_n$.

我们把 $\dfrac{a_1 + a_2 + \cdots + a_n}{n}$ 称为 $a_1, a_2, \cdots, a_n$ 的算术平均 (arithmetic mean, AM), 把 $\sqrt[n]{a_1 a_2 \cdots a_n}$ 称为 $a_1, a_2, \cdots, a_n$ 的几何平均 (geometric mean, GM). 因此上述不等式也叫算术平均-几何平均不等式、AM-GM 不等式或者 AG 不等式.

证明　标准的证法是利用数学归纳法. 这里我们介绍一种有点迂回的方法 (应该会更容易理解一些).

(1) 先看 $n = 2$ 的情形.

$$\frac{a_1 + a_2}{2} - \sqrt{a_1 a_2} = \frac{1}{2}(\sqrt{a_1} - \sqrt{a_2})^2 \geqslant 0,$$

等号成立当且仅当 $\sqrt{a_1} = \sqrt{a_2}$, 即 $a_1 = a_2$.

(2) 再看 $n = 4$ 的情形.

$$\begin{aligned}
\frac{a_1 + a_2 + a_3 + a_4}{4} &= \frac{1}{2}\left(\frac{a_1 + a_2}{2} + \frac{a_3 + a_4}{2}\right) \\
&\geqslant \frac{1}{2}\left(\sqrt{a_1 a_2} + \sqrt{a_3 a_4}\right) \\
&\geqslant \sqrt{\sqrt{a_1 a_2} \cdot \sqrt{a_3 a_4}} \\
&= \sqrt[4]{a_1 a_2 a_3 a_4}.
\end{aligned}$$

等号成立当且仅当 $a_1 = a_2, a_3 = a_4, \sqrt{a_1 a_2} = \sqrt{a_3 a_4}$, 即 $a_1 = a_2 = a_3 = a_4$.

(3) 回过头来看 $n=3$ 的情形. 我们想要证明

$$A=\frac{a_1+a_2+a_3}{3}\geqslant\sqrt[3]{a_1a_2a_3}=G.$$

利用四元均值不等式,

$$\frac{a_1+a_2+a_3+G}{4}\geqslant\sqrt[4]{a_1a_2a_3G},$$

即

$$\frac{3A+G}{4}\geqslant\sqrt[4]{G^3\cdot G}=G,$$

所以 $3A+G\geqslant 4G, 3A\geqslant 3G, A\geqslant G$. 等号成立当且仅当 $a_1=a_2=a_3=G$, 即 $a_1=a_2=a_3$.

剩下的情况就留给各位了.

□

练习 1.7 利用恒等式

$$a^3+b^3+c^3-3abc=(a+b+c)(a^2+b^2+c^2-ab-ac-bc)$$

证明三元均值不等式.

均值不等式能帮我们快速证明一些结果, 下面举例说明.

例 1.5 设 x 是一个正数, 则

$$2x+\frac{1}{x^2}=x+x+\frac{1}{x^2}\geqslant 3\sqrt[3]{x\cdot x\cdot\frac{1}{x^2}}=3.$$

等号成立当且仅当 $x=x=\dfrac{1}{x^2}$, 即 $x=1$.

作为均值不等式的应用, 我们再来证明一个经典的结果.

例 1.6 设 n 是一个正整数, 则 $\left(1+\dfrac{1}{n}\right)^n<\left(1+\dfrac{1}{n+1}\right)^{n+1}$.

证明 我们来分析一下, 左边是 n 个数的乘积, 右边是 $n+1$ 个数的乘积. 我们在左边乘以 1, 虽然没有改变它的值, 但它也变成了 $n+1$ 个数的乘积. 由 $n+1$ 元的均值不等式可知,

$$\left(1+\frac{1}{n}\right)^n\cdot 1\leqslant\left(\frac{1+\dfrac{1}{n}+\cdots+1+\dfrac{1}{n}+1}{n+1}\right)^{n+1}=\left(\frac{n+2}{n+1}\right)^{n+1}=\left(1+\frac{1}{n+1}\right)^{n+1}.$$

等号取不到, 因为 $1+\dfrac{1}{n}\neq 1$.

□

练习 1.8 设 n 是一个正整数, 求证: $\left(1-\dfrac{1}{n}\right)^n<\left(1-\dfrac{1}{n+1}\right)^{n+1}$.

练习 1.9 设 m,n 都是正整数且 $m<n$, 求证: $(1+m)^n>(1+n)^m$.

例 1.7 设 n 是一个大于 1 的正整数, 求证:

$$2^n>1+n\sqrt{2^{n-1}}.$$

很多大一的同学一看到不等式就想求导. 他们会令

$$f(x)=2^x-1-x\cdot 2^{\frac{x-1}{2}},$$

然后求 f 的导数, 通过考察 f' 的正负性来研究 f 的增减性, 从而得到要证的不等式. 很明显, f' 的表达式相当复杂, 比如会出现 $\ln 2$. 但大一的同学都能忍受, 甚至再求一次导也不在话下, 因为这是近些年高考数学导数大题的通用方法, 大家都非常熟悉, 下意识地就会这么做下去.

其实本题完全可以不用导数, 用均值不等式就能证明, 关键是下面的恒等式 (可由等比数列求和公式得出):

$$2^n-1=1+2+2^2+\cdots+2^{n-1}.$$

把右边的和倒着写一遍,

$$2^n-1=2^{n-1}+2^{n-2}+2^{n-3}+\cdots+1.$$

再把两式相加, 并利用二元均值不等式, 可得

$$\begin{aligned}2(2^n-1)&=(1+2^{n-1})+(2+2^{n-2})+\cdots+(2^{n-1}+1)\\&\geqslant 2\sqrt{1\cdot 2^{n-1}}+2\sqrt{2\cdot 2^{n-2}}+\cdots+2\sqrt{2^{n-1}\cdot 1}=2n\sqrt{2^{n-1}}.\end{aligned}$$

显然等号无法取到. 因此,

$$2(2^n-1)>2n\sqrt{2^{n-1}},$$

两边除以 2 就得到了所要证明的结果.

更一般地, 对任意正整数 n, 有

$$1+x+x^2+\cdots+x^{n-1}\geqslant n\sqrt{x^{n-1}},\quad \forall x>0.$$

1.4　三角与复数

法国数学家雅克·阿达马 (Jacques Hadamard, 1865—1963, 见图 1.2) 有一句名言: 在实数域中, 连接两个真理的最短路径是通过复数域.

在初等数学中, 很多三角恒等式可以通过复数来证明. 我们先证明一个基本的引理.

引理 1.1　设 x,y 均为实数, 则

$$\begin{aligned}&(\cos x+\mathrm{i}\sin x)(\cos y+\mathrm{i}\sin y)\\&=\cos(x+y)+\mathrm{i}\sin(x+y).\end{aligned}$$

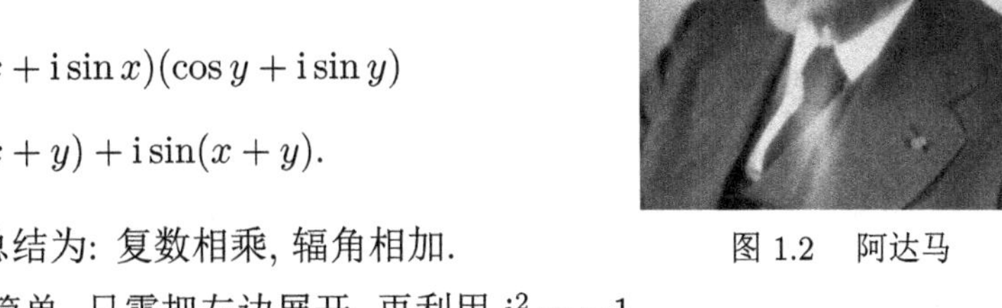

图 1.2　阿达马

我们经常把这个结果总结为: 复数相乘, 辐角相加.

证明　证明过程比较简单, 只需把左边展开, 再利用 $\mathrm{i}^2=-1$.

$$(\cos x+\mathrm{i}\sin x)(\cos y+\mathrm{i}\sin y)$$

$$
\begin{aligned}
&=(\cos x\cos y-\sin x\sin y)+\mathrm{i}(\sin x\cos y+\cos x\sin y)\\
&=\cos(x+y)+\mathrm{i}\sin(x+y).
\end{aligned}
$$

□

推论 1.2 设 x 是一个实数, n 是一个正整数, 则

$$(\cos x+\mathrm{i}\sin x)^n=\cos nx+\mathrm{i}\sin nx.$$

不难发现, 对任意整数 n, 上述等式也是成立的.

定义 1.1 设 n 是一个正整数. 若复数 x 满足 $x^n=1$, 则称 x 是一个 n 次单位根.

显然, 二次单位根有两个: 1 和 -1. 四次单位根有 4 个: ± 1 和 $\pm\mathrm{i}$. 更一般地, n 次单位根有 n 个.

例 1.8 (三次单位根) 方程 $x^3=1$ 有哪些复根呢? 显然 $x=1$ 是一个根. 还有哪些根呢? 由立方差公式可知, $x^3-1=(x-1)(x^2+x+1)$. 因此, 另外两个根来自二次方程 $x^2+x+1=0$. 这个二次方程没有实根, 但它有一对共轭的虚根:

$$x=-\frac{1}{2}\pm\frac{\sqrt{3}}{2}\mathrm{i}.$$

记

$$w=-\frac{1}{2}+\frac{\sqrt{3}}{2}\mathrm{i}=\cos\frac{2\pi}{3}+\mathrm{i}\sin\frac{2\pi}{3},$$

则

$$w^2=\cos\frac{4\pi}{3}+\mathrm{i}\sin\frac{4\pi}{3}=-\frac{1}{2}-\frac{\sqrt{3}}{2}\mathrm{i},\quad w^3=\cos 2\pi+\mathrm{i}\sin 2\pi=1.$$

因此, $1,w,w^2$ 这 3 个复数刚好是方程 $x^3=1$ 的所有复根, 也就是所有的三次单位根. 一个有趣的几何事实: $1,w,w^2$ 这 3 个复数刚好把单位圆三等分 (见图 1.3).

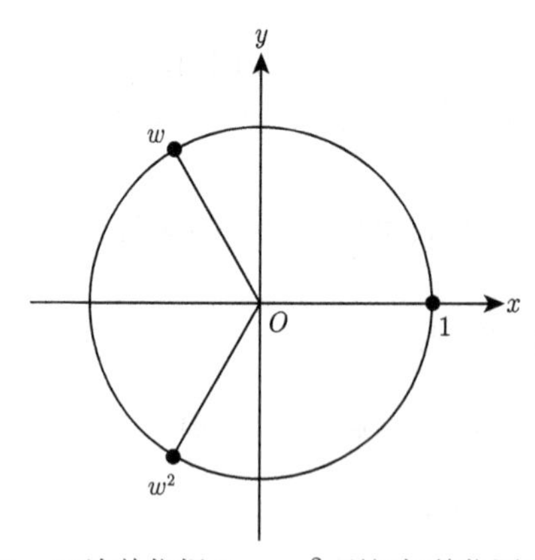

图 1.3 三次单位根 $1,w,w^2$ 刚好把单位圆三等分

例 1.9 (三倍角公式) 当 $n=3$ 时,

$$\cos 3x+\mathrm{i}\sin 3x=(\cos x+\mathrm{i}\sin x)^3$$

$$=(\cos x)^3+3(\cos x)^2\cdot \mathrm{i}\sin x+3\cos x\cdot(\mathrm{i}\sin x)^2+(\mathrm{i}\sin x)^3.$$

比较两边的实部, 可得

$$\begin{aligned}\cos 3x&=\cos^3 x-3\cos x\cdot\sin^2 x\\&=\cos^3 x-3\cos x\cdot(1-\cos^2 x)=4\cos^3 x-3\cos x,\end{aligned}$$

这就是余弦的三倍角公式. 比较两边的虚部, 可得

$$\begin{aligned}\sin 3x&=3\cos^2 x\sin x-\sin^3 x\\&=3(1-\sin^2 x)\sin x-\sin^3 x=3\sin x-4\sin^3 x,\end{aligned}$$

这就是正弦的三倍角公式.

三倍角公式的证明也可以不用复数. 我们以正弦的三倍角公式为例,

$$\begin{aligned}\sin 3x&=\sin(2x+x)=\sin 2x\cos x+\cos 2x\sin x\\&=2\sin x\cos x\cdot\cos x+\cos 2x\sin x\\&=2\sin x\cdot(1-\sin^2 x)+(1-2\sin^2 x)\cdot\sin x=3\sin x-4\sin^3 x.\end{aligned}$$

练习 1.10　写出余弦的五倍角公式和正弦的五倍角公式. 你有没有什么意外的发现?

定理 1.10 (余切平方和公式)　设 n 是一个正整数, 则

$$\sum_{k=1}^{n}\cot^2\frac{k\pi}{2n+1}=\frac{n(2n-1)}{3}.$$

证明　我们把等式

$$\cos(2n+1)x+\mathrm{i}\sin(2n+1)x=(\cos x+\mathrm{i}\sin x)^{2n+1}$$

的右边用二项式定理展开, 并比较两边的虚部, 可得

$$\sin(2n+1)x=\mathrm{C}_{2n+1}^{1}\cos^{2n}x\sin x-\mathrm{C}_{2n+1}^{3}\cos^{2n-2}x\sin^3 x+\cdots,$$

两边除以 $\sin^{2n+1}x$, 得到

$$\frac{\sin(2n+1)x}{\sin^{2n+1}x}=\mathrm{C}_{2n+1}^{1}\cot^{2n}x-\mathrm{C}_{2n+1}^{3}\cot^{2n-2}x+\cdots.$$

令 $x=\dfrac{k\pi}{2n+1}(1\leqslant k\leqslant n)$, 得到

$$0=\mathrm{C}_{2n+1}^{1}\cot^{2n}\frac{k\pi}{2n+1}-\mathrm{C}_{2n+1}^{3}\cot^{2n-2}\frac{k\pi}{2n+1}+\cdots.$$

因此, $\cot^2\dfrac{k\pi}{2n+1}(1\leqslant k\leqslant n)$ 是 n 次方程

$$\mathrm{C}_{2n+1}^{1}t^n-\mathrm{C}_{2n+1}^{3}t^{n-1}+\cdots=0$$

的 n 个不相等的根. 由韦达定理可知,

$$\sum_{k=1}^{n}\cot^2\frac{k\pi}{2n+1}=\frac{\mathrm{C}_{2n+1}^{3}}{\mathrm{C}_{2n+1}^{1}}=\frac{n(2n-1)}{3}.$$

□

后面我们会给出这个结果的一些应用.

练习 1.11 (余切平方和公式 Ⅱ) 设 n 是一个正整数, 则 $\sum\limits_{k=1}^{n}\cot^2\frac{k\pi}{2n}=?$

1.5 单射与满射

有的书把函数作为一种特殊的映射 (定义域和目标域都是数集), 但我们不准备区分映射和函数, 这样会更加便利.

定义 1.2 设 X,Y 是两个非空集合, $f:X\to Y$ 是一个映射. 如果当 $x_1\neq x_2$ 时, 必有 $f(x_1)\neq f(x_2)$, 则称 f 是一个单射 (也叫一一映射). 如果对任意 $y\in Y$, 都存在 $x\in X$, 使得 $f(x)=y$, 则称 f 是一个满射. 如果 f 既是单射也是满射, 则称 f 是一个双射.

由原命题和逆否命题的等价性可知, $f:X\to Y$ 是单射可以等价地表述为: 若 $f(x_1)=f(x_2)$, 则 $x_1=x_2$.

图 1.4给出了单射、双射和满射的例子.

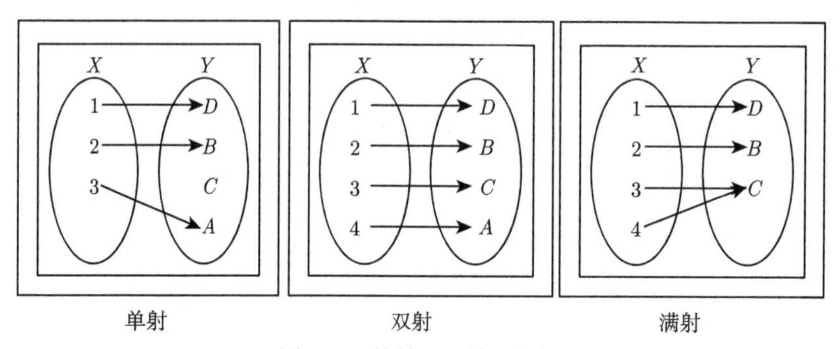

图 1.4 单射、双射和满射

定义 1.3 设 $f:X\to Y$ 和 $g:Y\to Z$ 是两个映射, 我们把

$$g\circ f:X\longrightarrow Z$$

$$x\mapsto g(f(x))$$

称为 f 和 g 的复合映射.

例 1.10 一般来说, $f\circ g$ 和 $g\circ f$ 可能一个有意义而另一个没有意义, 即使两个都有意义, 它们一般也不相等. 我们来举个生活中的例子.

假设 f,g 都是从人到人的映射, $f(x)=x$ 的爸爸, $g(x)=x$ 的妈妈, 则 $(f\circ g)(x)=f(g(x))$ 是 x 的妈妈的爸爸, 也就是 x 的外公; 而 $(g\circ f)(x)=g(f(x))$ 是 x 的爸爸的妈妈, 也就是 x 的奶奶. 外公和奶奶不可能是同一个人, 因此 $(f\circ g)(x)\neq(g\circ f)(x)$.

定理 1.11　设 $f: X \to Y, g: Y \to X$ 是两个映射, 如果满足

$$g(f(x)) = x, \quad \forall x \in X,$$

则 f 是单射, g 是满射.

证明　(1) 如果 $f(x_1) = f(x_2)$, 则 $g(f(x_1)) = g(f(x_2))$, 即 $x_1 = x_2$, 因此 f 是单射.
(2) 对任意 $x \in X$, 令 $y = f(x) \in Y$, 则 $g(y) = g(f(x)) = x$, 因此 g 是满射.

□

注: 用复合映射的语言, 上面定理中的条件可以写成

$$g \circ f = \mathrm{id}_X,$$

这里 id_X 表示 X 到 X 的恒等映射.

定义 1.4　设 X, Y 是两个非空集合, $f: X \to Y, g: Y \to X$ 是两个映射. 若

$$g(f(x)) = x, \quad \forall x \in X$$

且

$$f(g(y)) = y, \quad \forall y \in Y,$$

则称 g 是 f 的逆映射 (反函数), 同时称 f 是可逆的, 记 $g = f^{-1}$. 当然, f 也是 g 的逆映射, g 也是可逆的, 且 $f = g^{-1}$.

注: 用复合映射的语言, 上面定义中的条件即 $g \circ f = \mathrm{id}_X$ 且 $f \circ g = \mathrm{id}_Y$.

由上述定理可知, 可逆的映射既是单射也是满射, 因而是双射. 反过来, 不难证明双射也是可逆的. 我们介绍几个非初等数学的概念.

定义 1.5　设 X, Y 是两个非空集合, 若存在一个双射 $f: X \to Y$, 则称 X 和 Y 具有相同的基数, 也称 X 和 Y 是等势的.

显然, 等势这个关系具有以下性质.

- 自反性: X 和 X 等势.
- 对称性: 若 X 和 Y 等势, 则 Y 和 X 也等势.
- 传递性: 若 X 和 Y 等势且 Y 和 Z 等势, 则 X 和 Z 也等势.

例 1.11　正整数集 $\mathbb{N}^+$ 和自然数集 $\mathbb{N}$ 是等势的, 只需把 n 映射到 $n-1$.

例 1.12　正整数集 $\mathbb{N}^+$ 和全体正偶数构成的集合 $2\mathbb{N}^+$ 是等势的, 只需把 n 映射到 $2n$.

例 1.13　正整数集 $\mathbb{N}^+$ 和 $(0,1) \cap \mathbb{Q}$ 是等势的. 因为我们可以把所有小于 1 的正有理数按照分母以及分子的大小排成一列:

$$\frac{1}{2}, \frac{1}{3}, \frac{2}{3}, \frac{1}{4}, \frac{3}{4}, \frac{1}{5}, \frac{2}{5}, \frac{3}{5}, \frac{4}{5}, \cdots$$

这样就能和全体正整数建立一个双射了.

练习 1.12　正整数集 $\mathbb{N}^+$ 和正有理数集 $\mathbb{Q}^+$ 是等势的.

练习 1.13　正整数集 $\mathbb{N}^+$ 和有理数集 $\mathbb{Q}$ 是等势的.

定义 1.6 设 X 是一个非空集合. 若 X 与正整数集 $\mathbb{N}^+$ 等势, 则称 X 是一个可数集 (countable set). 可数集也叫可列集. 有限集与可数集统称为至多可数集.

因此, 自然数集 $\mathbb{N}$ 和有理数集 $\mathbb{Q}$ 是可数的. 但实数集 $\mathbb{R}$ 不是可数的, 证明比较困难, 我们就不细说了.

1.6 反三角函数

我们知道 (或者我们觉得我们知道), 正弦函数 $\sin x$ 在闭区间 $\left[-\frac{\pi}{2},\frac{\pi}{2}\right]$ 上严格单调递增, 值域是 $[-1,1]$.

严格地说, 在中学数学中我们只知道 $\sin\left(-\frac{\pi}{2}\right)=-1, \sin\frac{\pi}{2}=1$, 还有 $\sin 0, \sin\frac{\pi}{6}, \sin\frac{\pi}{4}, \sin\frac{\pi}{3}$ 等一些零散的值. 我们并不知道 $\sin x$ 可以取到 -1 和 1 之间的所有值. 要证明这一点, 需要用到 $\sin x$ 的连续性以及连续函数的介值定理, 这是后面章节的内容. 换句话说, 以中学时代的知识储备, 我们还真的没法定义反正弦函数.

定义 1.7 我们把 $\sin:\left[-\frac{\pi}{2},\frac{\pi}{2}\right]\to[-1,1]$ 的反函数 $\arcsin:[-1,1]\to\left[-\frac{\pi}{2},\frac{\pi}{2}\right]$ 称为反正弦函数.

定义在全体实数上的正弦函数是没有反函数的, 把正弦函数限制在区间 $\left[-\frac{\pi}{2},\frac{\pi}{2}\right]$ 上得到的函数才有反函数.

根据反函数的定义, 我们有

$$\arcsin(\sin x)=x,\quad \forall x\in\left[-\frac{\pi}{2},\frac{\pi}{2}\right].$$

$$\sin(\arcsin x)=x,\quad \forall x\in[-1,1].$$

因此

$$\arcsin 1=\arcsin\left(\sin\frac{\pi}{2}\right)=\frac{\pi}{2},\quad \arcsin\frac{1}{2}=\arcsin\left(\sin\frac{\pi}{6}\right)=\frac{\pi}{6}.$$

通过描点法, 我们可以得到反正弦函数的大致图像, 见图 1.5.

例 1.14 当 $x\in\left[\frac{\pi}{2},\frac{3\pi}{2}\right]$ 时, $\pi-x\in\left[-\frac{\pi}{2},\frac{\pi}{2}\right]$, 因此

$$\arcsin(\sin x)=\arcsin\big(\sin(\pi-x)\big)=\pi-x.$$

于是

$$\arcsin(\sin x)=\begin{cases} x, & x\in\left[-\frac{\pi}{2},\frac{\pi}{2}\right], \\ \pi-x, & x\in\left[\frac{\pi}{2},\frac{3\pi}{2}\right]. \end{cases}$$

又因为函数 $y=\arcsin(\sin x)$ 满足

$$y(x+2\pi)=y(x),\quad \forall x\in\mathbb{R},$$

我们不难画出函数 $y=\arcsin(\sin x)$ 的图像, 见图 1.6.

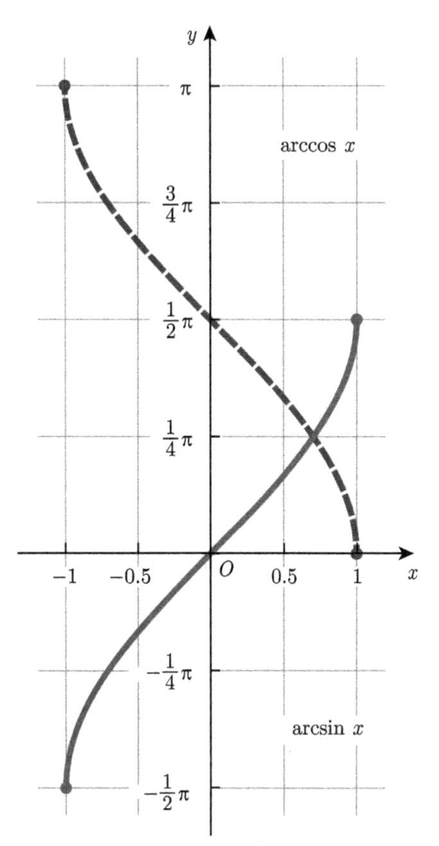

图 1.5　$\arcsin x$ 和 $\arccos x$ 的图像

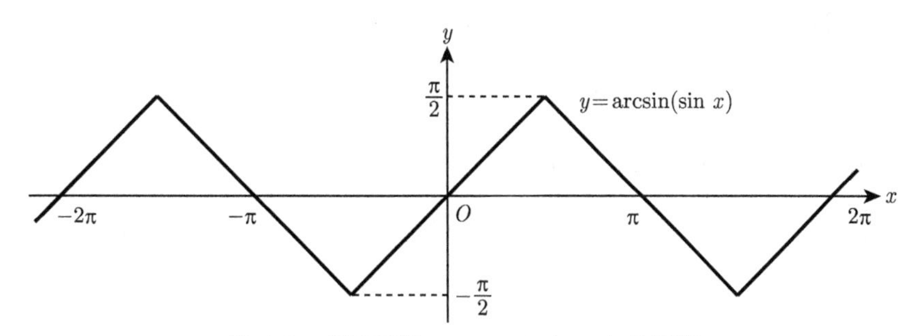

图 1.6　周期函数 $y=\arcsin(\sin x)$ 的图像

例 1.15　设 $x,y\in[-1,1]$, 记 $\alpha=\arcsin x,\beta=\arcsin y$, 则

$$\sin\alpha=x,\quad \sin\beta=y.$$

因为 $\alpha,\beta\in\left[-\dfrac{\pi}{2},\dfrac{\pi}{2}\right]$, 所以 $\cos\alpha,\cos\beta\geqslant 0$, 于是

$$\cos\alpha=\sqrt{1-\sin^2\alpha}=\sqrt{1-x^2},\quad \cos\beta=\sqrt{1-\sin^2\beta}=\sqrt{1-y^2}.$$

因此

$$\begin{aligned}\sin(\arcsin x+\arcsin y)&=\sin(\alpha+\beta)=\sin\alpha\cos\beta+\cos\alpha\sin\beta\\&=x\cdot\sqrt{1-y^2}+\sqrt{1-x^2}\cdot y.\end{aligned}$$

类似地,

$$\begin{aligned}\sin(\arcsin x-\arcsin y)&=\sin(\alpha-\beta)=\sin\alpha\cos\beta-\cos\alpha\sin\beta\\&=x\cdot\sqrt{1-y^2}-\sqrt{1-x^2}\cdot y.\end{aligned}$$

这个公式可以帮助我们求 $\arcsin x$ 的导数.

余弦函数 $\cos x$ 在闭区间 $[0,\pi]$ 上严格单调递减, 值域是 $[-1,1]$.

定义 1.8 我们把 $\cos:[0,\pi]\to[-1,1]$ 的反函数 $\arccos:[-1,1]\to[0,\pi]$ 称作反余弦函数.

根据反函数的定义, 我们有

$$\arccos(\cos x)=x,\quad \forall x\in[0,\pi].$$

$$\cos(\arccos x)=x,\quad \forall x\in[-1,1].$$

因此

$$\arccos 1=\arccos(\cos 0)=0,\quad \arccos\frac{1}{2}=\arccos\left(\cos\frac{\pi}{3}\right)=\frac{\pi}{3}.$$

练习 1.14 证明: 当 $x\in[\pi,2\pi]$ 时, $\arccos(\cos x)=2\pi-x$. 据此画出函数 $y=\arccos(\cos x)(x\in\mathbb{R})$ 的图像.

提示: $y(x+2\pi)=y(x)$.

例 1.16 设 $x,y\in[-1,1]$, 记 $\alpha=\arccos x,\beta=\arccos y$, 则

$$\cos\alpha=x,\quad \cos\beta=y.$$

因为 $\alpha,\beta\in[0,\pi]$, 所以 $\sin\alpha,\sin\beta\geqslant 0$, 于是

$$\sin\alpha=\sqrt{1-\cos^2\alpha}=\sqrt{1-x^2},\quad \sin\beta=\sqrt{1-\cos^2\beta}=\sqrt{1-y^2}.$$

因此

$$\begin{aligned}\cos(\arccos x+\arccos y)&=\cos(\alpha+\beta)=\cos\alpha\cos\beta-\sin\alpha\sin\beta\\&=xy-\sqrt{1-x^2}\cdot\sqrt{1-y^2}.\end{aligned}$$

类似地,

$$\sin(\arccos x-\arccos y)=\sin(\alpha-\beta)=\sin\alpha\cos\beta-\cos\alpha\sin\beta$$

$$= \sqrt{1-x^2} \cdot y - x \cdot \sqrt{1-y^2}.$$

这个公式可以帮助我们求 $\arccos x$ 的导数.

最后说一下反正切函数. 我们知道, 正切函数 $\tan x$ 在开区间 $\left(-\dfrac{\pi}{2}, \dfrac{\pi}{2}\right)$ 上严格单调递增, 值域是全体实数 $\mathbb{R}$.

定义 1.9 我们把 $\tan : \left(-\dfrac{\pi}{2}, \dfrac{\pi}{2}\right) \to \mathbb{R}$ 的反函数 $\arctan : \mathbb{R} \to \left(-\dfrac{\pi}{2}, \dfrac{\pi}{2}\right)$ 称作反正切函数.

根据反函数的定义, 我们有

$$\arctan(\tan x) = x, \quad \forall x \in \left(-\frac{\pi}{2}, \frac{\pi}{2}\right).$$

$$\tan(\arctan x) = x, \quad \forall x \in \mathbb{R}.$$

因此

$$\arctan 1 = \arctan\left(\tan\frac{\pi}{4}\right) = \frac{\pi}{4}, \quad \arctan(-1) = \arctan\left(\tan\frac{-\pi}{4}\right) = -\frac{\pi}{4}.$$

反正切函数 $\arctan x$ 是一个单调递增的奇函数, 它的增长很缓慢 (见图 1.7), 且取值不超过 $\pm\dfrac{\pi}{2}$.

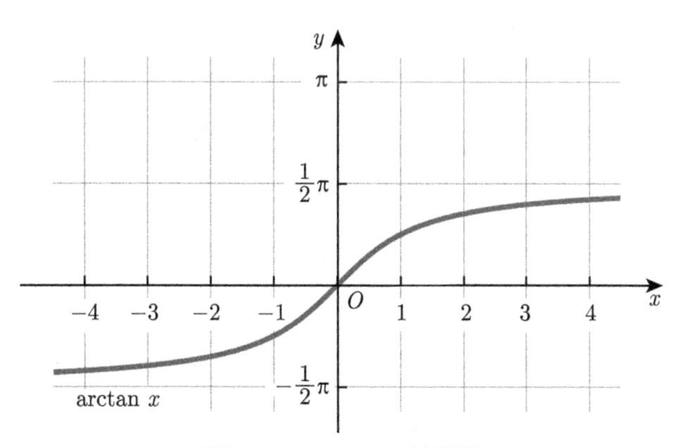

图 1.7 $\arctan x$ 的图像

练习 1.15 证明: 当 $x \in \left(\dfrac{\pi}{2}, \dfrac{3\pi}{2}\right)$ 时, $\arctan(\tan x) = x - \pi$. 你能画出函数 $y = \arctan(\tan x)(x \in \mathbb{R})$ 的图像吗?

例 1.17 设 x 是一个实数, 我们来化简 $\cos(\arctan x)$.

记 $\alpha = \arctan x \in \left(-\dfrac{\pi}{2}, \dfrac{\pi}{2}\right)$, 则 $\tan\alpha = x$ 且 $\cos\alpha > 0$. 因此,

$$\sec^2\alpha = 1 + \tan^2\alpha = 1 + x^2 \Longrightarrow \sec\alpha = \sqrt{1+x^2},$$

$$\cos(\arctan x) = \cos\alpha = \frac{1}{\sec\alpha} = \frac{1}{\sqrt{1+x^2}}.$$

由此又可推出

$$\sin(\arctan x) = \sin\alpha = \cos\alpha \cdot \tan\alpha = \frac{x}{\sqrt{1+x^2}},$$

以及

$$\sin(2\arctan x) = 2\sin(\arctan x)\cos(\arctan x) = \frac{2x}{1+x^2}.$$

例 1.18 设 x, y 都是实数, 记 $\alpha = \arctan x, \beta = \arctan y$, 则

$$\tan\alpha = x, \quad \tan\beta = y.$$

因此, 当 $xy \neq -1$ 时,

$$\tan(\arctan x + \arctan y) = \tan(\alpha+\beta) = \frac{\tan\alpha + \tan\beta}{1 - \tan\alpha\tan\beta} = \frac{x+y}{1-xy}.$$

类似地,

$$\tan(\arctan x - \arctan y) = \tan(\alpha-\beta) = \frac{\tan\alpha - \tan\beta}{1 + \tan\alpha\tan\beta} = \frac{x-y}{1+xy}.$$

这个公式可以帮助我们求 $\arctan x$ 的导数.

如果 $x, y \in (-1, 1)$, 则 $\arctan x, \arctan y \in \left(-\frac{\pi}{4}, \frac{\pi}{4}\right)$, 于是

$$\arctan x + \arctan y \in \left(-\frac{\pi}{2}, \frac{\pi}{2}\right).$$

由 $\tan(\arctan x + \arctan y) = \dfrac{x+y}{1-xy}$ 可以得到 $\arctan x + \arctan y = \arctan\dfrac{x+y}{1-xy}$.

我们把上述结果总结成一个引理.

引理 1.2 设 $x, y \in (-1, 1)$, 则 $\arctan x + \arctan y = \arctan\dfrac{x+y}{1-xy}$.

例 1.19 作为上述引理的一个应用, 我们有

$$\arctan\frac{1}{2} + \arctan\frac{1}{3} = \arctan\frac{\frac{1}{2}+\frac{1}{3}}{1-\frac{1}{2}\cdot\frac{1}{3}} = \arctan 1 = \frac{\pi}{4}.$$

这个等式还有一个很简单的几何证明, 见图 1.8. 图 1.8 还可以用来证明

$$\arctan 1 + \arctan 2 + \arctan 3 = \pi.$$

你看出来了吗?

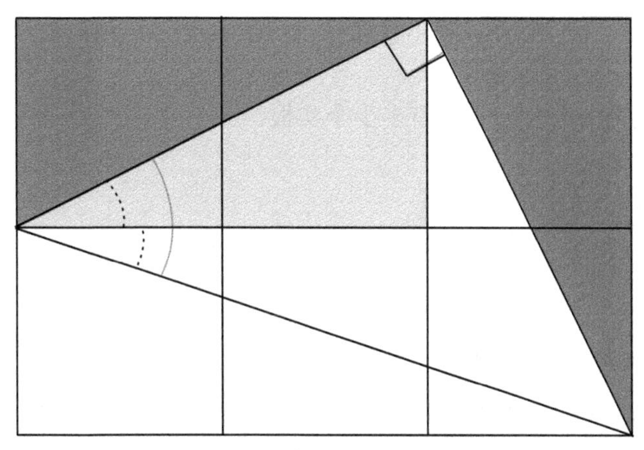

图 1.8 等式 $\arctan\frac{1}{2}+\arctan\frac{1}{3}=\frac{\pi}{4}$ 的示意图

练习 1.16 求证: $2\arctan\frac{1}{3}+\arctan\frac{1}{7}=\frac{\pi}{4}$.

练习 1.17 求证: $\arctan\frac{1}{3}+\arctan\frac{1}{5}+\arctan\frac{1}{7}+\arctan\frac{1}{8}=\frac{\pi}{4}$.

因为 arctan 是一个奇函数, 将上述引理中的 y 换成 $-y$, 我们就得到了下面的推论.

推论 1.3 设 $x,y\in(-1,1)$, 则 $\arctan x-\arctan y=\arctan\frac{x-y}{1+xy}$.

练习 1.18 求证: $4\arctan\frac{1}{5}-\arctan\frac{1}{239}=\frac{\pi}{4}$.

有时候, 我们会遇到 x 或者 y 大于或等于 1 的情况, 这个时候我们有以下的结果, 证明留给读者.

引理 1.3 设 x,y 都是非负实数, 则 $\arctan x-\arctan y=\arctan\frac{x-y}{1+xy}$.

例 1.20 设 k 是一个正整数, 则

$$\arctan(k+1)-\arctan(k-1)=\arctan\frac{(k+1)-(k-1)}{1+(k+1)(k-1)}=\arctan\frac{2}{k^2}.$$

对 k 从 1 到正整数 n 求和, 我们就得到

$$\begin{aligned}\sum_{k=1}^{n}\arctan\frac{2}{k^2}&=\arctan n+\arctan(n+1)-\arctan 0-\arctan 1\\&=\arctan n+\arctan(n+1)-\frac{\pi}{4}.\end{aligned}$$

1.7 取整函数

设 x 是一个实数, 我们用 $[x]$ 表示不超过 x 的最大整数, 比如, $[\sqrt{2}]=1,[-3.1]=-4$. 由 $[x]$ 的定义可知, $x-1<[x]\leqslant x$.

我们用 $\{x\}=x-[x]$ 表示 x 的小数部分, 比如, $\{\sqrt{2}\}=\sqrt{2}-1$. 显然, 对任意实数 x, 都有 $\{x\}\in[0,1)$.

练习 1.19 方程 $x^2=[x]+2$ 有多少个实根?

练习 1.20 $\displaystyle\sum_{n=1}^{2022}\left[\frac{2^n}{3}\right]=?$

取整函数有什么用呢? 我们来举个例子. 如果你有一个很厉害的计算器 (或者计算软件), 那么你会发现

$$\begin{aligned}100! =&1\times 2\times 3\times\cdots\times 100\\ =&9332621544394415268169923885626670049071596826438162146859296\\ &3895217599993229915608941463976156518286253697920827223758251\\ &185210916864000000000000000000000000,\end{aligned}$$

这个数有 158 位, 并且它的末尾有 24 个零. 假如我们没有这么厉害的计算器, 如何才能得到 24 这个答案呢? 也不难. 根据算术基本定理, 任何一个正整数都可以分解为一些互不相同的素数的幂的乘积, 假设

$$100!=2^a\times 3^b\times 5^c\times\cdots\times 97^y,$$

这里 $a,b,c,\cdots,y$ 都是正整数. 因为 $10=2\times 5$, 所以 100! 末尾的零的个数等于 a 和 c 的较小值, 显然 c 较小. 怎么计算 c 呢? c 是 5 的幂次, 5 从哪里来呢? 当然是来自 5 的倍数. 从 1 到 100 这些数中, 共有 20 个 5 的倍数:

$$5,10,15,20,25,30,\cdots,95,100.$$

但它们的贡献并不相同, 大部分都贡献一个 5, 但 $25,50,75,100$ 这 4 个数, 每个数贡献两个 5. 因此

$$c=\left[\frac{100}{5}\right]+\left[\frac{100}{25}\right]=20+4=24.$$

用类似的方法, 我们可以算出 1000! 的末尾有

$$\left[\frac{1000}{5}\right]+\left[\frac{1000}{25}\right]+\left[\frac{1000}{125}\right]+\left[\frac{1000}{625}\right]=200+40+8+1=249$$

个零, 10000! 的末尾有 2499 个零, 100000! 的末尾有 24999 个零.

更一般地, 我们有如下的结果.

定理 1.12 设 n 是一个正整数, 则 $n!$ 的末尾有

$$\sum_{k\geqslant 1}\left[\frac{n}{5^k}\right]=\left[\frac{n}{5}\right]+\left[\frac{n}{5^2}\right]+\left[\frac{n}{5^3}\right]+\cdots$$

个零.

虽然看起来这是一个无穷和, 但实际上它是一个有限和, 因为当 k 足够大的时候, 5^k 会超过 n, 此时 $\left[\frac{n}{5^k}\right]=0$. 也许你注意到了, $n!$ 的末尾大约有 $\left[\frac{n}{4}\right]$ 个零, 你能给个解释吗?

1.8　我们了解指数函数吗?

现在问大家一个问题: e 是什么? 可能有人会回答: e 是自然对数的底. 那再问一个问题: 什么是自然对数呢? 大概率得到的回答是: 自然对数就是以 e 为底的对数. 大家有没有发现, 这属于循环解释, 实际上什么也没解释. 在中学数学里确实很难把 e 是什么讲清楚, 所以有的高考试卷会印这么一段话: 这里 $e \approx 2.718281828459045$ 是自然对数的底. 我们需要 e 的一个精确定义.

德国数学家利奥波德 • 克罗内克 (Leopold Kronecker, 1823—1891, 见图 1.9) 有一句名言: 上帝创造了整数, 其余一切都是人造的. 后续我们会给出 e 的两个精确定义, 这两个定义都用到了全体正整数, 以及极限的概念 (极限是高等数学无法回避的一个概念, 也是高等数学与初等数学的本质区别).

图 1.9　克罗内克

即使我们承认 e 的存在性, 也没法说清楚 e^x 是什么. 有人会说: e^x 就是 e 的 x 次方, 也就是 x 个 e 相乘. 果真如此简单吗?

我们来分析一下: 如果 x 是一个正整数, 比如, $x = 2$, 则 e^2 可以定义为 $e \cdot e$, 即两个 e 相乘, 这是没问题的. 更一般地, 对任意正整数 n, e^n 就可以定义为 n 个 e 相乘, e^{-n} 可以定义为 e^n 的倒数, e^0 就定义为 1. 这样, 当 x 是整数的时候, e^x 就都定义清楚了.

如果 x 是一个有理数, 比如, $x = \dfrac{1}{2}$, 则 $e^{\frac{1}{2}}$ 可以定义为 $\sqrt{e}$, 即满足 $t^2 = e$ 的唯一的正数 t. 更一般地, 如果 $x = \dfrac{m}{n}(m \in \mathbb{Z}, n \in \mathbb{N}^+)$, $e^{\frac{m}{n}}$ 可以定义为 $\sqrt[n]{e^m}$. 因此, 当 x 是有理数的时候, e^x 就都定义清楚了.

现在问题来了, 如果 x 是无理数, 比如, $x = \sqrt{2}$, 你能说清楚 $e^{\sqrt{2}}$ 是什么吗? 是 $\sqrt{2}$ 个 e 相乘?

本书将尝试把这些问题说清楚. 我们不仅要说清楚 x 取任意实数的时候, e^x 是什么, 还要说清楚 x 取任意复数的时候, e^x 是什么. 作为额外的奖励, 你还会发现, 欧拉公式看似神秘

$$e^{ix} = \cos x + i \sin x$$

其实一点都不神秘.

第 2 章　数列的极限

数列也叫序列. 一个数列就是一列数或者一串数:

$$x_1, x_2, x_3, x_4, \cdots$$

数列中的项可以是实数, 也可以是复数, 相应的数列就称为实数列或者复数列. 我们主要研究实数列, 但下面的大部分结果对复数列也是成立的, 那些只对实数列成立的结果我们会明确地指出来. 初学者可以只考虑实数列.

一般把上述数列记成 $\{x_n\}_{n\geqslant 1}$, $\{x_n\}_{n=1}^{\infty}$ 或者 $\{x_n\}$, 我们会交替地使用这 3 个符号. 我们可以把实数列 $\{x_n\}_{n\geqslant 1}$ 看成一个函数

$$x: \mathbb{N}^+ \to \mathbb{R}, \quad n \mapsto x_n.$$

类似地, 我们也可以把复数列 $\{x_n\}_{n\geqslant 1}$ 看成一个函数

$$x: \mathbb{N}^+ \to \mathbb{C}, \quad n \mapsto x_n.$$

这样做并没有增加新的内涵, 只是换了一种观点而已.

数列还可以从 x_0 开始, 这时我们就把数列记成 $\{x_n\}_{n\geqslant 0}$ 或者 $\{x_n\}_{n=0}^{\infty}$, 写成 $\{x_n\}$ 也可以.

定义 2.1　设 $\{x_n\}$ 是一个实数列.

(1) 如果存在一个正数 M, 对任意正整数 n, 都有 $|x_n| \leqslant M$, 则称数列 $\{x_n\}$ 是有界的 (bounded). 如果不存在这样的正数 M, 我们就说数列 $\{x_n\}$ 是无界的 (unbounded).

(2) 如果存在一个实数 K, 对任意正整数 n, 都有 $x_n \leqslant K$, 则称数列 $\{x_n\}$ 有上界 (upper bound).

(3) 如果存在一个实数 L, 对任意正整数 n, 都有 $x_n \geqslant L$, 则称数列 $\{x_n\}$ 有下界 (lower bound).

显然, 实数列 $\{x_n\}$ 有界当且仅当它既有上界又有下界. 复数列也有有界的概念, 只需要把 $|x_n|$ 理解为复数 x_n 的模长即可. 但复数列没有有上界和有下界的概念. 对一个以 M 为上界的实数列来说, $M+1$ 也是它的上界, 因此它有无穷多的上界, 没有最大的上界, 那有没有最小的上界呢? 这是后面的确界原理要回答的问题.

例 2.1　数列 $\{(-1)^n\}$ 是有界的. 数列 $\{n^2\}$ 有下界但没有上界, 因此它是无界的. 数列 $\{(-1)^n n\}$ 既没有下界, 也没有上界, 因此它也是无界的.

2.1　数列极限的定义

定义 2.2　设 $\{x_n\}_{n\geqslant 1}$ 是一个数列. 如果存在常数 a, 对任意正数 ϵ, 总存在正整数 N, 当 $n > N$ 时, 有

$$|x_n - a| < \epsilon,$$

则称 a 是数列 $\{x_n\}$ 的极限 (limit), 或者称数列 $\{x_n\}$ 收敛到 a, 记为

$$\lim_{n\to\infty} x_n = a$$

或者

$$x_n \to a(n \to \infty).$$

此时, 我们称数列 $\{x_n\}$ 是收敛的 (convergent). 如果不存在这样的数 a, 我们就说数列 $\{x_n\}$ 没有极限, 或者说数列 $\{x_n\}$ 是发散的 (divergent).

在上述定义中, 我们遇到了两个逻辑量词: 任意和存在. 包含这两个词的话, 我们理解起来会有点慢, 需要慢慢适应. 请比较下面两句话的区别: (1) 对任意 x, 存在 y, y 是 x 的父亲; (2) 存在 y, 对任意 x, y 是 x 的父亲.

显然, 去掉或者改变数列的有限项, 并不会改变数列的敛散性. 收敛实数列的极限肯定也是实数, 我们可以把不等式 $|x_n - a| < \epsilon$ 改写成

$$a - \epsilon < x_n < a + \epsilon,$$

因此 $|x_n - a| < \epsilon$ 等价于 x_n 落在开区间 $(a - \epsilon, a + \epsilon)$ 中.

例 2.2　用定义证明: 数列 $\left\{\frac{1}{n}\right\}$ 收敛到 0.

我们来分析一下: 对任意正数 ϵ, $\frac{1}{n} < \epsilon \Longleftrightarrow n > \frac{1}{\epsilon}$. 证明过程如下.

证明　对任意正数 ϵ, 取 $N = \left[\frac{1}{\epsilon}\right]$, 则当 $n > N$ 时,

$$n \geqslant N + 1 = \left[\frac{1}{\epsilon}\right] + 1 > \frac{1}{\epsilon},$$

因此

$$\left|\frac{1}{n} - 0\right| = \frac{1}{n} < \epsilon.$$

这就证明了数列 $\left\{\frac{1}{n}\right\}$ 收敛到 0.

□

下面我们来看一个复数列.

例 2.3　用定义证明: 复数列 $\left\{\frac{3}{n} + \frac{n+4}{n}\mathrm{i}\right\}$ 收敛到 i.

证明　对任意正数 ϵ, 取 $N = \left[\frac{5}{\epsilon}\right]$, 则当 $n > N$ 时,

$$n \geqslant N + 1 = \left[\frac{5}{\epsilon}\right] + 1 > \frac{5}{\epsilon},$$

因此

$$\left|\frac{3}{n} + \frac{n+4}{n}\mathrm{i} - \mathrm{i}\right| = \left|\frac{3}{n} + \frac{4}{n}\mathrm{i}\right| = \frac{5}{n} < \epsilon.$$

这就证明了数列 $\left\{\frac{3}{n} + \frac{n+4}{n}\mathrm{i}\right\}$ 收敛到 i.

□

例 2.4 用定义证明: 数列 $\left\{\frac{1}{2^n}\right\}$ 收敛到 0.

我们来分析一下: 对任意正数 ϵ,

$$\frac{1}{2^n} < \epsilon \Longleftrightarrow 2^n > \frac{1}{\epsilon} \Longleftrightarrow n > \log_2 \frac{1}{\epsilon}.$$

证明过程如下.

常见的证明 对任意正数 ϵ, 取 $N = \left[\log_2 \frac{1}{\epsilon}\right]$, 则当 $n > N$ 时,

$$n \geqslant N + 1 = \left[\log_2 \frac{1}{\epsilon}\right] + 1 > \log_2 \frac{1}{\epsilon} \Longrightarrow 2^n > \frac{1}{\epsilon},$$

因此

$$\left|\frac{1}{2^n} - 0\right| = \frac{1}{2^n} < \epsilon.$$

这就证明了数列 $\left\{\frac{1}{2^n}\right\}$ 收敛到 0.

□

有没有觉得这个证明有点 "丑"? 我们甚至用到了对数函数! 之前提到过, 我们其实并不太了解指数函数, 更遑论它的反函数——对数函数了. 那有没有不用对数函数的证明方法呢? 有. 首先需要做不等式的放缩.

引理 2.1 设 n 是一个正整数, 则 $2^n > n$.

证明 由二项式定理可知,

$$2^n = (1+1)^n = \mathrm{C}_n^0 + \mathrm{C}_n^1 + \mathrm{C}_n^2 + \cdots + \mathrm{C}_n^n > \mathrm{C}_n^1 = n.$$

□

下面我们给出例 2.4 的另一种证明方法.

证明 对任意正数 ϵ, 取 $N = \left[\frac{1}{\epsilon}\right]$, 则当 $n > N$ 时,

$$n \geqslant N + 1 = \left[\frac{1}{\epsilon}\right] + 1 > \frac{1}{\epsilon},$$

因此

$$\left|\frac{1}{2^n} - 0\right| = \frac{1}{2^n} < \frac{1}{n} < \epsilon.$$

这就证明了数列 $\left\{\frac{1}{2^n}\right\}$ 收敛到 0.

□

练习 2.1 设 $q \in (0,1)$. 用定义证明: 数列 $\{q^n\}$ 收敛到 0.

提示: 设 $\frac{1}{q} = 1 + a(a > 0)$.

练习 2.2 设 $p > 1$. 用定义证明: 数列 $\left\{\frac{n}{p^n}\right\}$ 收敛到 0.

提示: 设 $p = 1 + a(a > 0)$.

下面这两个习题有点难.

练习 2.3　已知数列 $\{x_n\}$ 收敛到 a, 求证: $\lim\limits_{n\to\infty}\dfrac{x_1+x_2+\cdots+x_n}{n}=a$.

练习 2.4　已知 a,b 是两个不同的正数, 数列 $\{x_n\},\{y_n\}$ 满足 $x_0=a, y_0=b$, 且

$$x_{n+1}=\sqrt{x_n y_n},\quad y_{n+1}=\sqrt{x_{n+1}y_n},\quad \forall n\in\mathbb{N}.$$

求证: 数列 $\{x_n\},\{y_n\}$ 都收敛, 并求出相应的极限值.

用定义来证明数列收敛到某个值, 有时候会很烦琐, 特别是 N 的表达式, 写起来很麻烦. 下面的夹逼定理是一个很方便的替代工具.

定理 2.1 (夹逼定理)　设 $\{a_n\},\{b_n\},\{c_n\}$ 是 3 个实数列. 如果 $\{b_n\},\{c_n\}$ 都收敛到实数 a, 且存在某个正整数 n_0, 当 $n\geqslant n_0$ 时, 有

$$b_n\leqslant a_n\leqslant c_n,$$

则数列 $\{a_n\}$ 也收敛到 a.

图 2.1是夹逼定理的图示. 夹逼定理也叫三明治定理 (sandwich theorem) 或者夹挤定理 (squeeze theorem). 它有一个形象的比喻: 两个警察抓住了一个小偷, 他们把小偷夹在中间往回走. 当两个警察都回到警察局的时候, 小偷也被带到了警察局.

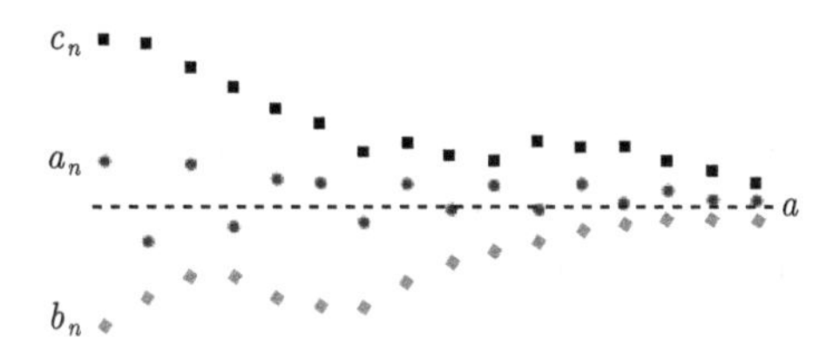

图 2.1　数列极限的夹逼定理

证明　因为 $\{b_n\},\{c_n\}$ 都收敛到 a, 所以对任意正数 ϵ,

(1) 存在正整数 N_1, 当 $n>N_1$ 时, $|b_n-a|<\epsilon$, 即 $a-\epsilon<b_n<a+\epsilon$;

(2) 存在正整数 N_2, 当 $n>N_2$ 时, $|c_n-a|<\epsilon$, 即 $a-\epsilon<c_n<a+\epsilon$.

当 $n>\max\{n_0,N_1,N_2\}$ 时, 我们把上面的两行不等式各取一半, 和条件拼接在一起, 就能得到

$$a-\epsilon<b_n\leqslant a_n\leqslant c_n<a+\epsilon\Rightarrow|a_n-a|<\epsilon.$$

这就证明了数列 $\{a_n\}$ 收敛到 a.

□

例 2.5　数列 $\{\sqrt[n]{n}\}$ 收敛到 1.

证明　因为 $\sqrt[n]{n}>1$, 可设 $\sqrt[n]{n}=1+a_n$, 这里 a_n 是一个依赖 n 的正数. 显然, $\sqrt[n]{n}$ 趋于 1 等价于 a_n 趋于 0.

当 $n\geqslant 2$ 时, 把 $\sqrt[n]{n}=1+a_n$ 的两边取 n 次方, 得到

$$n=(1+a_n)^n=\mathrm{C}_n^0+\mathrm{C}_n^1a_n+\mathrm{C}_n^2a_n^2+\cdots>\mathrm{C}_n^2a_n^2=\frac{n(n-1)}{2}a_n^2,$$

因此

$$0 < a_n < \sqrt{\frac{2}{n-1}}.$$

左边的 0 永远是 0, 右边的 $\sqrt{\frac{2}{n-1}}$ 趋于 0. 由夹逼定理可知, a_n 也趋于 0, 所以数列 $\{\sqrt[n]{n}\}$ 收敛到 1.

□

类似可证, 对任意正常数 c, 数列 $\{\sqrt[n]{cn}\}$ 都收敛到 1.

2.2 数列极限的性质

定理 2.2 (极限的唯一性) 如果数列 $\{x_n\}$ 收敛, 则它的极限是唯一的.

证明 我们用反证法. 假设 $a \neq b$ 都是数列 $\{x_n\}$ 的极限, 由数列极限的定义可知, 对正数 $\epsilon = \frac{|a-b|}{2}$,

(1) 存在正整数 N_1, 当 $n > N_1$ 时, $|x_n - a| < \epsilon$;

(2) 存在正整数 N_2, 当 $n > N_2$ 时, $|x_n - b| < \epsilon$.

因此, 当 $n > \max\{N_1, N_2\}$ 时,

$$|a-b| = |(a-x_n)+(x_n-b)| \leqslant |a-x_n| + |x_n-b| < \epsilon + \epsilon = |a-b|,$$

这就产生了矛盾. 上面我们用到了复数的模长不等式.

□

定理 2.3 (收敛数列的有界性) 如果数列 $\{x_n\}$ 收敛, 则它是有界的.

证明 设 a 是数列 $\{x_n\}$ 的极限, 由数列极限的定义可知, 对正数 1, 存在正整数 N, 当 $n > N$ 时,

$$|x_n - a| < 1.$$

于是, 当 $n > N$ 时,

$$|x_n| = |(x_n - a) + a| \leqslant |x_n - a| + |a| < 1 + |a|.$$

令 $M = \max\{|x_1|, |x_2|, \cdots, |x_N|, 1+|a|\}$, 则对任意正整数 n, 都有 $|x_n| \leqslant M$. 因此, 数列 $\{x_n\}$ 是有界的.

□

在上述证明中, M 取 $1+|a|$ 是不够的. 因为 $1+|a|$ 只能控制 x_N 之后的项, 但无法控制 $x_1, x_2, \cdots, x_N$. 我们不能只看到不等式 $|x_n| < 1+|a|$, 而忽视了使这个不等式成立的 n 的范围.

定理 2.4 (收敛实数列的保号性) 设实数列 $\{x_n\}$ 收敛到非零实数 a. 若 $a > 0$, 则存在正整数 N, 当 $n > N$ 时, $x_n > \frac{a}{2}$. 若 $a < 0$, 则存在正整数 N, 当 $n > N$ 时, $x_n < \frac{a}{2}$.

证明　(1) 若 $a>0$, 由数列极限的定义可知, 对 $\epsilon=\dfrac{a}{2}$, 存在正整数 N, 当 $n>N$ 时, $|x_n-a|<\dfrac{a}{2}$, 去掉绝对值符号可得

$$x_n>a-\frac{a}{2}=\frac{a}{2}.$$

(2) 若 $a<0$, 由数列极限的定义可知, 对 $\epsilon=-\dfrac{a}{2}$, 存在正整数 N, 当 $n>N$ 时, $|x_n-a|<-\dfrac{a}{2}$, 去掉绝对值符号可得

$$x_n<a-\frac{a}{2}=\frac{a}{2}.$$

□

注: 上述定理告诉我们, 如果实数列 $\{x_n\}$ 收敛到一个正数, 则从某项开始, x_n 都是正的. 如果实数列 $\{x_n\}$ 收敛到一个负数, 则从某项开始, x_n 都是负的.

收敛的复数列也有一个类似的结果.

定理 2.5 (收敛复数列的保模长性质)　如果复数列 $\{x_n\}$ 收敛到非零复数 a, 则存在正整数 N, 当 $n>N$ 时, $|x_n|>\dfrac{|a|}{2}$.

证明　由数列极限的定义可知, 对 $\epsilon=\dfrac{|a|}{2}$, 存在正整数 N, 当 $n>N$ 时, $|x_n-a|<\dfrac{|a|}{2}$. 因为

$$|a|=|(a-x_n)+x_n|\leqslant|a-x_n|+|x_n|,$$

所以

$$|x_n|\geqslant|a|-|a-x_n|>|a|-\frac{|a|}{2}=\frac{|a|}{2}.$$

□

我们用类似的推理再来证明一个很有用的结果.

定理 2.6 (实数列极限的保号性)　如果实数列 $\{x_n\}$ 从某项开始都大于或等于实数 b, 且 $\{x_n\}$ 收敛到实数 a, 则 $a\geqslant b$. 如果实数列 $\{x_n\}$ 从某项开始都小于或等于实数 b, 且 $\{x_n\}$ 收敛到实数 a, 则 $a\leqslant b$.

证明　(1) 反证法. 如果 $a<b$, 则 $b-a>0$. 由数列极限的定义可知, 对 $\epsilon=\dfrac{b-a}{2}$, 存在正整数 N, 当 $n>N$ 时, $|x_n-a|<\dfrac{b-a}{2}$, 去掉绝对值可得

$$x_n<a+\frac{b-a}{2}=\frac{a+b}{2}<b.$$

这与 $\{x_n\}$ 从某项开始都大于或等于 b 矛盾.

(2) 反证法. 如果 $a>b$, 则 $a-b>0$. 由数列极限的定义可知, 对 $\epsilon=\dfrac{a-b}{2}$, 存在正整数 N, 当 $n>N$ 时, $|x_n-a|<\dfrac{a-b}{2}$, 去掉绝对值符号可得

$$x_n > a - \frac{a-b}{2} = \frac{a+b}{2} > b.$$

这与 $\{x_n\}$ 从某项开始都小于或等于 b 矛盾.

□

例 2.6 函数 $y = x^2$ 的图像与 x 轴和直线 $x = 1$ 围成一个曲边三角形 (见图 2.2), 记它的面积为 S, 我们来求 S 的值.

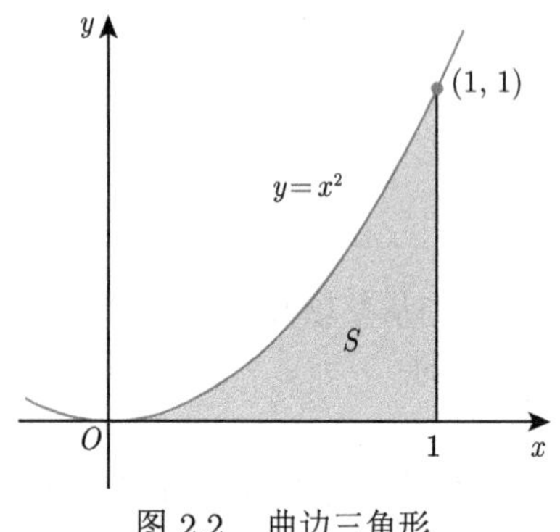

图 2.2 曲边三角形

这里我们假设面积是一个合理定义的概念: 对每个比较规则的平面集合, 都存在一个非负实数, 称为这个集合的面积, 比如, 一个矩形的面积就是它的长 × 宽, 一条线段的面积是零. 我们还假设面积满足可加性: 若 A, B 的交集是空集, 则 $A \cup B$ 的面积等于 A, B 的面积之和. 这应该是很直观、很合理的一个性质. 由面积的可加性和面积的非负性又可以推出面积的单调性: 若 $A \subset B$, 则 A 的面积不超过 B 的面积. 在后续的课程中, 面积将会被测度的概念所替代.

设 n 是一个正整数, 我们把区间 $[0,1]$ 等分为 n 份:

$$0 < \frac{1}{n} < \frac{2}{n} < \frac{3}{n} < \cdots < \frac{n-1}{n} < 1.$$

我们把第 k 个小区间 $\left[\frac{k-1}{n}, \frac{k}{n}\right]$ 上方的面积记为 S_k, 则由面积的可加性可得

$$S_1 + S_2 + \cdots + S_n = S,$$

由面积的单调性又可得到以下的不等式:

$$\left(\frac{k-1}{n}\right)^2 \cdot \frac{1}{n} \leqslant S_k \leqslant \left(\frac{k}{n}\right)^2 \cdot \frac{1}{n}.$$

对 k 求和, 得到

$$\frac{0^2 + 1^2 + \cdots + (n-1)^2}{n^3} \leqslant S \leqslant \frac{1^2 + 2^2 + \cdots + n^2}{n^3}.$$

图 2.3给出了上述不等式在 $n = 4$ 时的图示.

我们在高中应该学到过一个神奇的等式:

$$1^2 + 2^2 + \cdots + n^2 = \frac{n(n+1)(2n+1)}{6}.$$

因此,

$$\frac{(n-1)(2n-1)}{6n^2} \leqslant S \leqslant \frac{(n+1)(2n+1)}{6n^2}.$$

不难看出

$$\lim_{n\to\infty}\frac{(n-1)(2n-1)}{6n^2}=\frac{1}{3}=\lim_{n\to\infty}\frac{(n+1)(2n+1)}{6n^2},$$

由实数列极限的保号性可知,

$$\frac{1}{3}\leqslant S\leqslant\frac{1}{3},$$

所以 $S=\dfrac{1}{3}$.

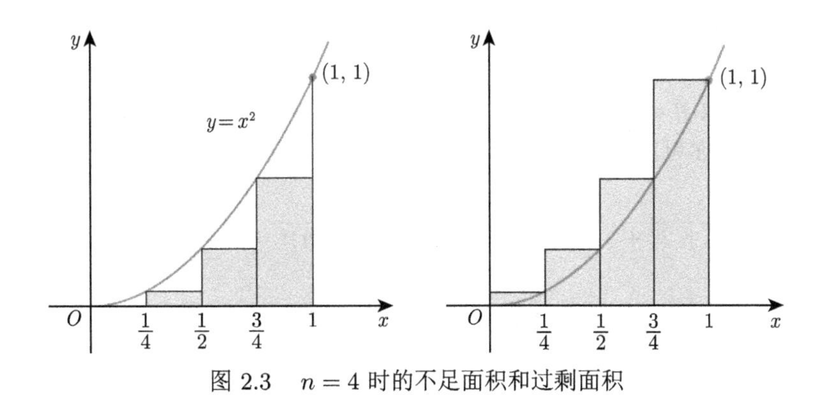

图 2.3 $n=4$ 时的不足面积和过剩面积

注: 很多人虽然知道

$$1^2+2^2+\cdots+n^2=\frac{n(n+1)(2n+1)}{6}$$

这个结论, 也知道如何证明 (如用数学归纳法), 但依然会感到困惑: 先辈数学家们是如何发现这个结果的? 这里我们提供一种可能的解释.

由等差数列的求和公式可知

$$1+2+\cdots+n=\frac{n(n+1)}{2},$$

上式的右边是 n 的一个二次多项式, 因此我们自然会猜测 (这应该属于合理猜测) $1^2+2^2+\cdots+n^2$ 等于 n 的一个三次多项式. 设

$$1^2+2^2+\cdots+n^2=an^3+bn^2+cn+d,$$

这个式子对任意自然数 n 都成立. 当 $n=0$ 时, 没有任何项参与加法, 因此 $d=0$. 再令 $n=1,2,3$, 可得

$$\begin{cases}a+b+c=1,\\8a+4b+2c=5,\\27a+9b+3c=14.\end{cases}$$

我们解这个三元一次方程组, 就能得到

$$a=\frac{1}{3},\quad b=\frac{1}{2},\quad c=\frac{1}{6}.$$

因此, 我们可以猜测

$$1^2+2^2+\cdots+n^2=\frac{1}{3}n^3+\frac{1}{2}n^2+\frac{1}{6}n=\frac{n(n+1)(2n+1)}{6}.$$

这是数学中一种有趣的现象: 找到正确的结论是困难的, 证明它反而是简单的. 也有人这么总结: 提出正确的问题, 你就成功了一半.

练习 2.5 函数 $y=x^3$ 的图像与 x 轴和直线 $x=1$ 围成一个曲边三角形, 记它的面积为 S, 求 S 的值. 你可能会需要用到下面这个神奇的等式:

$$1^3+2^3+\cdots+n^3=(1+2+\cdots+n)^2=\frac{n^2(n+1)^2}{4}.$$

2.3 子 数 列

定义 2.3 设 $\{x_n\}$ 是一个数列,

$$i_1<i_2<i_3<\cdots$$

是一串严格递增的正整数. 我们把数列 $\{x_{i_k}\}_{k\geqslant 1}$ 称为数列 $\{x_n\}$ 的一个子数列, 简称子列.

请注意一个简单的事实: 若 $\{x_{i_k}\}_{k\geqslant 1}$ 是数列 $\{x_n\}$ 的一个子列, 则对任意正整数 k, 都有 $i_k\geqslant k$.

下面的结果应该是显然的.

定理 2.7 设数列 $\{x_n\}$ 收敛到 a, 则它的任一子列 $\{x_{i_k}\}_{k\geqslant 1}$ 也收敛到 a.

例 2.7 数列 $\{(-1)^n\}$ 的子列 $\{(-1)^{2n}\}$ 收敛到 1, 另一个子列 $\{(-1)^{2n-1}\}$ 收敛到 -1, 所以数列 $\{(-1)^n\}$ 是发散的.

定理 2.8 数列 $\{x_n\}_{n\geqslant 1}$ 收敛到 a 当且仅当它的两个子列 $\{x_{2n-1}\}_{n\geqslant 1}$ 和 $\{x_{2n}\}_{n\geqslant 1}$ 都收敛到 a.

证明留给各位读者.

2.4 数列极限的运算法则

定理 2.9 (和的极限) 设数列 $\{x_n\}$ 收敛到 a, 数列 $\{y_n\}$ 收敛到 b, 则数列 $\{x_n+y_n\}$ 收敛到 $a+b$.

证明 因为数列 $\{x_n\}$ 收敛到 a, 数列 $\{y_n\}$ 收敛到 b, 所以对任意正数 ϵ,

(1) 存在正整数 N_1, 当 $n>N_1$ 时, $|x_n-a|<\dfrac{\epsilon}{2}$;

(2) 存在正整数 N_2, 当 $n > N_2$ 时, $|y_n - b| < \frac{\epsilon}{2}$.

当 $n > \max\{N_1, N_2\}$ 时,

$$\begin{aligned}|(x_n + y_n) - (a + b)| &= |(x_n - a) + (y_n - b)| \\ &\leqslant |x_n - a| + |y_n - b| < \frac{\epsilon}{2} + \frac{\epsilon}{2} = \epsilon.\end{aligned}$$

这就证明了数列 $\{x_n + y_n\}$ 收敛到 $a + b$.

□

同理, 可以得到下面的定理.

定理 2.10 (差的极限)　设数列 $\{x_n\}$ 收敛到 a, 数列 $\{y_n\}$ 收敛到 b, 则数列 $\{x_n - y_n\}$ 收敛到 $a - b$.

推论 2.1　设实数列 $\{x_n\}$ 收敛到实数 a, 实数列 $\{y_n\}$ 收敛到实数 b, 且从某项开始, 有 $x_n \geqslant y_n$, 则 $a \geqslant b$.

证明　由条件可知, 实数列 $\{x_n - y_n\}$ 收敛到 $a - b$, 且实数列 $\{x_n - y_n\}$ 从某项开始都是非负的, 由实数列极限的保号性可知, $a - b \geqslant 0$, 因此 $a \geqslant b$.

□

定理 2.11 (积的极限)　设数列 $\{x_n\}$ 收敛到 a, 数列 $\{y_n\}$ 收敛到 b, 则数列 $\{x_n y_n\}$ 收敛到 ab.

在证明这个定理之前, 我们先回忆一下小学时代学到的一个技巧: 比如我们想计算 $917 - 389$, 这种涉及退位的减法很容易出错. 我们可以加上 11 再减去 11, 即

$$917 - 389 = (917 + 11) - (389 + 11) = 928 - 400 = 528.$$

这样的计算就不容易出错了. 我们把这个技巧称为 “加一项再减一项”, 也可以称为 “减一项再加一项”, 它非常简单, 也非常有用. 现在我们来看一下 $x_n y_n - ab$ 这个差:

$$x_n y_n - ab = x_n y_n - a y_n + a y_n - ab = (x_n - a) y_n + a(y_n - b),$$

因此

$$|x_n y_n - ab| = |(x_n - a) y_n + a(y_n - b)| \leqslant |(x_n - a)| \cdot |y_n| + |a| \cdot |(y_n - b)|,$$

最后的几项我们都是可以控制的. 下面我们把证明过程写一下.

证明　首先, 因为数列 $\{y_n\}$ 是收敛的, 所以它是有界的, 即存在正数 M, 对任意正整数 n, 都有 $|y_n| \leqslant M$.

其次, 因为数列 $\{x_n\}$ 收敛到 a, 数列 $\{y_n\}$ 收敛到 b, 所以对任意正数 ϵ,

(1) 存在正整数 N_1, 当 $n > N_1$ 时, $|x_n - a| < \epsilon$;

(2) 存在正整数 N_2, 当 $n > N_2$ 时, $|y_n - b| < \epsilon$.

当 $n > \max\{N_1, N_2\}$ 时,

$$|x_n y_n - ab| = |(x_n - a) y_n + a(y_n - b)|$$

$$
\begin{aligned}
&\leqslant |x_n - a| \cdot |y_n| + |a| \cdot |y_n - b| \\
&\leqslant |x_n - a| \cdot M + |a| \cdot |y_n - b| \\
&< \epsilon \cdot M + |a| \cdot \epsilon = (M + |a|)\epsilon.
\end{aligned}
$$

这就证明了数列 $\{x_n y_n\}$ 收敛到 ab.

□

我们还可以把 $x_n y_n - ab$ 写成 $x_n(y_n - b) + (x_n - a)b$, 因此我们有两种不同的处理方法, 效果是一样的.

定理 2.12 设数列 $\{y_n\}$ 的每一项都非零且收敛到 $b \neq 0$, 则数列 $\left\{\dfrac{1}{y_n}\right\}$ 收敛到 $\dfrac{1}{b}$.

证明 由收敛复数列的保模长性可知, 存在正整数 N_1, 当 $n > N_1$ 时,

$$
|y_n| > \frac{|b|}{2} \Rightarrow 0 < \frac{1}{|y_n|} < \frac{2}{|b|}.
$$

因为数列 $\{y_n\}$ 收敛到 b, 对任意正数 ϵ, 存在正整数 N_2, 当 $n > N_2$ 时, $|y_n - b| < \epsilon$. 因此, 当 $n > \max\{N_1, N_2\}$ 时,

$$
\left|\frac{1}{y_n} - \frac{1}{b}\right| = \frac{1}{|y_n|} \cdot \frac{1}{|b|} \cdot |b - y_n| < \frac{2}{|b|} \cdot \frac{1}{|b|} \cdot \epsilon = \frac{2\epsilon}{|b|^2}.
$$

这就证明了数列 $\left\{\dfrac{1}{y_n}\right\}$ 收敛到 $\dfrac{1}{b}$.

□

例 2.8 因为数列 $\{\sqrt[n]{2n}\}$ 收敛到 1, 所以数列 $\left\{\sqrt[n]{\dfrac{1}{2n}}\right\}$ 也收敛到 1.

推论 2.2 设数列 $\{x_n\}$ 收敛到 a, 数列 $\{y_n\}$ 的每一项都非零且收敛到 $b \neq 0$, 则数列 $\left\{\dfrac{x_n}{y_n}\right\}$ 收敛到 $\dfrac{a}{b}$.

有了以上这几条极限的运算法则, 我们就能够算出很多数列的极限了.

例 2.9 我们都知道 $\lim\limits_{n\to\infty} \dfrac{1}{n} = 0$, 所以

$$
\lim_{n\to\infty} \frac{2n+1}{3n+4} = \lim_{n\to\infty} \frac{2 + \dfrac{1}{n}}{3 + \dfrac{4}{n}} = \frac{2+0}{3+0} = \frac{2}{3}.
$$

这里用到一个很简单的技巧: 分子和分母同时除以一个非零的数, 值不变.

例 2.10 容易知道 $\lim\limits_{n\to\infty} \dfrac{1}{n^2} = 0$, 所以

$$
\lim_{n\to\infty} \frac{2n^2+3n+4}{5n^2+6n+7} = \lim_{n\to\infty} \frac{2 + \dfrac{3}{n} + \dfrac{4}{n^2}}{5 + \dfrac{6}{n} + \dfrac{7}{n^2}} = \frac{2+0+0}{5+0+0} = \frac{2}{5}.
$$

练习 2.6　求 $\lim\limits_{n\to\infty}\dfrac{\mathrm{C}_2^2+\mathrm{C}_3^2+\cdots+\mathrm{C}_n^2}{n(\mathrm{C}_2^1+\mathrm{C}_3^1+\cdots+\mathrm{C}_n^1)}$.

这是 2003 年高考数学的第 11 题 (本来是个选择题, 各个选项我们就不写出来了).

例 2.11　求证: 数列 $\{\sqrt[n]{\mathrm{C}_{2n}^n}\}$ 收敛到 4.

证明　利用组合数的阶乘表达,

$$\frac{\mathrm{C}_{2n}^n}{4^n}=\frac{(2n)!}{n!\cdot n!\cdot 2^n\cdot 2^n}=\frac{1\times 3\times 5\times\cdots\times(2n-1)}{2\times 4\times 6\times\cdots\times 2n}.$$

因此

$$1>\frac{\mathrm{C}_{2n}^n}{4^n}\geqslant\frac{1\times 2\times 4\times\cdots\times(2n-2)}{2\times 4\times 6\times\cdots\times 2n}=\frac{1}{2n},$$

这又可推出

$$4>\sqrt[n]{\mathrm{C}_{2n}^n}\geqslant 4\cdot\sqrt[n]{\frac{1}{2n}}.$$

因为数列 $\left\{4\cdot\sqrt[n]{\dfrac{1}{2n}}\right\}$ 收敛到 4, 由夹逼定理可知, 数列 $\{\sqrt[n]{\mathrm{C}_{2n}^n}\}$ 也收敛到 4.

□

2.5　无穷小数列与无穷大数列

定义 2.4　(1) 如果数列 $\{x_n\}$ 收敛到 0, 我们就称数列 $\{x_n\}$ 是一个无穷小数列, 简称无穷小.

(2) 如果对任意正数 M, 都存在正整数 N, 当 $n>N$ 时, 有 $|x_n|>M$, 则称数列 $\{x_n\}$ 是一个无穷大数列, 简称无穷大. 这个时候, 我们也说数列 $\{x_n\}$ 发散到无穷大.

(3) 设 $\{x_n\}$ 是一个实数列. 如果对任意实数 M, 都存在正整数 N, 当 $n>N$ 时, 有 $x_n>M$, 则称数列 $\{x_n\}$ 发散到正无穷大 $(+\infty)$. 如果对任意实数 L, 都存在正整数 N, 当 $n>N$ 时, 有 $x_n<L$, 则称数列 $\{x_n\}$ 发散到负无穷大 $(-\infty)$.

无穷小和无穷大其实是两个不太重要的概念, 删了也不要紧. 利用它们, 有些定理可以比较简洁地进行证明, 但不用它们, 那些定理也能证明, 且证明过程并没有复杂多少 (反而显得更清晰). 这两个概念特别容易给初学者造成困扰, 很多人误以为无穷小和无穷大都是一个数. 这里我们强调一下, 无穷小 (数列) 和无穷大 (数列) 都不是一个数, 它们都是数列. 本节我们讲的是数列的无穷小和无穷大, 后续我们还会讲函数的无穷小和无穷大, 它们同样不是一个数 (而是一个函数).

显然, 数列 $\{x_n\}$ 收敛到 a 等价于数列 $\{x_n-a\}$ 是一个无穷小数列. 前面讲到过, 收敛数列一定是有界的, 因此无穷小数列也是有界的. 由极限的运算法则可知, 两个无穷小数列的和还是无穷小数列, 有限个无穷小数列的和也是无穷小数列. 下面我们来定义两个数列的乘积.

定义 2.5 设 $\{x_n\},\{y_n\}$ 是两个数列. 我们把数列

$$\{x_ny_n\}$$

称为数列 $\{x_n\}$ 和数列 $\{y_n\}$ 的乘积. 类似地, 可以定义有限个数列的乘积.

在中学数学中有一类很经典的问题, 就是求一个等差数列和一个等比数列的乘积的前 n 项之和, 比如

$$\frac{1}{3}+\frac{2}{3^2}+\frac{3}{3^3}+\frac{4}{3^4}+\cdots+\frac{n}{3^n}=?$$

你会求这个和吗?

定理 2.13 有界数列和无穷小数列的乘积是无穷小数列.

证明 设 $\{x_n\}$ 是一个有界数列, $\{y_n\}$ 是一个无穷小数列. 因为数列 $\{x_n\}$ 是有界的, 所以存在正数 M, 对任意正整数 n, 都有 $|x_n|\leqslant M$.

因为 $\{y_n\}$ 是一个无穷小数列, 所以对任意正数 ϵ, 都存在正整数 N, 当 $n>N$ 时,

$$|y_n|<\frac{\epsilon}{M},$$

于是

$$|x_ny_n|=|x_n|\cdot|y_n|\leqslant M|y_n|<M\cdot\frac{\epsilon}{M}=\epsilon.$$

因此, 数列 $\{x_ny_n\}$ 是一个无穷小数列.

□

推论 2.3 两个无穷小数列的乘积仍是无穷小数列.

推论 2.4 有限个无穷小数列的乘积仍是无穷小数列.

定义 2.6 (无限多个数的乘积) 设 $a_1,a_2,a_3,\cdots$ 是一列数. 如果存在正整数 N, 当 $n>N$ 时, $a_n=1$, 则我们把 $a_1a_2\cdots a_N$ 称为 $a_1,a_2,a_3,\cdots$ 的乘积, 记为 $\prod\limits_{k\geqslant 1}a_k$.

定义 2.7 (无限多个数列的乘积) 设 $\{x_{1,n}\},\{x_{2,n}\},\{x_{3,n}\},\cdots$ 是一串数列, 满足: 当 $k>n$ 时,

$$x_{k,n}=1.$$

我们把

$$\left\{\prod_{k\geqslant 1}x_{k,n}\right\}$$

称为数列 $\{x_{1,n}\},\{x_{2,n}\},\{x_{3,n}\},\cdots$ 的乘积.

无限多个无穷小数列的乘积可以不是无穷小数列. 无限多个无穷小数列的乘积可以是一个无穷大数列. 这句话有点违背直觉, 我们来具体说一说: 设第一个数列是

$$1,\frac{1}{2},\frac{1}{3},\frac{1}{4},\frac{1}{5},\cdots$$

第二个数列是

$$1,2^2,\frac{1}{3},\frac{1}{4},\frac{1}{5},\cdots$$

第三个数列是

$$1,1,3^3,\frac{1}{4},\frac{1}{5},\cdots$$

第四个数列是

$$1,1,1,4^4,\frac{1}{5},\cdots$$

$$\vdots$$

上面的每个数列都收敛到 0, 因此都是无穷小数列, 但它们的乘积是

$$1,2,3,4,5,\cdots$$

这个数列并不收敛到 0, 而是发散到正无穷大.

2.6　实数的确界公理

我们假设读者熟悉实数的所有基本性质, 比如实数满足加法的结合律和交换律, 也满足乘法的结合律和交换律, 乘法遇到加法还有一个分配律. 实数还有一个序关系: 任意两个实数都可以比较大小. 比 0 大的数称为正数, 比 0 小的数称为负数. 这个序关系还跟实数的乘法是相容的: 若 a,b 都大于 0, 则乘积 ab 也大于 0. 换句话说, 正数关于乘法是封闭的.

复数就没有这么好的一个序关系. 如果单纯地想让所有复数都能比较大小, 也是可以做到的, 用字典序就行了: 假设 $a+\mathrm{i}b, c+\mathrm{i}d$ 是两个不同的复数, 这里 a,b,c,d 都是实数. 我们先看 a,c 的大小, 如果 $a>c$, 就规定 $a+\mathrm{i}b>c+\mathrm{i}d$. 如果 $a=c$, 我们就看 b,d 的大小: 若 $b>d$, 就规定 $a+\mathrm{i}b>a+\mathrm{i}d$; 若 $b<d$, 就规定 $a+\mathrm{i}b<a+\mathrm{i}d$. 但这个序关系和乘法是不相容的, 反证如下: 假设复数上有一个与乘法相容的序关系. 我们考虑一个很基本的问题: 虚数单位 i 是否大于 0? 如果 $\mathrm{i}>0$, 则 $\mathrm{i}\cdot\mathrm{i}$ 也应该大于 0, 但 $\mathrm{i}^2=-1<0$. 如果 $\mathrm{i}<0$, 则 $-\mathrm{i}>0$, 于是 $-\mathrm{i}\cdot(-\mathrm{i})$ 应该大于 0, 但 $(-\mathrm{i})^2=-1<0$. 因此, 复数不存在与乘法相容的序关系.

定义 2.8　设 A 是实数集 $\mathbb{R}$ 的一个非空子集.

(1) 如果存在一个正数 M, 对任意 $x\in A$, 都有 $|x|\leqslant M$, 则称集合 A 是有界的. 如果不存在这样的正数 M, 我们就说集合 A 是无界的.

(2) 如果存在一个实数 K, 对任意 $x\in A$, 都有 $x\leqslant K$, 则称集合 A 有上界.

(3) 如果存在一个实数 L, 对任意 $x\in A$, 都有 $x\geqslant L$, 则称集合 A 有下界.

显然, 集合 A 有界当且仅当它既有上界又有下界.

定义 2.9　设 A 是实数集 $\mathbb{R}$ 的一个非空子集.

(1) 若 s 是 A 的一个上界, 且对任意正数 ϵ, $s-\epsilon$ 都不是 A 的上界, 则称 s 是 A 的上确界 (supremum), 记作 $\sup A=s$. 上确界就是最小的上界.

(2) 若 t 是 A 的一个下界, 且对任意正数 ϵ, $t+\epsilon$ 都不是 A 的下界, 则称 t 是 A 的下确界 (infimum), 记作 $\inf A = t$. 下确界就是最大的下界.

注: 作为补充, 我们可以规定无上界集合的上确界是 $+\infty$, 无下界集合的下确界是 $-\infty$.

例 2.12 集合 $[0,1)$ 的下确界是 0, 上确界是 1.

我们知道, 一个有限数集一定有最大值和最小值, 挨个比较就能把最大值和最小值都找出来. 但一个无限数集可能没有最大值或最小值. 比如, $[0,1)$ 就没有最大值. 你可能觉得 0.99 已经够大的了, 但 0.999 比它更大, 0.9999 又比 0.999 大, 真是没有最大, 只有更大. 所以有限集与无限集有着本质的区别, 数学之所以复杂, 原因之一就在于数学需要研究无限集. 可能有的人会说: 1 就是 $[0,1)$ 的最大值. 这是不对的, 因为 1 不属于 $[0,1)$. 集合的最大值一定得是集合中的一个元素, 不能是集合之外的元素. 集合 $[0,1)$ 虽然没有最大值, 但有上确界. 上确界其实就是最大值的推广.

定理 2.14 设非空集合 A, B 都有上界, 且它们的上确界分别是 s 和 t, 则集合

$$A + B = \{a + b \mid a \in A, b \in B\}$$

也有上界, 且它的上确界是 $s + t$.

证明 显然, $s+t$ 是 $A+B$ 的一个上界. 另外, 对任意的正数 ϵ, 存在 $a \in A$ 以及 $b \in B$, 使得

$$a > s - \frac{\epsilon}{2}, \quad b > t - \frac{\epsilon}{2},$$

于是

$$a + b > s + t - \epsilon.$$

这就证明了 $s+t$ 是 $A+B$ 的上确界.

□

定理 2.15 设非空集合 A 有上界, 且它的上确界是 s, 则集合

$$-A = \{-a \mid a \in A\}$$

有下界, 且它的下确界是 $-s$.

下面我们来介绍一个与下确界有关的有趣结果.

定理 2.16 (菲柯特引理) 设数列 $\{a_n\}_{n\geqslant 1}$ 满足次可加性, 即

$$a_{m+n} \leqslant a_m + a_n, \quad \forall m, n \in \mathbb{N}^+,$$

则 $\lim\limits_{n\to\infty} \dfrac{a_n}{n} = \inf\limits_{n\geqslant 1} \dfrac{a_n}{n}$.

迈克尔 • 菲柯特 (Michael Fekete, 1886—1957, 见图 2.4) 是匈牙利数学家, 他的研究领域是集合论. 菲柯特在攻读博士期间的导师是利波特 • 费叶 (Lipót Fejér, 1880—1959, 见图 2.4). 在匈牙利语中, Fekete 是黑色的意思, 而 Fejér 则是白色的意思. 菲柯特在布达佩

斯大学工作的时候教过约翰·冯·诺依曼 (John von Neumann, 1903—1957), 两人还合写过一篇论文, 这也是冯·诺依曼写的第一篇论文.

菲柯特

费叶

图 2.4　菲柯特和费叶

证明　补充定义 $a_0=0$, 并记 $L=\inf\limits_{n\geqslant 1}\dfrac{a_n}{n}$. 注意, L 可能等于 $-\infty$.

(1) 如果 $L\in\mathbb{R}$, 则由下确界的定义可知, 对任意正数 ϵ, 存在一个正整数 k, 使得

$$L\leqslant\frac{a_k}{k}<L+\epsilon.$$

对大于 k 的正整数 n, 由带余除法可知, 存在正整数 q 和不超过 $k-1$ 的自然数 r, 使得

$$n=qk+r.$$

因此

$$a_n\leqslant qa_k+a_r.$$

记 $b=\max\{a_0,a_1-L,a_2-2L,\cdots,a_{k-1}-(k-1)L\}$, 则

$$\begin{aligned}L\leqslant\frac{a_n}{n}&\leqslant\frac{qa_k}{n}+\frac{a_r}{n}=\frac{qk}{n}\cdot\frac{a_k}{k}+\frac{a_r}{n}=\frac{n-r}{n}\cdot\frac{a_k}{k}+\frac{a_r}{n}\\&<\left(1-\frac{r}{n}\right)\cdot(L+\epsilon)+\frac{a_r}{n}=(L+\epsilon)+\frac{a_r-rL}{n}-\frac{r\epsilon}{n}\\&\leqslant(L+\epsilon)+\frac{b}{n}.\end{aligned}$$

只要 n 足够大, 我们就可以让 $\dfrac{b}{n}<\epsilon$, 从而得到

$$L\leqslant\frac{a_n}{n}<L+2\epsilon.$$

这就证明了 $\lim\limits_{n\to\infty}\dfrac{a_n}{n}=L$.

(2) 我们把 $L=-\infty$ 的情况留给读者来证明.

□

现在我们来介绍一条实数的公理, 这应该是全书唯一的公理.

实数的确界公理 设 A 是实数集 $\mathbb{R}$ 的一个非空子集. 若 A 有上界, 则它有上确界.

确界公理可以简单地表述为: 有上界必有上确界. 它等价于有下界必有下确界. 确界公理非常重要, 对于数学专业学的 "数学分析" 与非数学专业学的 "微积分 (高等数学)", 一个重要的区别就在于是否讲确界公理.

我们知道公理是不需要理由的, 但它应该是合理的. 有的公理一看就很合理, 比如欧氏几何中有一条公理: 过两点可以画一条直线. 但确界公理距离我们的日常生活非常遥远, 非常抽象, 初学者很难体会到这条公理的合理之处. 怎么办呢? 也没有什么好办法. 先接受它, 慢慢体会吧. 很快我们就会发现这条公理很有用, 也很好用, 比如下节我们即将利用确界公理推出单调有界收敛定理, 后者给出了数列极限存在的一个充分条件. 一旦明白了确界公理可以做那么多事情, 我们就会觉得确界公理很重要, 它的存在很有必要, 它的合理性也就有了支撑. 这就是我们理解复杂的数学概念、公理或者定理的一种方式.

我们来看一个看似显然的结果.

定理 2.17 (阿基米德原理) 对任何正数 x, 总存在正整数 n, 使得 $n > x$.

证明 反证法. 如果结论不成立, 则 x 就是正整数集 $\mathbb{N}^+$ 的一个上界. 由实数的确界原理可知, $\mathbb{N}^+$ 有上确界, 记为 s. 若 n 是正整数, 则它的后继 $n+1$ 也是正整数, 所以

$$n+1 \leqslant s, \quad \forall n \in \mathbb{N}^+,$$

这又可推出

$$n \leqslant s-1, \quad \forall n \in \mathbb{N}^+,$$

即 $s-1$ 也是 $\mathbb{N}^+$ 的一个上界, 这与 s 的最小性矛盾.

□

图 2.5 阿基米德

阿基米德 (Archimedes, 前 287—前 212, 见图 2.5) 是古希腊的数学家, 与艾萨克・牛顿 (Isaac Newton, 1643—1727) 和约翰・卡尔・弗里德里希・高斯 (Johann Carl Friedrich Gauss, 1777—1855) 一起并称 "数学三杰". 阿基米德原理虽然叫原理, 但其实是个定理. 物理中有很多原理或者定律, 在数学中我们都叫定理 (引理和推论都是定理的变体). 阿基米德原理可以帮助我们定义取整函数. 设 x 是一个实数, 你怎么知道刚好有一个整数 n 满足 $x \in [n, n+1)$ 呢? 显然吗? 一般我们觉得显然是因为我们事先知道 x 的近似值. 比如, $\sqrt{2}$ 约等于 1.41, 所以它当然属于 $[1,2)$. 如果 x 是一个你完全没见过的实数, 怎么确定 n 的存在性呢? 如果 x 是一个整数, 我们直接令 $n = x$ 即可. 下面我们考虑 x 不是整数的情形. 先设 x 是一个非整数的正数, 根据阿基米德原理, 一定存在比它大的正整数. 设 n 是所有比 x 大的正整数中最小的那个, 则

$$n-1 < x < n,$$

于是我们就可以定义 $[x]=n-1$. 若 x 是一个非整数的负数, 则 $-x$ 是一个非整数的正数, 由上面的推理可知, 存在唯一的正整数 n, 使得

$$n-1<-x<n \quad \Longrightarrow \quad -n<x<-n+1,$$

于是我们就可以定义 $[x]=-n$.

2.7　数列极限存在的条件

定义 2.10　设 $\{x_n\}$ 是一个实数列.

(1) 如果对任意正整数 n, 都有 $x_n \leqslant x_{n+1}$, 我们就称数列 $\{x_n\}$ 是单调递增的. 如果对任意正整数 n, 都有 $x_n < x_{n+1}$, 我们就称数列 $\{x_n\}$ 是严格单调递增的.

(2) 如果对任意正整数 n, 都有 $x_n \geqslant x_{n+1}$, 我们就称数列 $\{x_n\}$ 是单调递减的. 如果对任意正整数 n, 都有 $x_n > x_{n+1}$, 我们就称数列 $\{x_n\}$ 是严格单调递减的.

注意, 只有实数列才有单调递增和单调递减的概念, 包含虚数的复数列是没有这两个概念的.

我们在中学时代所说的单调递增其实是这里的严格单调递增. 这里的单调递增允许取等号 (大部分大学老师都是这么认为的), 这会给后续的处理带来一些便利.

定理 2.18 (单调有界收敛定理)　单调递增且有上界的数列必收敛, 且数列的极限就是数列的上确界. 单调递减且有下界的数列必收敛, 且数列的极限就是数列的下确界.

证明　我们只证明递增的情况. 假设数列 $\{x_n\}$ 单调递增且有上界, 根据确界公理, 它有上确界 s. 下面我们来证明: 数列 $\{x_n\}$ 收敛到 s.

首先, s 也是数列 $\{x_n\}$ 的一个上界, 因此, 对任意正整数 n, 都有 $x_n \leqslant s$. 其次, s 是数列 $\{x_n\}$ 的最小上界, 对任意正数 ϵ, $s-\epsilon$ 不是数列 $\{x_n\}$ 的上界, 所以存在正整数 N, 使得 $x_N > s-\epsilon$. 因为 $\{x_n\}$ 单调递增, 当 $n>N$ 时,

$$s-\epsilon < x_N \leqslant x_n \leqslant s \Rightarrow |x_n - s| < \epsilon,$$

所以数列 $\{x_n\}$ 收敛到 s.

□

例 2.13　数列 $\left\{\dfrac{n-1}{n}\right\}$ 有上界 1, 它也是单增的, 因为

$$\frac{n-1}{n} < \frac{n}{n+1} \Longleftrightarrow n^2-1<n^2.$$

由单调有界收敛定理可知, 数列 $\left\{\dfrac{n-1}{n}\right\}$ 收敛.

练习 2.7　已知数列 $\{x_n\}$ 满足 $x_1=1$, 且

$$x_{n+1}=\sqrt{x_n+600}, \quad \forall n \geqslant 1.$$

求证: 数列 $\{x_n\}$ 收敛.

虽然单调有界收敛定理并不能告诉我们数列的极限是多少, 但例 2.13 中的数列特别简单, 我们直接就能看出来它的极限是 1. 有的数列则要复杂许多, 即使我们能证明它收敛, 它的极限值也可能很不明显, 甚至是一个全新的量.

例 2.14 我们在第 1 章中讲过 (而且讲过两次), 数列 $\left\{\left(1+\frac{1}{n}\right)^n\right\}$ 是严格单增的. 下面, 我们来证明它有上界. 事实上, 当 $n \geqslant 2$ 时,

$$\begin{aligned}\left(1+\frac{1}{n}\right)^n &= \mathrm{C}_n^0+\mathrm{C}_n^1\cdot\frac{1}{n}+\mathrm{C}_n^2\cdot\left(\frac{1}{n}\right)^2+\mathrm{C}_n^3\cdot\left(\frac{1}{n}\right)^3+\cdots+\mathrm{C}_n^n\cdot\left(\frac{1}{n}\right)^n\\ &= 1+n\cdot\frac{1}{n}+\frac{n(n-1)}{2!}\cdot\frac{1}{n^2}+\frac{n(n-1)(n-2)}{3!}\cdot\frac{1}{n^3}+\cdots+\frac{n!}{n!}\cdot\frac{1}{n^n}\\ &< 1+1+\frac{1}{2!}+\frac{1}{3!}+\cdots+\frac{1}{n!}\\ &\leqslant 1+1+\frac{1}{2}+\frac{1}{2^2}+\cdots+\frac{1}{2^{n-1}}\\ &= 3-\frac{1}{2^{n-1}}<3.\end{aligned}$$

由单调有界收敛定理可知, 数列 $\left\{\left(1+\frac{1}{n}\right)^n\right\}$ 是收敛的.

定义 2.11 我们把数列 $\left\{\left(1+\frac{1}{n}\right)^n\right\}$ 的极限记为 e, 即

$$\mathrm{e}=\lim_{n\to\infty}\left(1+\frac{1}{n}\right)^n.$$

这是 e 的第一个精确的定义, 以后我们还会给出 e 的另一个定义, 并证明 e 是无理数.

推论 2.5 对任意正整数 n, 都有 $\left(1+\frac{1}{n}\right)^n<\mathrm{e}$.

证明 固定正整数 n, 则当 $m>n+1$ 时, 有

$$\left(1+\frac{1}{n+1}\right)^{n+1}<\left(1+\frac{1}{m}\right)^m.$$

令 $m\to\infty$, 可得

$$\left(1+\frac{1}{n+1}\right)^{n+1}\leqslant\lim_{m\to\infty}\left(1+\frac{1}{m}\right)^m=\mathrm{e}.$$

所以

$$\left(1+\frac{1}{n}\right)^n<\left(1+\frac{1}{n+1}\right)^{n+1}\leqslant\mathrm{e}.$$

□

练习 2.8 求证: $\lim\limits_{n\to\infty}\left(1-\frac{1}{n}\right)^{-n}=\mathrm{e}$.

练习 2.9　用均值不等式证明: 数列 $\left\{\left(1-\dfrac{1}{n}\right)^n\right\}_{n\geqslant 1}$ 是严格单增的. 更一般地, 对任意正整数 k, 数列 $\left\{\left(1-\dfrac{k}{n}\right)^n\right\}_{n\geqslant k}$ 是严格单增的.

练习 2.10　设 k 是一个正整数, 求证:

$$\lim_{n\to\infty}\left(1-\frac{k}{n}\right)^n=\mathrm{e}^{-k},$$

且对任意正整数 $n\geqslant k$, 有

$$\left(1-\frac{k}{n}\right)^n<\mathrm{e}^{-k}.$$

练习 2.11　(1) 求证: 数列 $\left\{\dfrac{1^n+2^n+\cdots+n^n}{n^n}\right\}_{n\geqslant 1}$ 严格单调递增且有上界 $\dfrac{\mathrm{e}}{\mathrm{e}-1}$.

(2) 求 $\lim\limits_{n\to\infty}\dfrac{1^n+2^n+\cdots+n^n}{n^n}$.

单调有界只是数列收敛的一个充分条件, 下面我们来介绍数列收敛的一个充分必要条件.

定理 2.19 (柯西准则)　数列 $\{x_n\}$ 收敛的充分必要条件是: 对任意正数 ϵ, 存在正整数 N, 当正整数 m,n 都大于 N 时, 有 $|x_m-x_n|<\epsilon$.

奥古斯丁 • 路易 • 柯西 (Augustin Louis Cauchy, 1789—1857, 见图 2.6) 是法国数学家, 为分析学做出了巨大的贡献. 初等数学中有柯西不等式, 线性代数中有柯西-比奈公式 (两个方阵乘积的行列式等于行列式的乘积), 将来你们在 “复变函数” 这门课程中还会遇到大量以他的名字命名的定理.

图 2.6　柯西

必要性　假设数列 $\{x_n\}$ 收敛到 a, 则对任意正数 ϵ, 存在正整数 N, 当 $n>N$ 时, $|x_n-a|<\dfrac{\epsilon}{2}$; 当 $m>N$ 时, 自然也有 $|x_m-a|<\dfrac{\epsilon}{2}$. 于是, 当 m,n 都大于 N 时,

$$|x_m-x_n|=|(x_m-a)+(a-x_n)|\leqslant|x_m-a|+|a-x_n|<\frac{\epsilon}{2}+\frac{\epsilon}{2}=\epsilon.$$

□

充分性的证明较为复杂, 我们需要做一点准备工作.

引理 2.2　设数列 $\{x_n\}$ 满足条件: 对任意正数 ϵ, 存在正整数 N, 当正整数 m,n 都大于 N 时, 有 $|x_m-x_n|<\epsilon$, 则数列 $\{x_n\}$ 是有界的.

这个引理的证明和收敛数列有界性的证明类似.

证明　令 $\epsilon=1$, 则存在正整数 N, 当 m,n 都大于 N 时, $|x_m-x_n|<1$. 取 $m=N+1$, 则当 $n>N$ 时, $|x_{N+1}-x_n|<1$. 因此, 当 $n>N$ 时,

$$|x_n|=|(x_n-x_{N+1})+x_{N+1}|\leqslant|x_n-x_{N+1}|+|x_{N+1}|<1+|x_{N+1}|.$$

令 $M=\max\{|x_1|,|x_2|,\cdots,|x_N|,1+|x_{N+1}|\}$, 则对任意正整数 n, 都有

$$|x_n|\leqslant M.$$

因此数列 $\{x_n\}$ 是有界的.

□

定理 2.20 (波尔查诺-外尔斯特拉斯定理) 有界数列必有收敛子列.

伯纳德 • 波尔查诺 (Bernard Bolzano, 1781—1848, 见图 2.7) 是捷克数学家. 波尔查诺有一则逸闻: 有一次他在布拉格度假, 突然间生病, 浑身发冷, 疼痛难耐. 为了分散注意力, 他便拿起了欧几里得的《几何原本》. 当他阅读到第五卷比例论时, 立刻为这种高明的处理所震撼, 无比兴奋, 以至于完全忘记了自己的疼痛. 事后, 每当有朋友生病时, 他就会推荐其阅读欧几里得《几何原本》的比例论. 你愿意成为波尔查诺的朋友吗?

卡尔 • 外尔斯特拉斯 (Karl Weierstrass, 1815—1897, 见图 2.7) 是德国数学家, 被誉为“现代分析学之父”, 为分析的严格化做出了巨大贡献. 他还给出了第一个处处连续但处处不可导的函数的例子. 我们之前学习的 $\epsilon-N$ 语言和 $\epsilon-\delta$ 语言就是他发明的.

波尔查诺　　外尔斯特拉斯

图 2.7 波尔查诺和外尔斯特拉斯

证明 这个定理对复数列也是成立的, 为了简单起见, 我们只证明实数列的情况. 设 $\{x_n\}$ 是一个有界实数列, 则存在两个实数 $a<b$, 使得所有的 x_n 都属于区间 $[a,b]$. 下面我们介绍一种方法, 称为波尔查诺二分法.

我们把区间 $[a,b]$ 等分成两个小区间: $\left[a,\dfrac{a+b}{2}\right]$ 和 $\left[\dfrac{a+b}{2},b\right]$, 则至少有一个小区间包含数列 $\{x_n\}$ 中的无限多项. 我们选取满足条件的一个小区间, 并把它记为 $[a_1,b_1]$.

我们把区间 $[a_1,b_1]$ 也等分成两个小区间: $\left[a_1,\dfrac{a_1+b_1}{2}\right]$ 和 $\left[\dfrac{a_1+b_1}{2},b_1\right]$, 则至少有一个小区间包含数列 $\{x_n\}$ 中的无限多项. 我们同样选取满足条件的一个小区间, 并把它记为 $[a_2,b_2]$.

这样反复操作, 我们就得到了一串闭区间 (闭区间套):

$$[a_1,b_1]\supset[a_2,b_2]\supset[a_3,b_3]\supset\cdots$$

这些区间的左、右端点恰好构成了两个单调有界的数列:

$$a_1 \leqslant a_2 \leqslant a_3 \leqslant \cdots \leqslant b_3 \leqslant b_2 \leqslant b_1.$$

由单调有界收敛定理可知, 数列 $\{a_n\}$ 和数列 $\{b_n\}$ 都收敛. 又因为

$$b_n - a_n = \frac{b-a}{2^n},$$

所以

$$\lim_{n\to\infty} a_n = \lim_{n\to\infty} b_n.$$

即数列 $\{a_n\}$ 和数列 $\{b_n\}$ 收敛到同一个数, 我们把这个数记为 c.

最后, 我们在区间 $[a_1, b_1]$ 中取出一个 x_{i_1}, 在区间 $[a_2, b_2]$ 中取出一个 $x_{i_2}(i_2 > i_1)$, 在区间 $[a_3, b_3]$ 中取出一个 $x_{i_3}(i_3 > i_2 > i_1)$, 反复操作就得到了数列 $\{x_n\}$ 的一个子列 $\{x_{i_k}\}_{k\geqslant 1}$. 对任意正整数 k, 由 $x_{i_k} \in [a_k, b_k]$ 可知, $a_k \leqslant x_{i_k} \leqslant b_k$. 由夹逼定理可知, 数列 $\{x_{i_k}\}_{k\geqslant 1}$ 也收敛到 c.

□

上述证明过程暗含了下面的闭区间套定理, 这也算是一个额外的收获.

定理 2.21 (闭区间套定理)　设

$$I_1 \supset I_2 \supset I_3 \supset \cdots$$

是一串闭区间, 且 I_n 的长度趋于零, 则存在唯一的数 c, 使得

$$\bigcap_{n=1}^{\infty} I_n = \{c\}.$$

所有的准备工作都做好了, 现在可以开始证明柯西准则的充分性了.

柯西准则的充分性　因为数列 $\{x_n\}$ 满足: 对任意正数 ϵ, 存在正整数 N, 当正整数 m, n 都大于 N 时, 有 $|x_m - x_n| < \epsilon$, 所以它是有界的, 有收敛的子列 $\{x_{i_k}\}_{k\geqslant 1}$.

设 $\{x_{i_k}\}_{k\geqslant 1}$ 收敛到 c, 则对任意正数 ϵ, 存在正整数 K, 当 $k > K$ 时, 有

$$|x_{i_k} - c| < \frac{\epsilon}{2}.$$

对同一个 ϵ, 存在正整数 N, 当正整数 m, n 都大于 N 时, 有

$$|x_m - x_n| < \frac{\epsilon}{2}.$$

因此, 当 $n > L = \max\{K+1, N+1\}$ 时, $n > N$ 且 $i_L \geqslant L > N$, 所以

$$|x_n - c| = |(x_n - x_{i_L}) + (x_{i_L} - c)| \leqslant |x_n - x_{i_L}| + |x_{i_L} - c| < \frac{\epsilon}{2} + \frac{\epsilon}{2} = \epsilon.$$

这就证明了数列 $\{x_n\}$ 收敛到 c.

□

第 3 章 级　　数

3.1 级数的和

定义 3.1　设 $\{x_n\}_{n\geqslant 1}$ 是一个数列. 我们把

$$s_n = x_1 + x_2 + \cdots + x_n = \sum_{i=1}^{n} x_i$$

称作数列 $\{x_i\}$ 的第 n 个部分和. 如果数列 $\{s_n\}_{n\geqslant 1}$ 收敛, 我们就称级数 $\sum\limits_{i=1}^{\infty} x_i$ 收敛, 并把数列 $\{s_n\}$ 的极限 s 称为级数 $\sum\limits_{i=1}^{\infty} x_i$ 的和, 记作

$$s = x_1 + x_2 + x_3 + \cdots = \sum_{i=1}^{\infty} x_i.$$

如果数列 $\{s_n\}_{n\geqslant 1}$ 发散, 则称级数 $\sum\limits_{i=1}^{\infty} x_i$ 发散. 如果数列 $\{s_n\}_{n\geqslant 1}$ 发散到 $+\infty(-\infty)$, 则记作

$$\sum_{i=1}^{\infty} x_i = +\infty(-\infty).$$

级数中的项也可以是复数, 此时称为复数项级数.

在级数 $\sum\limits_{i=1}^{\infty} x_i$ 中, i 是哑指标, 它可以替换成任何一个其他的字母或符号, 因此

$$\sum_{i=1}^{\infty} x_i = \sum_{j=1}^{\infty} x_j = \sum_{n=1}^{\infty} x_n = \sum_{\clubsuit=1}^{\infty} x_{\clubsuit}.$$

例 3.1 (几何级数)　设 $q \in (-1, 1)$, 考虑级数 $\sum\limits_{n=1}^{\infty} q^n$ 的和. 因为

$$s_n = q + q^2 + \cdots + q^n = \frac{q(1-q^n)}{1-q},$$

所以

$$\lim_{n\to\infty} s_n = \lim_{n\to\infty} \frac{q(1-q^n)}{1-q} = \frac{q}{1-q}.$$

于是

$$\sum_{n=1}^{\infty} q^n = \frac{q}{1-q}.$$

特别地, 当 $q = \frac{1}{2}$ 时, 我们有

$$\sum_{n=1}^{\infty} \frac{1}{2^n} = 1.$$

当 $q = \frac{1}{10}$ 时, 我们有

$$\sum_{n=1}^{\infty} \frac{1}{10^n} = \frac{1}{9},$$

注意到

$$\sum_{n=1}^{\infty} \frac{1}{10^n} = \frac{1}{10} + \frac{1}{10^2} + \frac{1}{10^3} + \cdots = 0.1 + 0.01 + 0.001 + \cdots,$$

也就是无限循环小数 $0.\dot{1}$, 因此 $0.\dot{1} = \frac{1}{9}$.

例 3.2 级数 $1 - 1 + 1 - 1 + \cdots = \sum_{n=1}^{\infty}(-1)^{n-1}$ 的部分和

$$s_n = \begin{cases} 1, & n\text{为奇数}, \\ 0, & n\text{为偶数}. \end{cases}$$

因而级数 $\sum_{n=1}^{\infty}(-1)^{n-1}$ 是发散的. 有趣的是, 欧拉认为这个级数是收敛的, 并且和为 $\frac{1}{2}$. 欧拉可能是这么想的: s_n 有一半的概率取 1, 一半的概率取 0, 所以级数的和应该是 $\frac{1}{2}$. 虽然也有点道理, 但这不符合我们关于级数和的定义.

下面两个定理的证明比较简单, 留给大家自行完成.

定理 3.1 若级数 $\sum_{n=1}^{\infty} x_n$ 收敛到 s, 级数 $\sum_{n=1}^{\infty} y_n$ 收敛到 t, 则级数 $\sum_{n=1}^{\infty}(x_n \pm y_n)$ 收敛到 $s \pm t$.

定理 3.2 设 k 是一个常数. 若级数 $\sum_{n=1}^{\infty} x_n$ 收敛到 s, 则级数 $\sum_{n=1}^{\infty} kx_n$ 收敛到 ks.

例 3.3 因为

$$\sum_{n=1}^{\infty} \frac{1}{10^n} = \frac{1}{9},$$

两边都乘以 9, 我们得到

$$\sum_{n=1}^{\infty} \frac{9}{10^n} = 1.$$

注意到

$$\sum_{n=1}^{\infty}\frac{9}{10^n}=\frac{9}{10}+\frac{9}{10^2}+\frac{9}{10^3}+\cdots=0.9+0.09+0.009+\cdots,$$

也就是无限循环小数 $0.\dot{9}$, 因此 $0.\dot{9}=1$.

例 3.4 斐波那契数列 $\{f_n\}$ 由 $f_1=f_2=1$ 以及 $f_n=f_{n-1}+f_{n-2}(n\geqslant 3)$ 决定, 我们来求级数 $\sum\limits_{n=1}^{\infty}\frac{f_n}{10^n}$ 的和 (先假设它是收敛的). 设

$$s=\sum_{n=1}^{\infty}\frac{f_n}{10^n}=\frac{f_1}{10}+\frac{f_2}{10^2}+\frac{f_3}{10^3}+\frac{f_4}{10^4}+\cdots,$$

两边都乘以 10, 我们得到

$$10s=f_1+\frac{f_2}{10}+\frac{f_3}{10^2}+\frac{f_4}{10^3}+\cdots,$$

再乘以 10, 我们得到

$$100s=(10f_1+f_2)+\frac{f_3}{10}+\frac{f_4}{10^2}+\cdots,$$

上式减去前面两个式子, 我们得到

$$100s-10s-s=9f_1+f_2+\frac{f_3-f_2-f_1}{10}+\frac{f_4-f_3-f_2}{10^2}+\cdots,$$

即 $89s=10$, 因此 $s=\dfrac{10}{89}$.

下面介绍级数收敛的一个必要条件.

定理 3.3 (级数收敛的必要条件) 若级数 $\sum\limits_{n=1}^{\infty}x_n$ 收敛, 则 $\lim\limits_{n\to\infty}x_n=0$.

证明 设级数 $\sum\limits_{n=1}^{\infty}x_n$ 收敛到 s. 由 $x_n=s_n-s_{n-1}$ 可知,

$$\lim_{n\to\infty}x_n=\lim_{n\to\infty}s_n-\lim_{n\to\infty}s_{n-1}=s-s=0.$$

□

例 3.5 级数 $\sum\limits_{n=1}^{\infty}n$ 发散到正无穷大.

你可能见过一种说法: 级数 $\sum\limits_{n=1}^{\infty}n$ 的和为 $-\dfrac{1}{12}$. 从本书的观点来看, 这种说法当然是错误的, 除非你给出级数和的另外一种定义. 有趣的是, 研究弦论的物理学家认为这个结果是对的, 利用它还能导出一些重要的物理结果.

3.2 正项级数

定义 3.2 若级数 $\sum_{n=1}^{\infty} x_n$ 的项都是非负的, 则称这个级数是一个正项级数. 若级数 $\sum_{n=1}^{\infty} x_n$ 的项都是正的, 则称这个级数是一个严格正项级数.

严格正项级数这个概念是作者自己提出的, 不知道其他人是否这样称呼, 它仅在后面考虑比值审敛法的时候有用.

正项级数的部分和序列 $\{s_n\}_{n\geqslant 1}$ 是单增的, 因此我们有下面的定理.

定理3.4 若级数 $\sum_{n=1}^{\infty} x_n$ 是一个正项级数, 则级数收敛等价于它的部分和序列 $\{s_n\}_{n\geqslant 1}$ 有上界.

若正项级数 $\sum_{n=1}^{\infty} x_n$ 的部分和序列 $\{s_n\}_{n\geqslant 1}$ 没有上界, 则级数 $\sum_{n=1}^{\infty} x_n$ 发散到正无穷.

例 3.6 斐波那契数列 $\{f_n\}$ 由 $f_1 = f_2 = 1$ 以及 $f_n = f_{n-1} + f_{n-2}(n \geqslant 3)$ 决定, 用归纳法不难证明:

$$f_n < 2^n, \quad \forall n \geqslant 1.$$

因此级数 $\sum_{n=1}^{\infty} \frac{f_n}{10^n}$ 的第 n 个部分和

$$s_n < \frac{1}{5} + \frac{1}{5^2} + \cdots + \frac{1}{5^n} = \frac{1}{5} \cdot \frac{1 - \left(\frac{1}{5}\right)^n}{1 - \frac{1}{5}} < \frac{1}{4},$$

于是正项级数 $\sum_{n=1}^{\infty} \frac{f_n}{10^n}$ 的部分和序列 $\{s_n\}$ 有上界, 级数 $\sum_{n=1}^{\infty} \frac{f_n}{10^n}$ 收敛. 上一节的例题告诉我们, 这个级数的和是 $\frac{10}{89}$.

例 3.7 (巴塞尔问题) 我们考虑正项级数

$$\frac{1}{1^2} + \frac{1}{2^2} + \frac{1}{3^2} + \cdots = \sum_{n=1}^{\infty} \frac{1}{n^2}$$

的和. 当 $n \geqslant 2$ 时,

$$\begin{aligned} s_n &= \frac{1}{1^2} + \frac{1}{2^2} + \frac{1}{3^2} + \cdots + \frac{1}{n^2} \\ &< 1 + \frac{1}{1 \cdot 2} + \frac{1}{2 \cdot 3} + \cdots + \frac{1}{(n-1)n} \end{aligned}$$

$$
\begin{aligned}
&= 1 + \left(1 - \frac{1}{2}\right) + \left(\frac{1}{2} - \frac{1}{3}\right) + \cdots + \left(\frac{1}{n-1} - \frac{1}{n}\right) \\
&= 2 - \frac{1}{n} < 2,
\end{aligned}
$$

所以部分和序列 $\{s_n\}_{n\geqslant 1}$ 有上界, 正项级数 $\sum\limits_{n=1}^{\infty}\frac{1}{n^2}$ 收敛. 那么级数 $\sum\limits_{n=1}^{\infty}\frac{1}{n^2}$ 的和等于多少呢?

意大利数学家皮耶特罗 • 门戈利 (Pietro Mengoli, 1626—1686, 见图 3.1) 在 1650 年提出了这个问题, 难倒了同时代的所有人. 时光流转, 花落花开, 这个难题仍未得到解决. 直到 1734 年, 年轻的瑞士数学家莱昂哈德 • 欧拉 (Leonhard Euler, 1707—1783, 见图 3.1) 终于解决了这个问题, 他给出的答案是:

$$
\sum_{n=1}^{\infty}\frac{1}{n^2} = \frac{\pi^2}{6}.
$$

着实令人意外, 所有正整数平方的倒数和竟然与圆周率 π 有关系! 但从头到尾, 我们都没看到圆的影子. 我们以后会介绍一个较为初等的证明. 欧拉其实得到了更多, 比如

$$
\sum_{n=1}^{\infty}\frac{1}{n^4} = \frac{\pi^4}{90}, \quad \sum_{n=1}^{\infty}\frac{1}{n^6} = \frac{\pi^6}{945}, \quad \sum_{n=1}^{\infty}\frac{1}{n^8} = \frac{\pi^8}{9450}.
$$

这样的等式有无穷多个.

门戈利

欧拉

图 3.1 门戈利和欧拉

例 3.8 (调和级数) 我们考虑调和级数

$$
\frac{1}{1} + \frac{1}{2} + \frac{1}{3} + \cdots = \sum_{n=1}^{\infty}\frac{1}{n}.
$$

对任意正整数 k, 令 $K = 2^{2k}$, 则

$$
\begin{aligned}
s_K &= \frac{1}{1} + \frac{1}{2} + \left(\frac{1}{3} + \frac{1}{4}\right) + \left(\frac{1}{5} + \frac{1}{6} + \frac{1}{7} + \frac{1}{8}\right) \cdots + \left(\frac{1}{2^{2k-1}+1} + \cdots + \frac{1}{2^{2k}}\right) \\
&> 1 + \frac{1}{2} + \frac{1}{4} \times 2 + \frac{1}{8} \times 4 + \cdots + \frac{1}{2^{2k}} \times 2^{2k-1}
\end{aligned}
$$

$$= 1 + \frac{1}{2} + \frac{1}{2} + \frac{1}{2} + \cdots + \frac{1}{2},$$

上面一共有 $2k$ 个 $\frac{1}{2}$, 于是 $s_K > 1 + k$. 因此, 部分和序列 $\{s_n\}_{n\geqslant 1}$ 没有上界, 调和级数 $\sum_{n=1}^{\infty} \frac{1}{n}$ 是发散的.

例 3.9 (e 的第二个定义) 我们考虑正项级数

$$\frac{1}{0!} + \frac{1}{1!} + \frac{1}{2!} + \frac{1}{3!} + \cdots = \sum_{n=0}^{\infty} \frac{1}{n!}.$$

当 $n \geqslant 2$ 时,

$$\begin{aligned}
s_n &= 1 + 1 + \frac{1}{2!} + \frac{1}{3!} + \cdots + \frac{1}{n!} \\
&= 2 + \frac{1}{2!} + \frac{1}{3!} + \cdots + \frac{1}{n!} \\
&\leqslant 2 + \frac{1}{2} + \frac{1}{2^2} + \cdots + \frac{1}{2^{n-1}} \\
&= 3 - \frac{1}{2^{n-1}} < 3,
\end{aligned}$$

所以部分和序列 $\{s_n\}_{n\geqslant 1}$ 有上界, 正项级数 $\sum_{n=0}^{\infty} \frac{1}{n!}$ 收敛. 我们把级数 $\sum_{n=0}^{\infty} \frac{1}{n!}$ 的和记作 e, 即

$$\mathrm{e} = \frac{1}{0!} + \frac{1}{1!} + \frac{1}{2!} + \frac{1}{3!} + \cdots = \sum_{n=0}^{\infty} \frac{1}{n!}.$$

之前我们曾把 e 定义为数列 $\left\{\left(1 + \frac{1}{n}\right)^n\right\}$ 的极限, 所以现在我们就有了 e 的两个定义. 我们必须做一件事, 就是证明这两个定义的等价性.

定理 3.5 记

$$\mathrm{e}_1 = \lim_{n\to\infty} \left(1 + \frac{1}{n}\right)^n, \quad \mathrm{e}_2 = \sum_{n=0}^{\infty} \frac{1}{n!},$$

则 $\mathrm{e}_1 = \mathrm{e}_2$.

证明 (1) 我们先证明 $\mathrm{e}_1 \leqslant \mathrm{e}_2$. 记

$$a_n = \left(1 + \frac{1}{n}\right)^n, \quad b_n = \frac{1}{0!} + \frac{1}{1!} + \frac{1}{2!} + \frac{1}{3!} + \cdots + \frac{1}{n!}.$$

当 $n \geqslant 2$ 时, 由二项式定理展开和简单的放缩可知

$$a_n = \mathrm{C}_n^0 + \mathrm{C}_n^1 \cdot \frac{1}{n} + \mathrm{C}_n^2 \cdot \left(\frac{1}{n}\right)^2 + \mathrm{C}_n^3 \cdot \left(\frac{1}{n}\right)^3 + \cdots + \mathrm{C}_n^n \cdot \left(\frac{1}{n}\right)^n$$

$$
\begin{aligned}
&= 1 + n \cdot \frac{1}{n} + \frac{n(n-1)}{2!} \cdot \frac{1}{n^2} + \frac{n(n-1)(n-2)}{3!} \cdot \frac{1}{n^3} + \cdots + \frac{n!}{n!} \cdot \frac{1}{n^n} \\
&< 1 + 1 + \frac{1}{2!} + \frac{1}{3!} + \cdots + \frac{1}{n!} = b_n,
\end{aligned}
$$

因此

$$
\mathrm{e}_1 = \lim_{n \to \infty} a_n \leqslant \lim_{n \to \infty} b_n = \mathrm{e}_2.
$$

(2) 下面我们证明 $\mathrm{e}_1 \geqslant \mathrm{e}_2$. 先固定正整数 N, 则当 $n \geqslant N$ 时,

$$
\begin{aligned}
a_n =& \mathrm{C}_n^0 + \mathrm{C}_n^1 \cdot \frac{1}{n} + \mathrm{C}_n^2 \cdot \left(\frac{1}{n}\right)^2 + \mathrm{C}_n^3 \cdot \left(\frac{1}{n}\right)^3 + \cdots + \mathrm{C}_n^n \cdot \left(\frac{1}{n}\right)^n \\
\geqslant & \mathrm{C}_n^0 + \mathrm{C}_n^1 \cdot \frac{1}{n} + \mathrm{C}_n^2 \cdot \left(\frac{1}{n}\right)^2 + \mathrm{C}_n^3 \cdot \left(\frac{1}{n}\right)^3 + \cdots + \mathrm{C}_n^N \cdot \left(\frac{1}{n}\right)^N \\
=& 1 + n \cdot \frac{1}{n} + \frac{n(n-1)}{2!} \cdot \frac{1}{n^2} + \frac{n(n-1)(n-2)}{3!} \cdot \frac{1}{n^3} + \cdots \\
& + \frac{n(n-1)\cdots(n-N+1)}{N!} \cdot \frac{1}{n^N},
\end{aligned}
$$

令 $n \to \infty$, 得

$$
\mathrm{e}_1 = \lim_{n \to \infty} a_n \geqslant 1 + 1 + \frac{1}{2!} + \frac{1}{3!} + \cdots + \frac{1}{N!} = b_N.
$$

再令 $N \to \infty$, 得

$$
\mathrm{e}_1 \geqslant \lim_{N \to \infty} b_N = \mathrm{e}_2.
$$

□

定理 3.6 (正项级数的比较审敛法) 设 $\sum_{n=1}^{\infty} x_n$ 和 $\sum_{n=1}^{\infty} y_n$ 都是正项级数. 若级数 $\sum_{n=1}^{\infty} x_n$ 收敛, 且对任意正整数, 有 $x_n \geqslant y_n$, 则级数 $\sum_{n=1}^{\infty} y_n$ 也收敛, 且

$$
\sum_{n=1}^{\infty} x_n \geqslant \sum_{n=1}^{\infty} y_n.
$$

证明 对任意正整数 n, 记

$$
s_n = x_1 + x_2 + \cdots + x_n, \quad t_n = y_1 + y_2 + \cdots + y_n,
$$

则 $s_n \geqslant t_n$. 由级数 $\sum_{n=1}^{\infty} x_n$ 收敛可知, 部分和序列 $\{s_n\}_{n \geqslant 1}$ 有上界, 所以部分和序列 $\{t_n\}_{n \geqslant 1}$ 也有上界, 级数 $\sum_{n=1}^{\infty} y_n$ 收敛.

由 $s_n \geqslant t_n$, 两边取极限即得

$$\sum_{n=1}^{\infty} x_n \geqslant \sum_{n=1}^{\infty} y_n.$$

□

因为改变级数的有限项不影响级数的敛散性, 所以我们有下面的推论.

推论 3.1 设 $\sum_{n=1}^{\infty} x_n$ 和 $\sum_{n=1}^{\infty} y_n$ 都是正项级数. 若级数 $\sum_{n=1}^{\infty} x_n$ 收敛, 且存在正整数 N, 当 $n > N$ 时, 有 $x_n \geqslant y_n$, 则级数 $\sum_{n=1}^{\infty} y_n$ 也收敛.

例 3.10 我们来估计一下 e 的大小. 因为

$$\mathrm{e} = \frac{1}{0!} + \frac{1}{1!} + \frac{1}{2!} + \frac{1}{3!} + \frac{1}{4!} + \cdots,$$

所以

$$\mathrm{e} > \frac{1}{0!} + \frac{1}{1!} + \frac{1}{2!} + \frac{1}{3!} = 1 + 1 + \frac{1}{2} + \frac{1}{6} = 2 + \frac{2}{3} > 2.66.$$

另外,

$$\begin{aligned}
\mathrm{e} &= \frac{1}{0!} + \frac{1}{1!} + \frac{1}{2!} + \frac{1}{3!} + \frac{1}{4!} + \cdots \\
&= 1 + 1 + \frac{1}{2} + \frac{1}{6} + \frac{1}{3!}\left(\frac{1}{4} + \frac{1}{4 \cdot 5} + \frac{1}{4 \cdot 5 \cdot 6} + \cdots\right) \\
&< 2 + \frac{1}{2} + \frac{1}{6} + \frac{1}{6}\left(\frac{1}{4} + \frac{1}{4 \cdot 5} + \frac{1}{5 \cdot 6} + \cdots\right) \\
&= 2 + \frac{1}{2} + \frac{1}{6} + \frac{1}{6}\left(\frac{1}{4} + \frac{1}{4}\right) = 2 + \frac{3}{4} = 2.75.
\end{aligned}$$

例 3.11 (e 是无理数) 我们已经知道 $2 < \mathrm{e} < 3$, 因此 e 不是整数. 假设 $\mathrm{e} = \dfrac{m}{n}$ 是有理数, 这里 m, n 都是正整数且 $n \geqslant 2$, 则

$$\begin{aligned}
0 &< \frac{m}{n} - \sum_{k=0}^{n} \frac{1}{k!} = \mathrm{e} - \sum_{k=0}^{n} \frac{1}{k!} = \sum_{k=n+1}^{\infty} \frac{1}{k!} \\
&= \frac{1}{n!}\left(\frac{1}{n+1} + \frac{1}{(n+1)(n+2)} + \frac{1}{(n+1)(n+2)(n+3)} + \cdots\right) \\
&< \frac{1}{n!}\left(\frac{1}{n+1} + \frac{1}{(n+1)(n+2)} + \frac{1}{(n+2)(n+3)} + \cdots\right) \\
&= \frac{1}{n!}\left(\frac{1}{n+1} + \frac{1}{n+1}\right) = \frac{2}{(n+1)!}.
\end{aligned}$$

乘以 $n!$ 得到

$$0 < n!\left(\frac{m}{n} - \sum_{k=0}^{n} \frac{1}{k!}\right) < \frac{2}{n+1} < 1,$$

这与 $n!\left(\frac{m}{n}-\sum_{k=0}^{n}\frac{1}{k!}\right)$ 是个整数矛盾.

实际上, e 不仅是一个无理数, 还是一个很复杂的无理数. 我们都知道 $\sqrt{2}$ 是无理数, 它是整系数方程 $x^2-2=0$ 的根, 所以我们认为它是一个比较简单的无理数. 但 e 不是任何非零整系数多项式的根, 这样的数被称为超越数. e 的超越性是法国数学家夏尔 • 埃尔米特 (Charles Hermite, 1822—1901, 见图 3.2) 于 1873 年证明的, 过程比较复杂.

下面我们介绍正项级数的比值审敛法, 也叫达朗贝尔判别法.

定理 3.7 (达朗贝尔判别法) 设 $\sum_{n=1}^{\infty}x_n$ 是一个严格正项级数, 且

$$\lim_{n\to\infty}\frac{x_{n+1}}{x_n}=r.$$

若 $r<1$, 则级数 $\sum_{n=1}^{\infty}x_n$ 收敛; 若 $r>1$, 则级数 $\sum_{n=1}^{\infty}x_n$ 发散.

让 • 勒朗 • 达朗贝尔 (Jean Le Rond d'Alembert, 1717—1783, 见图 3.3) 是法国数学家、物理学家, 他与哲学家狄德罗一起编纂了法国的《百科全书》, 并负责撰写数学与自然科学条目, 是法国 "百科全书派" 的主要首领.

图 3.2 埃尔米特

图 3.3 达朗贝尔

证明 (1) 假设 $r<1$, 任取 $q\in(r,1)$, 则存在正整数 N, 当 $n\geqslant N$ 时, 有

$$\frac{x_{n+1}}{x_n}<q.$$

于是

$$x_n=x_N\cdot\frac{x_{N+1}}{x_N}\cdot\dots\cdot\frac{x_n}{x_{n-1}}<x_Nq^{n-N}.$$

由正项级数的比较审敛法可知, 级数 $\sum_{n=1}^{\infty}x_n$ 收敛.

(2) 假设 $r>1$, 任取 $q\in(1,r)$, 则存在正整数 N, 当 $n\geqslant N$ 时, 有

$$\frac{x_{n+1}}{x_n} > q.$$

于是

$$x_n = x_N \cdot \frac{x_{N+1}}{x_N} \cdot \cdots \cdot \frac{x_n}{x_{n-1}} > x_N q^{n-N}.$$

因此, x_n 不趋于零, 级数 $\sum\limits_{n=1}^{\infty} x_n$ 发散.

□

3.3 一般项级数

定义 3.3 如果级数 $\sum\limits_{n=1}^{\infty} x_n$ 中的项都是非正的, 则称 $\sum\limits_{n=1}^{\infty} x_n$ 是一个负项级数. 我们把既不是正项级数也不是负项级数的级数称为一般项级数.

常见的一般项级数的项有正也有负, 或者有实数也有虚数. 判断一个一般项级数是否收敛是一个较为复杂的问题, 有时候会很困难. 好在我们有下面的柯西准则, 它可以用来判断一切级数 (包括复数项级数) 的敛散性.

定理 3.8 (级数收敛的柯西准则) 设 $\{s_n\}$ 是级数 $\sum\limits_{n=1}^{\infty} x_n$ 的部分和序列. 级数 $\sum\limits_{n=1}^{\infty} x_n$ 收敛的充分必要条件是: 对任意正数 ϵ, 存在正整数 N, 当正整数 m,n 都大于 N 时, 有 $|s_m - s_n| < \epsilon$.

如果 $m > n$, 则 $s_m - s_n = x_{n+1} + x_{n+2} + \cdots + x_m$, 即级数中连续的 $m-n$ 项之和.

定义 3.4 如果级数 $\sum\limits_{n=1}^{\infty} x_n$ 中的项是正负交替出现的, 则称 $\sum\limits_{n=1}^{\infty} x_n$ 是一个交错级数.

为了研究交错级数的敛散性, 我们先介绍一个引理.

引理 3.1 设 $\{x_n\}$ 是一个单调递减的非负数列, 则当 $m > n$ 时, 有

$$0 \leqslant x_n - x_{n+1} + \cdots + (-1)^{m-n} x_m \leqslant x_n.$$

证明 (1) 我们先证明左边的不等式. 考虑

$$x_n - x_{n+1} + \cdots + (-1)^{m-n} x_m,$$

这里共有 $m-n$ 项. 如果 $m-n$ 是偶数, 我们可以从左往右给相邻的两项加一个括号, 每个括号内的差都是非负的, 因此总的和是非负的; 如果 $m-n$ 是奇数, 我们同样可以从左往右给相邻的两项加括号, 每个括号内的差都是非负的, 最后还多一项非负的, 因此总的和也是非负的.

(2) 再证明右边的不等式. 显然,

$$x_n - x_{n+1} + \cdots + (-1)^{m-n} x_m = x_n - (x_{n+1} - x_{n+2} + \cdots + (-1)^{m-n-1} x_m).$$

由 (1) 可知, $x_{n+1}-x_{n+2}+\cdots+(-1)^{m-n-1}x_m\geqslant 0$, 所以

$$x_n-x_{n+1}+\cdots+(-1)^{m-n}x_m=x_n-\left(x_{n+1}-x_{n+2}+\cdots+(-1)^{m-n-1}x_m\right)\leqslant x_n.$$

□

例 3.12 我们考虑级数

$$\frac{1}{1}-\frac{1}{2}+\frac{1}{3}-\frac{1}{4}+\cdots=\sum_{n=1}^{\infty}\frac{(-1)^{n-1}}{n}.$$

因为它的项是正负相间的, 所以它是一个交错级数. 这个级数是否收敛呢? 我们用柯西准则来判断一下.

对任意正数 ϵ, 取一个大于 $\frac{1}{\epsilon}$ 的正整数 N, 则当 $m>n>N$ 时,

$$|x_{n+1}+x_{n+2}+\cdots+x_m|=\left|\frac{1}{n+1}-\frac{1}{n+2}+\cdots+\frac{(-1)^{m-n-1}}{m}\right|\leqslant\frac{1}{n+1}<\epsilon.$$

由柯西准则可知, 级数

$$\frac{1}{1}-\frac{1}{2}+\frac{1}{3}-\frac{1}{4}+\cdots=\sum_{n=1}^{\infty}\frac{(-1)^{n-1}}{n}$$

是收敛的. 那么它的和等于多少呢? 意大利数学家皮耶特罗 • 门戈利 (就是提出巴塞尔问题的那个门戈利) 给出的答案是 $\ln 2$, 我们以后会给出证明.

将例 3.12 中的推理稍作修改, 我们就能得到下面的定理.

定理 3.9 (莱布尼兹定理) 设 $\{x_n\}$ 是一个单调递减且趋于零的非负数列, 则级数 $\sum\limits_{n=1}^{\infty}(-1)^n x_n$ 是收敛的.

戈特弗里德 • 莱布尼兹 (Gottfried Leibniz, 1646—1716, 见图 3.4) 是德国数学家, 历史上少见的通才. 他本人是一名律师, 经常往返于各大城镇, 许多公式都是他在颠簸的马车上完成证明的. 牛顿和莱布尼兹先后独立发明了微积分. 牛顿更早得到结果, 但莱布尼兹更早发表, 于是二人以及他们的追随者之间爆发了关于谁首先发明了微积分的争论，双方互不相让, 最后还演变为英国数学界与欧洲大陆数学界之间的对立. 虽然莱布尼兹在与牛顿的微积分优先权之争中落了下风, 但他所使用的微积分的数学符号更加合理, 因而获得了更广泛的使用. 莱布尼兹还拥有更多的学术后代, 伯努利兄弟和欧拉都是他这一支的.

例 3.13 (莱布尼兹级数) 交错级数

$$\frac{1}{1}-\frac{1}{3}+\frac{1}{5}-\frac{1}{7}+\cdots=\sum_{n=0}^{\infty}\frac{(-1)^n}{2n+1}$$

是收敛的. 它的和是 $\frac{\pi}{4}$, 后续我们会给出证明. 据说, 莱布尼兹在发现了这个结论之后, 才下定决心要成为一个数学家.

莱布尼兹

牛顿

图 3.4　莱布尼兹和牛顿

3.4 绝对收敛

本节的级数可以是复数项级数.

定理 3.10　若级数 $\sum_{n=1}^{\infty}|x_n|$ 收敛, 则级数 $\sum_{n=1}^{\infty}x_n$ 也收敛.

证明　因为级数 $\sum_{n=1}^{\infty}|x_n|$ 收敛, 所以对任意正数 ϵ, 存在正整数 N, 当 $m>n>N$ 时, 有

$$|x_{n+1}|+|x_{n+2}|+\cdots+|x_m|<\epsilon.$$

由模长不等式可得,

$$|x_{n+1}+x_{n+2}+\cdots+x_m|\leqslant|x_{n+1}|+|x_{n+2}|+\cdots+|x_m|<\epsilon.$$

由柯西准则可知, 级数 $\sum_{n=1}^{\infty}x_n$ 收敛.

□

定义 3.5　若级数 $\sum_{n=1}^{\infty}|x_n|$ 收敛, 则称级数 $\sum_{n=1}^{\infty}x_n$ 绝对收敛. 若级数 $\sum_{n=1}^{\infty}x_n$ 收敛但级数 $\sum_{n=1}^{\infty}|x_n|$ 发散, 则称级数 $\sum_{n=1}^{\infty}x_n$ 条件收敛.

上面的定理表明, 绝对收敛的级数必定收敛. 下面的定理是很显然的, 后续我们会多次用到它, 所以我们给出它的证明.

定理 3.11　若级数 $\sum_{n=1}^{\infty}x_n$ 收敛到 s, 级数 $\sum_{n=1}^{\infty}|x_n|$ 收敛到 t, 则 $|s|\leqslant t$.

证明　对任意正整数 n, 记

$$s_n=x_1+x_2+\cdots+x_n,\quad t_n=|x_1|+|x_2|+\cdots+|x_n|.$$

由模长不等式可得,

$$|s_n| = |x_1 + x_2 + \cdots + x_n| \leqslant |x_1| + |x_2| + \cdots + |x_n| = t_n.$$

令 $n \to \infty$ 得, $|s| \leqslant t$.

□

例 3.14 级数 $\sum_{n=1}^{\infty} \frac{(-1)^n}{n^2}$ 是绝对收敛的.

例 3.15 级数 $\sum_{n=1}^{\infty} \frac{(-1)^n}{n}$ 是条件收敛的.

练习 3.1 求证: 级数 $\sum_{n=1}^{\infty} \frac{\cos n}{n}$ 是条件收敛的.

定理 3.12 若 $\sum_{n=0}^{\infty} x_n$ 和 $\sum_{n=0}^{\infty} y_n$ 是两个收敛的正项级数, 分别收敛到 a 和 b, 则级数

$$\sum_{n=0}^{\infty} \Big(\sum_{j+k=n} x_j y_k \Big)$$

也收敛, 且

$$\sum_{n=0}^{\infty} \Big(\sum_{j+k=n} x_j y_k \Big) = ab.$$

证明 对任意正整数 N, 我们有

$$\begin{aligned}\sum_{j=0}^{[N/2]} x_j \cdot \sum_{k=0}^{[N/2]} y_k = \sum_{j,k=0}^{[N/2]} x_j y_k \leqslant \sum_{j+k \leqslant N} x_j y_k = \sum_{n=0}^{N} \Big(\sum_{j+k=n} x_j y_k \Big) \\ \leqslant \sum_{j,k=0}^{N} x_j y_k = \sum_{j=0}^{N} x_j \cdot \sum_{k=0}^{N} y_k.\end{aligned}$$

当 $N \to \infty$ 时, 左、右两端都收敛到 ab, 由夹逼定理可知, 数列

$$\Big\{ \sum_{n=0}^{N} \Big(\sum_{j+k=n} x_j y_k \Big) \Big\}_{N \geqslant 1}$$

也收敛到 ab.

□

上面的证明想必有的读者看懵了, 特别是中间的一串不等式. 我们来看一下 $N = 2$ 的情况, 此时不等式变得特别简单:

$$\sum_{j=0}^{1} x_j \cdot \sum_{k=0}^{1} y_k \leqslant \sum_{n=0}^{2} \Big(\sum_{j+k=n} x_j y_k \Big) \leqslant \sum_{j=0}^{2} x_j \cdot \sum_{k=0}^{2} y_k,$$

即

$$(x_0+x_1)\cdot(y_0+y_1)\leqslant x_0y_0+(x_0y_1+x_1y_0)+(x_0y_2+x_1y_1+x_2y_0)$$
$$\leqslant(x_0+x_1+x_2)\cdot(y_0+y_1+y_2).$$

简单来说, 就是部分不超过整体.

下面这个推论可能是本章最复杂的一个结果.

推论 3.2　若 $\sum\limits_{n=0}^{\infty}x_n$ 和 $\sum\limits_{n=0}^{\infty}y_n$ 是两个绝对收敛的级数, 分别收敛到 a 和 b, 则级数

$$\sum_{n=0}^{\infty}\Big(\sum_{j+k=n}x_jy_k\Big)$$

也绝对收敛, 且

$$\sum_{n=0}^{\infty}\Big(\sum_{j+k=n}x_jy_k\Big)=ab.$$

注: 这个结论对复数项级数也是对的.

证明　因为正项级数 $\sum\limits_{n=0}^{\infty}|x_n|$ 和 $\sum\limits_{n=0}^{\infty}|y_n|$ 都收敛, 由上面的定理可知, 级数

$$\sum_{n=0}^{\infty}\Big(\sum_{j+k=n}|x_j|\cdot|y_k|\Big)$$

也收敛. 由模长不等式可知,

$$\Big|\sum_{j+k=n}x_jy_k\Big|\leqslant\sum_{j+k=n}|x_j|\cdot|y_k|,$$

结合正项级数的比较审敛法可知, 正项级数

$$\sum_{n=0}^{\infty}\Big|\Big(\sum_{j+k=n}x_jy_k\Big)\Big|$$

也收敛, 因此级数

$$\sum_{n=0}^{\infty}\Big(\sum_{j+k=n}x_jy_k\Big)$$

收敛. 接下来我们只需要证明

$$\sum_{n=0}^{\infty}\Big(\sum_{j+k=n}x_jy_k\Big)=ab.$$

(1) 先证明实数的情况. 令

$$x_n^+=\frac{|x_n|+x_n}{2},\quad x_n^-=\frac{|x_n|-x_n}{2},$$

则 $x_n = x_n^+ - x_n^-$, 且 $0 \leqslant x_n^+, x_n^- \leqslant |x_n|$, 由比较审敛法可知, $\sum\limits_{n=0}^{\infty} x_n^+$ 和 $\sum\limits_{n=0}^{\infty} x_n^-$ 都是收敛的正项级数, 设它们分别收敛到 a^+ 和 a^-, 则 $a^+ - a^- = a$. 类似地, 令

$$y_n^+ = \frac{|y_n| + y_n}{2}, \quad y_n^- = \frac{|y_n| - y_n}{2},$$

则 $y_n = y_n^+ - y_n^-$, 且 $0 \leqslant y_n^+, y_n^- \leqslant |y_n|$, 由比较审敛法可知, $\sum\limits_{n=0}^{\infty} y_n^+$ 和 $\sum\limits_{n=0}^{\infty} y_n^-$ 都是收敛的正项级数, 设它们分别收敛到 b^+ 和 b^-, 则 $b^+ - b^- = b$. 由

$$x_j y_k = (x_j^+ - x_j^-)(y_k^+ - y_k^-) = x_j^+ y_k^+ - x_j^+ y_k^- - x_j^- y_k^+ + x_j^- y_k^-$$

可得

$$\sum_{j+k=n} x_j y_k = \sum_{j+k=n} x_j^+ y_k^+ - \sum_{j+k=n} x_j^+ y_k^- - \sum_{j+k=n} x_j^- y_k^+ + \sum_{j+k=n} x_j^- y_k^-,$$

因此

$$\begin{aligned}\sum_{n=0}^{\infty}\Big(\sum_{j+k=n} x_j y_k\Big) =& \sum_{n=0}^{\infty}\Big(\sum_{j+k=n} x_j^+ y_k^+\Big) - \sum_{n=0}^{\infty}\Big(\sum_{j+k=n} x_j^+ y_k^-\Big) \\ & - \sum_{n=0}^{\infty}\Big(\sum_{j+k=n} x_j^- y_k^+\Big) + \sum_{n=0}^{\infty}\Big(\sum_{j+k=n} x_j^- y_k^-\Big) \\ =& a^+ b^+ - a^+ b^- - a^- b^+ + a^- b^- \\ =& (a^+ - a^-)(b^+ - b^-) = ab.\end{aligned}$$

(2) 再证明复数的情况. 设 $x_n = s_n + \mathrm{i} t_n, y_n = u_n + \mathrm{i} v_n$, 这里 s_n, t_n, u_n, v_n 都是实数. 由 $|s_n|, |t_n| \leqslant |x_n|$ 和 $|u_n|, |v_n| \leqslant |y_n|$ 可知, 级数

$$\sum_{n=0}^{\infty} s_n, \quad \sum_{n=0}^{\infty} t_n, \quad \sum_{n=0}^{\infty} u_n, \quad \sum_{n=0}^{\infty} v_n$$

都是绝对收敛的, 设它们的和分别为 s, t, u, v, 则

$$a = \sum_{n=0}^{\infty} x_n = s + \mathrm{i} t, \quad b = \sum_{n=0}^{\infty} y_n = u + \mathrm{i} v.$$

由

$$x_j y_k = (s_j + \mathrm{i} t_j)(u_k + \mathrm{i} v_k) = (s_j u_k - t_j v_k) + \mathrm{i}(s_j v_k + t_j u_k)$$

可知,

$$\sum_{j+k=n} x_j y_k = \sum_{j+k=n} s_j u_k - \sum_{j+k=n} t_j v_k + \mathrm{i} \sum_{j+k=n} s_j v_k + \mathrm{i} \sum_{j+k=n} t_j u_k,$$

因此

$$\begin{aligned}\sum_{n=0}^{\infty}\Big(\sum_{j+k=n}x_jy_k\Big)=&\sum_{n=0}^{\infty}\Big(\sum_{j+k=n}s_ju_k\Big)-\sum_{n=0}^{\infty}\Big(\sum_{j+k=n}t_jv_k\Big)\\&+\mathrm{i}\sum_{n=0}^{\infty}\Big(\sum_{j+k=n}s_jv_k\Big)+\mathrm{i}\sum_{n=0}^{\infty}\Big(\sum_{j+k=n}t_ju_k\Big)\\=&su-tv+\mathrm{i}sv+\mathrm{i}tu=(s+\mathrm{i}t)(u+\mathrm{i}v)=ab.\end{aligned}$$

□

3.5 幂 级 数

我们最熟悉的函数应该就是多项式了, 即形如

$$a_0+a_1x+a_2x^2+\cdots+a_nx^n$$

的函数. 有了极限的概念之后, 我们就可以把多项式推广到幂级数了.

定义 3.6 形如

$$a_0+a_1x+a_2x^2+\cdots=\sum_{n=0}^{\infty}a_nx^n$$

的级数称为幂级数 (power series). 这里 $\{a_n\}_{n\geqslant 0}$ 是一个复数列, x 可以取实数值, 也可以取复数值. 我们把 a_nx^n 称为幂级数 $\sum\limits_{n=0}^{\infty}a_nx^n$ 的一般项.

定义 3.7 设 x_0 是一个复数. 如果级数 $\sum\limits_{n=0}^{\infty}a_nx_0^n$ 收敛, 就称 x_0 是幂级数 $\sum\limits_{n=0}^{\infty}a_nx^n$ 的一个收敛点. 如果级数 $\sum\limits_{n=0}^{\infty}a_nx_0^n$ 发散, 就称 x_0 是幂级数 $\sum\limits_{n=0}^{\infty}a_nx^n$ 的一个发散点. 我们把幂级数 $\sum\limits_{n=0}^{\infty}a_nx^n$ 的所有收敛点构成的集合称为幂级数的收敛域.

注: 0 是任何幂级数的收敛点.

因为 a_nx^n 依赖 x, 所以幂级数 $\sum\limits_{n=0}^{\infty}a_nx^n$ 的部分和序列也依赖 x. 如果幂级数收敛, 则它的和也依赖 x. 因此, 幂级数的和在它的收敛域内是 x 的一个函数, 称为幂级数的和函数.

例 3.16 我们考虑幂级数

$$1+x+x^2+x^3+\cdots=\sum_{n=0}^{\infty}x^n.$$

它的部分和

$$s_n(x) = 1 + x + x^2 + \cdots + x^n = \begin{cases} n+1, & x = 1, \\ \dfrac{1 - x^{n+1}}{1 - x}, & x \neq 1. \end{cases}$$

显然, 部分和序列 $\{s_n(x)\}$ 收敛当且仅当 $|x| < 1$, 此时

$$\lim_{n\to\infty} s_n(x) = \frac{1}{1-x}.$$

因此, 幂级数 $\sum\limits_{n=0}^{\infty} x^n$ 的收敛域是 $(-1, 1)$, 和函数为 $\dfrac{1}{1-x}$. 我们记作

$$1 + x + x^2 + \cdots = \frac{1}{1-x}, \quad |x| < 1,$$

或者

$$\sum_{n=0}^{\infty} x^n = \frac{1}{1-x}, \quad |x| < 1.$$

例 3.17 我们考虑幂级数

$$1 + x + 2x^2 + 6x^3 + \cdots = \sum_{n=0}^{\infty} n!x^n.$$

当 $x = 0$ 时, 它显然收敛到 1. 当 $x \neq 0$ 时,

$$\lim_{n\to\infty} \frac{(n+1)!|x|^{n+1}}{n!|x|^n} = \lim_{n\to\infty} \frac{n+1}{|x|} = +\infty.$$

由达朗贝尔判别法的证明过程可知, $n!|x^n|$ 不趋于零, 这等价于 $n!x^n$ 不趋于零, 所以级数 $\sum\limits_{n=0}^{\infty} n!x^n$ 发散. 综上可知, 幂级数 $\sum\limits_{n=0}^{\infty} n!x^n$ 的收敛域只有一个点.

例 3.18 我们考虑幂级数

$$1 + x + \frac{x^2}{2!} + \frac{x^3}{3!} + \cdots = \sum_{n=0}^{\infty} \frac{x^n}{n!}.$$

当 $x = 0$ 时, 它显然收敛到 1. 当 $x \neq 0$ 时,

$$\lim_{n\to\infty} \frac{\dfrac{|x|^{n+1}}{(n+1)!}}{\dfrac{|x|^n}{n!}} = \lim_{n\to\infty} \frac{|x|}{n+1} = 0.$$

由达朗贝尔判别法可知, 级数 $\sum\limits_{n=0}^{\infty} \dfrac{|x|^n}{n!}$ 收敛, 因此级数 $\sum\limits_{n=0}^{\infty} \dfrac{x^n}{n!}$ 绝对收敛. 幂级数 $\sum\limits_{n=0}^{\infty} \dfrac{x^n}{n!}$ 的收敛域是全体复数 $\mathbb{C}$.

例 3.19 考虑幂级数

$$1-\frac{x^2}{2!}+\frac{x^4}{4!}-\frac{x^6}{6!}+\cdots=\sum_{n=0}^{\infty}\frac{(-1)^n x^{2n}}{(2n)!}.$$

当 $x=0$ 时, 它显然收敛到 1. 当 $x\neq 0$ 时,

$$\lim_{n\to\infty}\frac{\frac{|x|^{2n+2}}{(2n+2)!}}{\frac{|x|^{2n}}{(2n)!}}=\lim_{n\to\infty}\frac{|x|^2}{(2n+1)(2n+2)}=0.$$

由达朗贝尔判别法可知, 级数 $\sum_{n=0}^{\infty}\frac{|x|^{2n}}{(2n)!}$ 收敛, 因此级数 $\sum_{n=0}^{\infty}\frac{(-1)^n x^{2n}}{(2n)!}$ 绝对收敛. 幂级数 $\sum_{n=0}^{\infty}\frac{(-1)^n x^{2n}}{(2n)!}$ 的收敛域是全体复数 $\mathbb{C}$.

类似可证, 幂级数

$$x-\frac{x^3}{3!}+\frac{x^5}{5!}-\frac{x^7}{7!}+\cdots=\sum_{n=0}^{\infty}\frac{(-1)^n x^{2n+1}}{(2n+1)!}$$

的收敛域也是全体复数 $\mathbb{C}$.

3.6 指数函数

定义 3.8 我们把幂级数

$$1+x+\frac{x^2}{2!}+\frac{x^3}{3!}+\cdots=\sum_{n=0}^{\infty}\frac{x^n}{n!}$$

的和函数称为指数函数 (exponential function), 记为 $\exp(x)$, 即

$$\exp(x)=1+x+\frac{x^2}{2!}+\frac{x^3}{3!}+\cdots=\sum_{n=0}^{\infty}\frac{x^n}{n!},\quad \forall x\in\mathbb{C}.$$

显然, $\exp(0)=1,\exp(1)=\sum_{n=0}^{\infty}\frac{1}{n!}=\mathrm{e}$ (这是 e 的第二个定义).

定理 3.13 (加法定理) 对任意复数 x,y, 有 $\exp(x)\cdot\exp(y)=\exp(x+y)$.

证明 由二项式定理和推论 3.2可知,

$$\exp(x+y)=\sum_{n=0}^{\infty}\frac{(x+y)^n}{n!}=\sum_{n=0}^{\infty}\frac{1}{n!}\Big(\sum_{j+k=n}\frac{n!}{j!k!}x^j y^k\Big)$$

$$= \sum_{n=0}^{\infty}\Big(\sum_{j+k=n}\frac{x^j}{j!}\frac{y^k}{k!}\Big) = \sum_{j=0}^{\infty}\frac{x^j}{j!}\cdot\sum_{k=0}^{\infty}\frac{y^k}{k!} = \exp(x)\cdot\exp(y).$$

□

推论 3.3 对任意复数 x, 有 $\exp(x)\cdot\exp(-x)=1$.

所以, 对任意复数 x, $\exp(x)$ 都不等于零, 且它的倒数就是 $\exp(-x)$. 前面已经说到 $\exp(0)=1, \exp(1)=\mathrm{e}$, 利用加法定理可得

$$\exp(2)=\exp(1+1)=\exp(1)\cdot\exp(1)=\mathrm{e}\cdot\mathrm{e}=\mathrm{e}^2.$$

用数学归纳法可得: 对任意正整数 n,

$$\exp(n)=\mathrm{e}^n \Longrightarrow \exp(-n)=\frac{1}{\exp(n)}=\frac{1}{\mathrm{e}^n}=\mathrm{e}^{-n}.$$

因此, 对任意整数 n, 都有 $\exp(n)=\mathrm{e}^n$.

对有理数 $\dfrac{m}{n}(m\in\mathbb{Z}, n\in\mathbb{N}^+)$, 我们有

$$\mathrm{e}^m=\exp(m)=\exp\Big(\underbrace{\frac{m}{n}+\cdots+\frac{m}{n}}_{n\text{个}}\Big)=\Big[\exp\Big(\frac{m}{n}\Big)\Big]^n \Longrightarrow \exp\Big(\frac{m}{n}\Big)=\mathrm{e}^{\frac{m}{n}}.$$

总结一下: 对任意有理数 x, 我们有 $\exp(x)=\mathrm{e}^x$.

在中学数学中, 只给出了当 $x\in\mathbb{Q}$ 时指数函数 e^x 的定义. 现在, 我们可以通过令 $\mathrm{e}^x=\exp(x)$ 把指数函数的定义域从 $\mathbb{Q}$ 延拓到 $\mathbb{C}$. 这是一件很了不起的事情! 现在我们终于可以回答第 1 章末尾提出的问题了——什么是 $\mathrm{e}^{\sqrt{2}}$? 答案是

$$\mathrm{e}^{\sqrt{2}}=\exp(\sqrt{2})=\sum_{n=0}^{\infty}\frac{(\sqrt{2})^n}{n!}=1+\sqrt{2}+\frac{(\sqrt{2})^2}{2!}+\frac{(\sqrt{2})^3}{3!}+\cdots.$$

从今往后, 我们将不区分 e^x 和 $\exp(x)$, 或者将 e^x 视作 $\exp(x)$ 的缩写.

对一般的正数 $a\neq 1$, 我们还没有给出 a^x 的定义. 后面我们会给出 a^x 的定义, 它的定义域也是全体复数 $\mathbb{C}$.

3.7 三 角 函 数

定义 3.9 我们把

$$\cos x=\frac{\mathrm{e}^{\mathrm{i}x}+\mathrm{e}^{-\mathrm{i}x}}{2}=1-\frac{x^2}{2!}+\frac{x^4}{4!}-\frac{x^6}{6!}+\cdots=\sum_{n=0}^{\infty}\frac{(-1)^n x^{2n}}{(2n)!},\quad x\in\mathbb{C}$$

称为余弦函数, 把

$$\sin x = \frac{e^{ix} - e^{-ix}}{2i} = x - \frac{x^3}{3!} + \frac{x^5}{5!} - \frac{x^7}{7!} + \cdots = \sum_{n=0}^{\infty} \frac{(-1)^n x^{2n+1}}{(2n+1)!}, \quad x \in \mathbb{C}$$

称为正弦函数. 这两个幂级数的收敛域都是 $\mathbb{C}$.

显然, $\cos 0 = 1, \sin 0 = 0$, 且 $\cos x$ 是偶函数, $\sin x$ 是奇函数. 当 x 是实数的时候, $\cos x, \sin x$ 也都是实数. 有了上述定义, 下面的等式几乎是显然的.

定理 3.14 (欧拉公式) 对任意复数 x, 我们有

$$e^{ix} = \cos x + i \sin x.$$

证明

$$\cos x + i \sin x = \frac{e^{ix} + e^{-ix}}{2} + i \cdot \frac{e^{ix} - e^{-ix}}{2i} = e^{ix}.$$

□

把欧拉公式中的 x 换成 $-x$, 我们就得到

$$e^{-ix} = \cos x - i \sin x.$$

因此, $\cos^2 x + \sin^2 x = (\cos x + i \sin x)(\cos x - i \sin x) = e^{ix} \cdot e^{-ix} = 1$.

定理 3.15 对任意复数 x, 我们有 $\cos^2 x + \sin^2 x = 1$.

推论 3.4 对任意实数 x, 我们有 $\cos x, \sin x \in [-1, 1]$.

当 x 为虚数的时候, $\cos x, \sin x$ 可以不在 $[-1, 1]$ 中, 比如

$$\cos i = \frac{e^{-1} + e}{2} > 1.$$

在中学数学中, 三角函数是用直观的几何方法引入的, 本书中的三角函数是用抽象的分析方法引入的, 它们各有各的好处. 几何的方式胜在简单易懂, 分析的方式则可以让我们走得更远 (比如, 能把三角函数的定义域从实数拓展到复数), 而且无须假定圆弧的长度是一个我们可以直接接受的概念 (圆弧作为一种特殊的曲线, 它的长度要用积分来计算). 我们将会证明, 大家在中学数学中所熟悉的所有三角恒等式还是成立的.

定理 3.16 对任意复数 x, y, 我们有

$$\cos(x+y) = \cos x \cos y - \sin x \sin y,$$

$$\cos(x-y) = \cos x \cos y + \sin x \sin y.$$

证明 (1) 我们先证明第一个式子, 从较为复杂的右边开始,

$$\begin{aligned}
&\cos x \cos y - \sin x \sin y \\
=&\frac{e^{ix} + e^{-ix}}{2} \cdot \frac{e^{iy} + e^{-iy}}{2} - \frac{e^{ix} - e^{-ix}}{2i} \cdot \frac{e^{iy} - e^{-iy}}{2i} \\
=&\frac{e^{i(x+y)} + e^{i(x-y)} + e^{i(-x+y)} + e^{i(-x-y)}}{4} + \frac{e^{i(x+y)} - e^{i(x-y)} - e^{i(-x+y)} + e^{i(-x-y)}}{4} \\
=&\frac{e^{i(x+y)} + e^{i(-x-y)}}{2} = \cos(x+y).
\end{aligned}$$

(2) 把第一个式子中的 y 换成 $-y$, 再利用正弦函数和余弦函数的奇偶性就得到了第二个式子.

□

证明过程是不是特别简单？只用到了指数函数的加法定理. 在中学数学中, 三角函数和指数函数是完全不相干的, 现在通过复数, 它们被神奇地联系在了一起, 三角函数都是指数函数的衍生物, 这也凸显出指数函数在数学中的重要地位.

推论 3.5 (余弦的二倍角公式) 对任意复数 x, 我们有

$$\cos 2x = \cos^2 x - \sin^2 x = 2\cos^2 x - 1 = 1 - 2\sin^2 x.$$

三倍角公式也是对的. 下面定理的证明就留给大家了.

定理 3.17 对任意复数 x, y, 我们有

$$\sin(x+y) = \sin x\cos y + \cos x\sin y,$$

$$\sin(x-y) = \sin x\cos y - \cos x\sin y.$$

推论 3.6 (正弦的二倍角公式) 对任意复数 x, 我们有 $\sin 2x = 2\sin x\cos x$.

大家在中学数学中见过的和差化积公式以及积化和差公式也都是对的, 比如: 对任意复数 x, y, 我们有

$$\cos x - \cos y = -2\sin\frac{x-y}{2}\sin\frac{x+y}{2},$$

$$\sin x - \sin y = 2\sin\frac{x-y}{2}\cos\frac{x+y}{2}.$$

后面我们将会用这两个公式来证明 $\cos x$ 和 $\sin x$ 的连续性.

最后, 我们来讲一个有趣的结果.

例 3.20 数列 $\{\sin n\}$ 是发散的.

证明 我们用反证法. 假设数列 $\{\sin n\}$ 收敛到实数 a, 则由和差化积公式

$$\sin(n+1) - \sin(n-1) = 2\sin 1\cos n$$

可得

$$\cos n = \frac{\sin(n+1) - \sin(n-1)}{2\sin 1}.$$

因此

$$\lim_{n\to\infty}\cos n = \frac{a-a}{2\sin 1} = 0.$$

因为数列 $\{\cos 2n\}$ 是数列 $\{\cos n\}$ 的一个子列, 所以 $\{\cos 2n\}$ 也收敛到 0. 另外, 由二倍角公式 $\cos 2n = 2\cos^2 n - 1$ 可知,

$$\lim_{n\to\infty}\cos 2n = 2\cdot 0^2 - 1 = -1,$$

矛盾!

□

练习 3.2 求证: 数列 $\{\cos n\}$ 是发散的.

第 4 章　函数的极限

设 A, B 是两个集合, 我们用 $A \setminus B$ 表示在 A 中但不在 B 中的元素构成的集合, 称为 A, B 的差, 有时候也记成 $A - B$. 特别注意, $A - (A - B)$ 不等于 B, 而是等于 $A \cap B$, 不能简单地去括号了事. 下面介绍一下邻域和去心邻域的概念.

定义 4.1　设 a 是一个实数, δ 是一个正数, 我们把开区间 $(a-\delta, a+\delta)$ 称作 a 的一个邻域 (neighborhood) 或者 δ-邻域, 把

$$(a-\delta, a+\delta) \setminus \{a\} = (a-\delta, a) \cup (a, a+\delta)$$

称作 a 的一个去心邻域 (deleted neighborhood). 我们把半开半闭区间 $(a-\delta, a]$ 称为 a 的一个左邻域, 把半开半闭区间 $[a, a+\delta)$ 称为 a 的一个右邻域, 把开区间 $(a-\delta, a)$ 称为 a 的一个左去心邻域, 把开区间 $(a, a+\delta)$ 称为 a 的一个右去心邻域.

在本书中, 实数 a 的一个邻域是以 a 为中点的一个开区间 (见图 4.1). 有的书把包含 a 的任何一个开区间称作 a 的一个邻域, 即 a 可以不是区间的中点. 两者没有本质的区别.

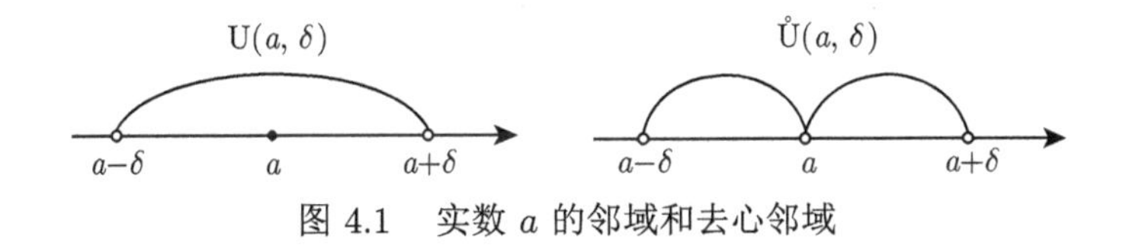

图 4.1　实数 a 的邻域和去心邻域

4.1　函数极限的定义

通常, 我们考虑的函数都是实数变量的, 但它的取值可以是实数 (称为实值函数), 也可以是复数 (称为复值函数). 后面的大部分结果对复值函数都是适用的, 当然涉及比较大小的结果仅适用于实值函数, 我们就不一一指出了.

下面我们开始学习函数的极限. 整个理论和数列的极限非常类似, 只需要把 $\epsilon - N$ 改为 $\epsilon - \delta$.

定义 4.2　(1) 设函数 f 在 x_0 的一个去心邻域内有定义. 如果存在常数 A, 对任意正数 ϵ, 总存在正数 δ, 当 $0 < |x - x_0| < \delta$ 时, 有

$$|f(x) - A| < \epsilon,$$

则称 A 是函数 f 当 $x \to x_0$ 时的极限, 记作

$$\lim_{x \to x_0} f(x) = A$$

或者

$$f(x) \to A\,(x \to x_0).$$

(2) 设函数 f 在 $|x|$ 大于某个正数时有定义. 如果存在常数 A, 对任意正数 ϵ, 都存在正数 M, 当 $|x| > M$ 时, 有

$$|f(x) - A| < \epsilon,$$

则称 A 是函数 f 当 $x \to \infty$ 时的极限, 记作

$$\lim_{x \to \infty} f(x) = A$$

或者

$$f(x) \to A\,(x \to \infty).$$

(3) 设函数 f 在 x 大于某个实数时有定义. 如果存在常数 A, 对任意正数 ϵ, 都存在实数 M, 当 $x > M$ 时, 有

$$|f(x) - A| < \epsilon,$$

则称 A 是函数 f 当 $x \to +\infty$ 时的极限, 记作

$$\lim_{x \to +\infty} f(x) = A$$

或者

$$f(x) \to A\,(x \to +\infty).$$

(4) 设函数 f 在 x 小于某个实数时有定义. 如果存在常数 A, 对任意正数 ϵ, 都存在实数 L, 当 $x < L$ 时, 有

$$|f(x) - A| < \epsilon,$$

则称 A 是函数 f 当 $x \to -\infty$ 时的极限, 记作

$$\lim_{x \to -\infty} f(x) = A$$

或者

$$f(x) \to A\,(x \to -\infty).$$

在上述定义中, $0 < |x - x_0|$ 表明 $x \neq x_0$. 因此, 当 $x \to x_0$ 时, f 的极限是否存在与 f 在 x_0 处有无定义没有关系.

例 4.1 用定义证明: $\lim\limits_{x \to x_0} x = x_0$.

证明　对任意正数 ϵ, 取 $\delta=\epsilon$, 则当 $0<|x-x_0|<\delta=\epsilon$ 时, 显然有 $|x-x_0|<\epsilon$.

□

例 4.2　用定义证明: $\lim\limits_{x\to\infty}\dfrac{1}{x}=0$.

证明　对任意正数 ϵ, 取 $M=\dfrac{1}{\epsilon}$, 则当 $|x|>M=\dfrac{1}{\epsilon}$ 时, $\left|\dfrac{1}{x}-0\right|=\dfrac{1}{|x|}<\epsilon$.

□

是不是觉得函数极限比数列极限更简单?

例 4.3　用定义证明: $\lim\limits_{x\to 2}x^2=4$.

我们先来分析一下 (这部分内容一般写在草稿纸上, 可以不太严格): 当 $x\to 2$ 时, 我们可以认为 $1<x<3$(只要 δ 取得足够小), 于是 $3<x+2<5$. 而 $x^2-4=(x+2)(x-2)$, 所以

$$|x^2-4|=|x+2|\cdot|x-2|\leqslant 5|x-2|.$$

这样我们就把 $|x^2-4|$ 控制住了.

证明　对任意正数 ϵ, 取 $\delta=\min\left\{\dfrac{\epsilon}{5},1\right\}$, 则当 $0<|x-2|<\delta$ 时,

$$|x+2|=\big|(x-2)+4\big|\leqslant|x-2|+4<\delta+4\leqslant 5.$$

于是

$$|x^2-4|=|x+2|\cdot|x-2|\leqslant 5|x-2|<5\cdot\frac{\epsilon}{5}=\epsilon.$$

□

很多读者不明白为什么 δ 要取 $\min\left\{\dfrac{\epsilon}{5},1\right\}$, 为什么这里还多了个 1? 可不可以不是 1? 我们来解释一下: 由 $|x-2|<\delta$ 可以推出 $|x+2|<\delta+4$. 我们让 δ 不超过 1, 为的是保证 $|x+2|$ 不会太大 (比如, 不超过 5), 能够被控制住. 我们完全可以把 1 换成其他正数. 事实上, 把 1 换成任何一个正数都可以, 只不过我们最容易想到的正数就是 1. 闭上眼睛, 你想到的第一个正数是哪一个?

例 4.4　用定义证明: $\lim\limits_{x\to 8}\sqrt[3]{x}=2$.

我们先来分析一下: 当 $x\to 8$ 时, 我们可以认为 $x>0$(只要 δ 取得足够小). 由立方差公式可知,

$$\sqrt[3]{x}-2=\frac{x-8}{(\sqrt[3]{x})^2+\sqrt[3]{x}\cdot 2+4},$$

所以

$$|\sqrt[3]{x}-2|=\frac{|x-8|}{(\sqrt[3]{x})^2+\sqrt[3]{x}\cdot 2+4}\leqslant\frac{|x-8|}{4}.$$

这样我们就把 $|\sqrt[3]{x}-2|$ 控制住了.

证明 对任意正数 ϵ, 取 $\delta = \min\{4\epsilon, 8\}$, 则当 $0 < |x-8| < \delta$ 时, 有 $x > 8 - \delta \geqslant 0$. 于是

$$|\sqrt[3]{x} - 2| = \frac{|x-8|}{(\sqrt[3]{x})^2 + \sqrt[3]{x} \cdot 2 + 4} \leqslant \frac{|x-8|}{4} < \frac{4\epsilon}{4} = \epsilon.$$

□

4.2 单 侧 极 限

定义 4.3 (1) 设函数 f 在 x_0 的一个右去心邻域上有定义. 如果存在常数 A, 对任意正数 ϵ, 总存在正数 δ, 当 $x_0 < x < x_0 + \delta$ 时, 有

$$|f(x) - A| < \epsilon,$$

则称 A 是函数 f 当 $x \to x_0$ 时的右极限, 记作 $\lim\limits_{x \to x_0^+} f(x) = A$ 或者 $f(x_0^+) = A$.

(2) 设函数 f 在 x_0 的一个左去心邻域上有定义. 如果存在常数 A, 对任意正数 ϵ, 总存在正数 δ, 当 $x_0 - \delta < x < x_0$ 时, 有

$$|f(x) - A| < \epsilon,$$

则称 A 是函数 f 当 $x \to x_0$ 时的左极限, 记作 $\lim\limits_{x \to x_0^-} f(x) = A$ 或者 $f(x_0^-) = A$.

显然, 当 $x \to x_0$ 时函数 f 的极限存在, 当且仅当 $x \to x_0$ 时函数 f 的左、右极限都存在且相等.

4.3 无穷小函数与无穷大函数

定义 4.4 设函数 f 在 x_0 的一个去心邻域内有定义.

(1) 如果 $\lim\limits_{x \to x_0} f(x) = 0$, 我们就称 $f(x)$ 是当 $x \to x_0$ 时的一个无穷小函数, 简称无穷小.

(2) 如果对任意的正数 $M > 0$, 都存在正数 δ, 当 $0 < |x - x_0| < \delta$ 时, 有 $|f(x)| > M$, 则称 $f(x)$ 是当 $x \to x_0$ 时的一个无穷大函数, 简称无穷大.

类似地, 可以定义当 $x \to x_0^+, x \to x_0^-, x \to \infty, x \to +\infty, x \to -\infty$ 时的无穷小函数和无穷大函数.

无穷小函数和无穷大函数同样都不是数, 而是函数. 而且, 我们在说函数 f 是一个无穷小或者无穷大的时候, 一定要指明 $x \to x_0$ 这个过程, 否则是没有明确的意义的. 比如, 当 $x \to 0$ 时, x^2 就是一个无穷小; 当 $x \to 1$ 时, x^2 就不是无穷小. 当 $x \to \infty$ 时, $\dfrac{1}{x}$ 是一个无穷小; 当 $x \to 0$ 时, $\dfrac{1}{x}$ 就不是无穷小 (而是无穷大).

定义 4.5　设函数 f 在 x_0 的一个去心邻域内有定义. 如果存在正数 M 和 δ, 当 $|x-x_0|<\delta$ 时, 有 $|f(x)|\leqslant M$, 则称 f 在 x_0 处局部有界, 或者称 f 是 x_0 处的一个局部有界函数.

若函数 f 在 $x\to x_0$ 时有极限, 则 f 在 x_0 处是局部有界的.

定理 4.1　局部有界函数与无穷小函数的乘积是无穷小函数.

例 4.5　当 $x\to 0$ 时, x^2 是一个无穷小函数, 而 $\sin\dfrac{1}{x}$ 是一个有界函数. 因此, 当 $x\to 0$ 时, $x^2\sin\dfrac{1}{x}$ 是一个无穷小函数, 见图 4.2.

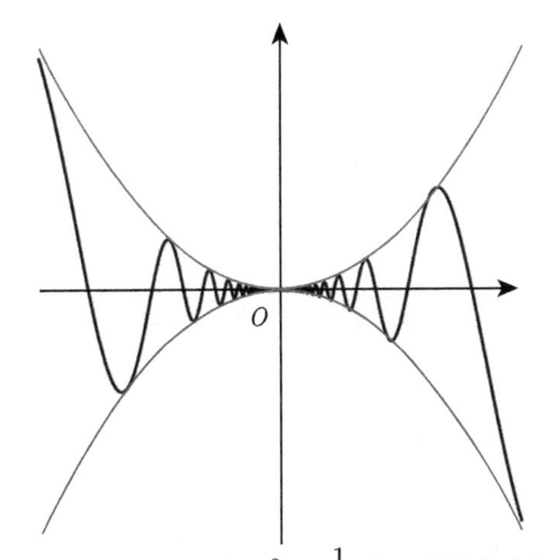

图 4.2　当 $x\to 0$ 时, $x^2\sin\dfrac{1}{x}$ 是一个无穷小函数

说得完整一些, 应该是: 在 x_0 处的局部有界函数与 $x\to x_0$ 时的无穷小函数的乘积是 $x\to x_0$ 时的无穷小函数. 但这么说会显得特别烦琐.

下面我们介绍一下无穷小函数的阶的比较.

定义 4.6　设 f,g 都是 $x\to x_0$ 时的无穷小函数, 且 f 在 x_0 的一个去心邻域内始终非零.

(1) 如果 $\lim\limits_{x\to x_0}\dfrac{g}{f}=0$, 则称 g 是 f 的高阶无穷小, 记作 $g=\mathrm{o}(f)$.

(2) 如果 $\lim\limits_{x\to x_0}\dfrac{g}{f}=\infty$, 则称 g 是 f 的低阶无穷小.

(3) 如果 $\lim\limits_{x\to x_0}\dfrac{g}{f}=c\neq 0$, 则称 g 是 f 的同阶无穷小.

(4) 如果 $\lim\limits_{x\to x_0}\dfrac{g}{f}=1$, 则称 g 是 f 的等价无穷小, 记作 $g\sim f$. 等价无穷小一定是同阶无穷小.

(5) 设 k 是一个正整数, 若 $\lim\limits_{x\to x_0}\dfrac{g}{f^k}=c\neq 0$, 则称 g 是 f 的 k 阶无穷小.

注: 设 f,g,h 都是 $x\to x_0$ 时的无穷小函数, 且 f 在 x_0 的一个去心邻域内始终非零.

(1) 如果 g 是 $2f$ 的高阶无穷小, 则 g 也是 f 的高阶无穷小. 我们把上述事实简写为 $o(2f)=o(f)$.

(2) 如果 g,h 都是 f 的高阶无穷小, 则 $g+h$ 也是 f 的高阶无穷小. 我们把上述事实简写为 $o(f)+o(f)=o(f)$. 这个等式看起来有些奇怪, 有点类似于一群羊加上一群羊还是一群羊. 类似的还有 $o(f)-o(f)=o(f)$.

(3) 如果 g 是 f 的高阶无穷小, 则 fg 是 f^2 的高阶无穷小. 我们把上述事实简写为 $f\cdot o(f)=o(f^2)$.

上述等式都属于数学中符号的滥用. 对内行的人来说, 允许这样的符号滥用能带来许多便利, 但这经常令初学者难以适从. 希望大家能准确理解这类等式的真实含义.

如果 f,g 不全是无穷小, 我们也可以使用 o 这个记号. 比如, 当 $x\to x_0$ 时, g 是无穷小, 而 f 是常值函数 1, 此时 $\lim\limits_{x\to x_0}\dfrac{g}{1}=0$, 所以我们可以记 $g=o(1)$. 又如, 当 $x\to+\infty$ 时, x,x^2 都是无穷大, 我们可以记 $x=o(x^2)$.

练习 4.1 当 $x\to+\infty$ 时, $x\cdot o\left(\dfrac{1}{x}\right)=o(1)$. 这个等式的真实含义是什么?

4.4 函数极限的运算法则

仿照数列极限运算法则的证明, 我们不难得到下面的结果, 具体证明过程留给各位读者.

定理 4.2 (函数极限的运算法则) 设函数 f,g 在 x_0 的一个去心邻域内均有定义. 若

$$\lim_{x\to x_0}f(x)=A,\quad \lim_{x\to x_0}g(x)=B,$$

则

$$\lim_{x\to x_0}[f(x)\pm g(x)]=A\pm B,\quad \lim_{x\to x_0}f(x)g(x)=AB.$$

若有 $B\neq 0$, 则

$$\lim_{x\to x_0}\frac{f(x)}{g(x)}=\frac{A}{B}.$$

把定理中的 $x\to x_0$ 都改成 $x\to x_0^+, x\to x_0^-, x\to\infty, x\to+\infty, x\to-\infty$ 之一, 结论还是对的, 证明过程也几乎一样.

4.5 夹 逼 定 理

我们在前面学过数列极限的夹逼定理, 函数极限也有类似的夹逼定理, 请读者写出证明过程.

定理 4.3 (函数极限的夹逼定理) 设函数 f,g,h 在 a 的一个去心邻域内均有定义, 且满足

$$f(x)\leqslant g(x)\leqslant h(x),$$

若 $\lim\limits_{x\to a} f(x) = L = \lim\limits_{x\to a} h(x)$, 则 $\lim\limits_{x\to a} g(x) = L$.

图 4.3给出了函数极限的夹逼定理的图示.

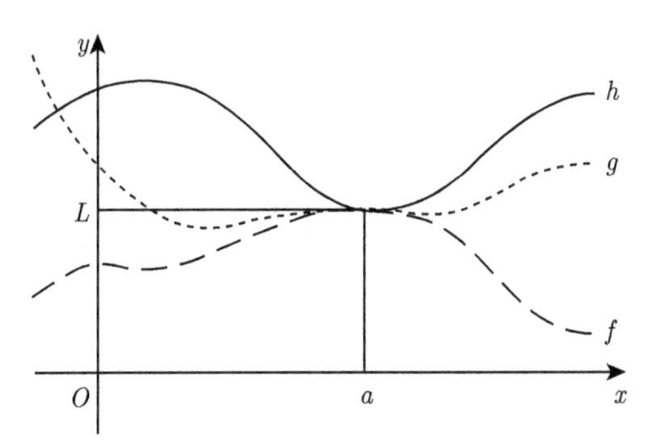

图 4.3 函数极限的夹逼定理

注: 把定理中的 $x \to a$ 都改成 $x \to a^+, x \to a^-, x \to \infty, x \to +\infty, x \to -\infty$ 之一, 结论还是对的, 证明过程也几乎一样.

例 4.6 我们有以下常用的极限等式: $\lim\limits_{x\to 0} \mathrm{e}^x = 1$.

证明 由 e^x 的幂级数表达式

$$\mathrm{e}^x = \sum_{n=0}^{\infty} \frac{x^n}{n!} = 1 + x + \frac{x^2}{2!} + \frac{x^3}{3!} + \frac{x^4}{4!} + \cdots,$$

两边都减去 1, 得到

$$\mathrm{e}^x - 1 = \sum_{n=1}^{\infty} \frac{x^n}{n!} = x + \frac{x^2}{2!} + \frac{x^3}{3!} + \frac{x^4}{4!} + \cdots = x\Big(1 + \frac{x}{2!} + \frac{x^2}{3!} + \frac{x^3}{4!} + \cdots\Big).$$

当 $|x| \leqslant 1$ 时, 有不等式:

$$\Big|1 + \frac{x}{2!} + \frac{x^2}{3!} + \frac{x^3}{4!} + \cdots\Big| \leqslant 1 + \frac{1}{2!} + \frac{1}{3!} + \frac{1}{4!} + \cdots = \mathrm{e} - 1.$$

故当 $|x| \leqslant 1$ 时,

$$0 \leqslant |\mathrm{e}^x - 1| \leqslant |x|(\mathrm{e} - 1).$$

由夹逼定理可知, $\lim\limits_{x\to 0} |\mathrm{e}^x - 1| = 0$, 这等价于 $\lim\limits_{x\to 0} \mathrm{e}^x = 1$.

□

例 4.7 我们还有以下常用的极限等式: $\lim\limits_{x\to 0} \sin x = 0$.

证明 由 $\sin x$ 的幂级数表达式可知,

$$\sin x = x - \frac{x^3}{3!} + \frac{x^5}{5!} - \frac{x^7}{7!} + \cdots = x\Big(1 - \frac{x^2}{3!} + \frac{x^4}{5!} - \frac{x^6}{7!} + \cdots\Big).$$

当 $|x| \leqslant 1$ 时, 有不等式:

$$\left|1-\frac{x^2}{3!}+\frac{x^4}{5!}-\frac{x^6}{7!}+\cdots\right| \leqslant 1+\frac{1}{3!}+\frac{1}{5!}+\frac{1}{7!}+\cdots \leqslant 2.$$

故当 $|x| \leqslant 1$ 时,

$$0 \leqslant |\sin x| \leqslant 2|x|,$$

由夹逼定理可知, $\lim\limits_{x\to 0}|\sin x|=0$, 这等价于 $\lim\limits_{x\to 0}\sin x=0$.

□

练习 4.2 求证: $\lim\limits_{n\to\infty}\sin\left(\sqrt{n^2+1}\cdot\pi\right)=0$.

提示: $\sin\left(\sqrt{n^2+1}\cdot\pi\right)=(-1)^n\cdot\sin\left(\sqrt{n^2+1}\cdot\pi-n\pi\right)$.

练习 4.3 求证: $\lim\limits_{x\to 0}\cos x=1$.

提示: 可以利用例 4.7 的结论迂回地证明, 也可以利用 $\cos x$ 的幂级数表达式直接证明.

练习 4.4 求证: $\lim\limits_{x\to 0}\dfrac{1-\cos x}{x}=0$.

摆弄无穷级数其实是挺有意思的. 我们再来证明一个结论.

引理 4.1 当 $x\in(0,\sqrt{6})$ 时, 我们有 $0<\sin x<x$.

这个结论已经强于我们在中学数学中熟知的 (利用几何事实得到的) 结论:

$$0<\sin x<x, \quad \forall x\in\left(0,\frac{\pi}{2}\right).$$

有一件尴尬的事情: 我们到现在为止还没定义过 π. 在第 5 章, 我们会用分析的方法给出 π 的一个精确定义, 并证明 $\pi<4$.

证明 由 $\sin x$ 的幂级数表达式可知,

$$\begin{aligned}\sin x&=x-\frac{x^3}{3!}+\frac{x^5}{5!}-\frac{x^7}{7!}+\frac{x^9}{9!}-\frac{x^{11}}{11!}+\cdots\\&=x\left(1-\frac{x^2}{2\cdot 3}\right)+\frac{x^5}{5!}\left(1-\frac{x^2}{6\cdot 7}\right)+\frac{x^9}{9!}\left(1-\frac{x^2}{10\cdot 11}\right)+\cdots.\end{aligned}$$

当 $x\in(0,\sqrt{6})$ 时, 上面每个括号都是正的, 因此 $\sin x>0$.

同样由 $\sin x$ 的幂级数表达式可知,

$$\begin{aligned}x-\sin x&=\frac{x^3}{3!}-\frac{x^5}{5!}+\frac{x^7}{7!}-\frac{x^9}{9!}+\frac{x^{11}}{11!}-\frac{x^{13}}{13!}+\cdots\\&=\frac{x^3}{3!}\left(1-\frac{x^2}{4\cdot 5}\right)+\frac{x^7}{7!}\left(1-\frac{x^2}{8\cdot 9}\right)+\frac{x^{11}}{11!}\left(1-\frac{x^2}{12\cdot 13}\right)+\cdots.\end{aligned}$$

当 $x\in(0,\sqrt{6})$ 时, 上面每个括号都是正的, 因此 $x-\sin x>0$.

□

在上面证明 $x>\sin x$ 的过程中, 我们可以把 $(0,\sqrt{6})$ 扩大为 $(0,\sqrt{20})$. 当然, 还有一种更简单的方法: 当 $x>1$ 的时候, $x>1\geqslant\sin x$.

4.6　两个重要极限

我们把 4.5 节中的两个结论加强一下, 就是下面的两个重要极限. 证明过程类似, 为完整起见, 我们都如实地写出来了.

定理 4.4 (第一个重要极限)

$$\lim_{x\to 0}\frac{\mathrm{e}^x-1}{x}=1.$$

证明　由 e^x 的幂级数表达式

$$\mathrm{e}^x=\sum_{n=0}^{\infty}\frac{x^n}{n!}=1+x+\frac{x^2}{2!}+\frac{x^3}{3!}+\frac{x^4}{4!}+\cdots,$$

两边减去 1, 再除以 x, 得到

$$\frac{\mathrm{e}^x-1}{x}=\sum_{n=1}^{\infty}\frac{x^{n-1}}{n!}=1+\frac{x}{2!}+\frac{x^2}{3!}+\frac{x^3}{4!}+\cdots.$$

因此,

$$\frac{\mathrm{e}^x-1}{x}-1=\frac{x}{2!}+\frac{x^2}{3!}+\frac{x^3}{4!}+\cdots=x\Big(\frac{1}{2!}+\frac{x}{3!}+\frac{x^2}{4!}+\cdots\Big).$$

当 $|x|\leqslant 1$ 时, 有不等式:

$$\Big|\frac{1}{2!}+\frac{x}{3!}+\frac{x^2}{4!}+\cdots\Big|\leqslant\frac{1}{2!}+\frac{1}{3!}+\frac{1}{4!}+\cdots\leqslant 1.$$

故当 $|x|\leqslant 1$ 时,

$$0\leqslant\Big|\frac{\mathrm{e}^x-1}{x}-1\Big|\leqslant|x|,$$

由夹逼定理可知,

$$\lim_{x\to 0}\Big|\frac{\mathrm{e}^x-1}{x}-1\Big|=0,$$

所以

$$\lim_{x\to 0}\frac{\mathrm{e}^x-1}{x}=1.$$

□

注: 由证明过程可知, x 是复数的时候, 结论也成立. 这句话也适用于下一个定理.

定理 4.5 (第二个重要极限)

$$\lim_{x\to 0}\frac{\sin x}{x}=1.$$

证明 由 $\sin x$ 的幂级数表达式

$$\sin x=\sum_{n=0}^{\infty}\frac{(-1)^n x^{2n+1}}{(2n+1)!}=x-\frac{x^3}{3!}+\frac{x^5}{5!}-\frac{x^7}{7!}+\cdots,$$

可得

$$\frac{\sin x}{x}=\sum_{n=0}^{\infty}\frac{(-1)^n x^{2n}}{(2n+1)!}=1-\frac{x^2}{3!}+\frac{x^4}{5!}-\frac{x^6}{7!}+\cdots.$$

因此,

$$\frac{\sin x}{x}-1=-\frac{x^2}{3!}+\frac{x^4}{5!}-\frac{x^6}{7!}+\cdots=x^2\Big(-\frac{1}{3!}+\frac{x^2}{5!}-\frac{x^4}{7!}+\cdots\Big).$$

当 $|x|\leqslant 1$ 时, 有不等式:

$$\Big|-\frac{1}{3!}+\frac{x^2}{5!}-\frac{x^4}{7!}+\cdots\Big|\leqslant\frac{1}{3!}+\frac{1}{5!}+\frac{1}{7!}+\cdots\leqslant 1.$$

故当 $|x|\leqslant 1$ 时,

$$0\leqslant\Big|\frac{\sin x}{x}-1\Big|\leqslant|x|^2,$$

由夹逼定理可知,

$$\lim_{x\to 0}\Big|\frac{\sin x}{x}-1\Big|=0.$$

所以

$$\lim_{x\to 0}\frac{\sin x}{x}=1.$$

□

注: 本书中的两个重要极限与其他教材 (比如同济版的《高等数学》) 中的两个重要极限在顺序和内容上都略有不同.

例 4.8 作为一个推论, 我们有

$$\lim_{x\to 0}\frac{\tan x}{x}=\lim_{x\to 0}\frac{\sin x}{x}\cdot\frac{1}{\cos x}=1\cdot 1=1.$$

练习 4.5 求证:

$$\lim_{x\to 0}\frac{1-\cos x}{x^2}=\frac{1}{2}.$$

可以利用上面定理的结论迂回地证明, 也可以利用 $\cos x$ 的幂级数表达式直接证明. 但别着急用洛必达法则, 因为我们还没讲到呢! 我们甚至连导数都没讲到.

第 5 章　连续函数

5.1　连续的定义

定义 5.1　设函数 f 在 x_0 的一个邻域内有定义. 若

$$\lim_{x \to x_0} f(x) = f(x_0),$$

则称函数 f 在 x_0 处是连续的 (continuous), 简称 f 在 x_0 处连续. 若极限 $\lim\limits_{x \to x_0} f(x)$ 不存在或者虽然 $\lim\limits_{x \to x_0} f(x)$ 存在但不等于 $f(x_0)$, 则称 f 在 x_0 处间断. 间断就是不连续. 若 f 在 x_0 处间断, 且 f 在 x_0 处的左、右极限都存在, 则称 x_0 是 f 的一个第一类间断点, 否则就称 x_0 是 f 的一个第二类间断点.

因为现在 f 在 x_0 处是有定义的, 所以我们考虑的是 x_0 的邻域而不是去心邻域. 函数 f 在 x_0 处连续用 $\epsilon - \delta$ 写出来就是: 对任意正数 ϵ, 总存在正数 δ, 当 $|x - x_0| < \delta$ 时, 有 $|f(x) - f(x_0)| < \epsilon$.

函数 f 在 x_0 处是否连续只依赖 f 在 x_0 附近的性质, 与 f 在 x_0 的任一邻域以外的状态无关.

定义 5.2　设 I 是 $\mathbb{R}$ 的一个子集. 如果对任意 $x \in I$, 都存在 x 的一个邻域包含在 I 中, 则称 I 是一个开集 (open set).

显然, 开区间是开集, 若干个开区间的并也是开集. 空集和 $\mathbb{R}$ 也都是开集. 但闭区间和半开半闭区间都不是开集.

定义 5.3　设函数 f 定义在一个非空开集 I 上. 如果 f 在每个 $x \in I$ 处都是连续的, 则称 f 在 I 上连续, 或者称 f 是 I 上的连续函数.

其实我们可以谈论更广泛的集合上的连续函数, 但目前暂时限制在开集上. 后面讲了单侧连续之后, 我们还会讨论闭区间或者半开半闭区间上的连续函数.

例 5.1　常值函数是 $\mathbb{R}$ 上的连续函数.

例 5.2　对任意实数 x_0, 我们有 $\lim\limits_{x \to x_0} x = x_0$, 所以 $f(x) = x$ 在 x_0 处连续. 由 x_0 的任意性可知, $f(x) = x$ 在 $\mathbb{R}$ 上连续.

由函数极限的运算法则, 我们不难得到下面的定理.

定理 5.1　设函数 f, g 在 x_0 的一个邻域内均有定义. 若 f, g 均在 x_0 处连续, 则 $f+g, f-g, fg$ 在 x_0 处也连续. 若又有 $g(x_0) \neq 0$, 则 $\dfrac{f}{g}$ 在 x_0 处也连续.

利用上述结果, 我们马上可以得到以下结论.

例 5.3 多项式

$$P(x) = a_0 + a_1x + a_2x^2 + \cdots + a_nx^n$$

是 $\mathbb{R}$ 上的连续函数.

例 5.4 有理函数

$$\frac{P(x)}{Q(x)} = \frac{a_0 + a_1x + a_2x^2 + \cdots + a_nx^n}{b_0 + b_1x + b_2x^2 + \cdots + b_mx^m}$$

在分母 $Q(x)$ 不等于零的地方是连续的.

例 5.5 指数函数 e^x 是 $\mathbb{R}$ 上的连续函数.

证明 设 x_0 是任一实数. 由指数函数的加法定理可得,

$$\mathrm{e}^x - \mathrm{e}^{x_0} = \mathrm{e}^{x_0}(\mathrm{e}^{x-x_0} - 1),$$

于是

$$\lim_{x\to x_0}(\mathrm{e}^x - \mathrm{e}^{x_0}) = \mathrm{e}^{x_0} \cdot \lim_{x\to x_0}(\mathrm{e}^{x-x_0} - 1) = \mathrm{e}^{x_0} \cdot 0 = 0,$$

所以 $\lim\limits_{x\to x_0} \mathrm{e}^x = \mathrm{e}^{x_0}$, 即 e^x 在 x_0 处是连续的.

□

例 5.6 余弦函数 $\cos x$ 是 $\mathbb{R}$ 上的连续函数.

证明 设 x_0 是任一实数. 由和差化积公式可得,

$$\cos x - \cos x_0 = -2\sin\frac{x-x_0}{2}\sin\frac{x+x_0}{2},$$

于是

$$0 \leqslant |\cos x - \cos x_0| \leqslant 2\left|\sin\frac{x-x_0}{2}\right|,$$

由夹逼定理可知,

$$\lim_{x\to x_0}|\cos x - \cos x_0| = 0,$$

所以 $\lim\limits_{x\to x_0}\cos x = \cos x_0$, 即 $\cos x$ 在 x_0 处是连续的.

□

例 5.7 正弦函数 $\sin x$ 是 $\mathbb{R}$ 上的连续函数.

证明 设 x_0 是任一实数. 由和差化积公式可得,

$$\sin x - \sin x_0 = 2\sin\frac{x-x_0}{2}\cos\frac{x+x_0}{2},$$

于是

$$0 \leqslant |\sin x - \sin x_0| \leqslant 2\left|\sin\frac{x-x_0}{2}\right|,$$

由夹逼定理可知,

$$\lim_{x\to x_0}|\sin x - \sin x_0| = 0,$$

所以 $\lim\limits_{x\to x_0}\sin x = \sin x_0$, 即 $\sin x$ 在 x_0 处是连续的.

□

定理 5.2 (复合函数的连续性) 设函数 $u=g(x)$ 在 x_0 处连续, 函数 $f(u)$ 在 $u_0=g(x_0)$ 处连续, 则 $f(g(x))$ 在 x_0 处连续.

证明 由 $f(u)$ 在 u_0 处连续可知: 对任意正数 ϵ, 存在正数 r, 当 $|u-u_0|<r$ 时, 有 $|f(u)-f(u_0)|<\epsilon$.

由 $g(x)$ 在 x_0 处连续可知: 对上述正数 r, 存在正数 δ, 当 $|x-x_0|<\delta$ 时, 有 $|g(x)-g(x_0)|<r$.

综合起来就是: 对任意正数 ϵ, 存在正数 δ, 当 $|x-x_0|<\delta$ 时,

$$|f(g(x))-f(g(x_0))|=|f(u)-f(u_0)|<\epsilon.$$

因此 $f(g(x))$ 在 x_0 处连续.

□

例 5.8 设数列 $\{x_n\}_{n\geqslant 1}$ 满足 $x_1=2021$, 且

$$x_{n+1}=\sqrt{x_n+600}, \quad \forall n\geqslant 1.$$

利用数学归纳法, 不难证明所有的 x_n 都大于 25. 另外, 对任意正整数 n,

$$x_n^2-x_{n+1}^2=x_n^2-(x_n+600)=(x_n+24)(x_n-25)>0,$$

所以 $x_n>x_{n+1}$. 于是数列 $\{x_n\}_{n\geqslant 1}$ 单调递减且有下界, 所以极限 $\lim\limits_{n\to\infty}x_n$ 存在. 设 $\lim\limits_{n\to\infty}x_n=x$, 则由极限的保号性可知 $x\geqslant 25$. 因为复合函数 $f(t)=\sqrt{t+600}$ 是连续的, 所以

$$x=\lim_{n\to\infty}x_{n+1}=\lim_{n\to\infty}\sqrt{x_n+600}=\sqrt{x+600},$$

于是

$$x^2=x+600\Longrightarrow(x+24)(x-25)=0.$$

因为 $x\geqslant 25$, 所以 $x=25$.

5.2 单侧连续

定义 5.4 (1) 设函数 f 在 x_0 的一个右邻域上有定义. 若

$$\lim_{x\to x_0^+}f(x)=f(x_0),$$

则称函数 f 在 x_0 处是右连续的 (right continuous), 简称 f 在 x_0 处右连续.

(2) 设函数 f 在 x_0 的一个左邻域上有定义. 若

$$\lim_{x\to x_0^-}f(x)=f(x_0),$$

则称函数 f 在 x_0 处是左连续的 (left continuous), 简称 f 在 x_0 处左连续.

定义 5.5 设 $a<b$ 是两个实数, 函数 f 在闭区间 $[a,b]$ 上有定义. 如果 f 在开区间 (a,b) 的每一点处都连续, 在 a 处右连续, 在 b 处左连续, 则称 f 在闭区间 $[a,b]$ 上连续, 同时称 f 是闭区间 $[a,b]$ 上的连续函数.

类似地可以给出函数在一个半开半闭区间上连续的定义.

5.3 连续函数的性质

以下设 a, b 是两个实数, 且 $a < b$.

定理 5.3 设函数 f 在闭区间 $[a, b]$ 上连续, 则 f 在 $[a, b]$ 上有界.

证明 我们用反证法. 假设 f 在 $[a, b]$ 上无界, 则对任意正整数 n, 都存在 $x_n \in [a, b]$, 使得 $|f(x_n)| > n$. 这样我们就得到了一个有界的数列 $\{x_n\}_{n\geqslant 1}$, 由波尔查诺-外尔斯特拉斯定理可知, $\{x_n\}_{n\geqslant 1}$ 有收敛的子列 $\{x_{i_k}\}_{k\geqslant 1}$. 设 $\{x_{i_k}\}_{k\geqslant 1}$ 收敛到 c, 则 $c \in [a, b]$. 因为 f 是连续的, 所以数列 $\{f(x_{i_k})\}_{k\geqslant 1}$ 收敛到 $f(c)$, 因而数列 $\{f(x_{i_k})\}_{k\geqslant 1}$ 是有界的. 这与

$$f(x_{i_k}) > i_k \geqslant k, \quad \forall k \in \mathbb{N}^+$$

矛盾.

□

定义 5.6 设 X 是一个非空集合, $x_0 \in X$, f 是定义在 X 上的一个实值函数. 如果对任意 $x \in X$, 总有 $f(x) \leqslant f(x_0)$, 则称 $f(x_0)$ 是函数 f 在 X 上的最大值, 记为

$$f(x_0) = \max_{x\in X} f(x).$$

如果对任意 $x \in X$, 总有 $f(x) \geqslant f(x_0)$, 则称 $f(x_0)$ 是函数 f 在 X 上的最小值, 记为

$$f(x_0) = \min_{x\in X} f(x).$$

注: 取到最大值和最小值的点可以不唯一 (如常值函数), 也可能不存在.

定理 5.4 (最大最小值定理) 设函数 f 在闭区间 $[a, b]$ 上连续, 则 f 在 $[a, b]$ 上可以取到最大值和最小值.

证明 (1) 先证明 f 可以取到最大值. 由定理 5.3 可知, f 在 $[a, b]$ 上是有界的, 即值域 $R = f([a, b])$ 是一个有界集合. 由实数的确界原理可知, R 有上确界. 记 $M = \sup R$, 则对任意正整数 n, 存在 $x_n \in [a, b]$, 使得

$$M - \frac{1}{n} < f(x_n) \leqslant M.$$

这样我们就得到了一个有界的数列 $\{x_n\}_{n\geqslant 1}$, 由波尔查诺-外尔斯特拉斯定理可知, 它有收敛的子列 $\{x_{i_k}\}_{k\geqslant 1}$. 设 $\{x_{i_k}\}_{k\geqslant 1}$ 收敛到 c, 则 $c \in [a, b]$. 因为 f 是连续的, 所以

$$f(c) = \lim_{k\to\infty} f(x_{i_k}) = M.$$

这个 $f(c)$ 就是 f 在 $[a, b]$ 上的最大值.

(2) 因为 f 在闭区间 $[a, b]$ 上连续, 所以 $-f$ 在闭区间 $[a, b]$ 上也连续. 设 $-f(d)\big(d \in [a, b]\big)$ 是函数 $-f$ 在 $[a, b]$ 上的最大值, 则 $f(d)$ 是 f 在 $[a, b]$ 上的最小值.

□

定理 5.5 (零点定理) 设函数 f 在闭区间 $[a, b]$ 上连续, 且 $f(a) \cdot f(b) < 0$, 则存在 $c \in (a, b)$, 使得 $f(c) = 0$.

证明 不妨设 $f(a)<0<f(b)$, 另一种情况可以类似证明.

我们再次使用波尔查诺二分法. 把区间 $[a,b]$ 等分成两个小区间: $\left[a,\frac{a+b}{2}\right]$ 和 $\left[\frac{a+b}{2},b\right]$. 不论 $f\left(\frac{a+b}{2}\right)$ 的值如何, 我们总能选出一个小区间 $[a_1,b_1]$, 使得 $f(a_1)\leqslant 0\leqslant f(b_1)$. 我们把区间 $[a_1,b_1]$ 也等分成两个小区间: $\left[a_1,\frac{a_1+b_1}{2}\right]$ 和 $\left[\frac{a_1+b_1}{2},b_1\right]$, 不论 $f\left(\frac{a_1+b_1}{2}\right)$ 的值如何, 我们总能选出一个小区间 $[a_2,b_2]$, 使得 $f(a_2)\leqslant 0\leqslant f(b_2)$.

这样反复操作, 我们就得到了一串闭区间 (闭区间套):

$$[a_1,b_1]\supset[a_2,b_2]\supset[a_3,b_3]\supset\cdots$$

这些区间的左、右端点恰好构成了两个单调有界的数列:

$$a_1\leqslant a_2\leqslant a_3\leqslant\cdots\leqslant b_3\leqslant b_2\leqslant b_1.$$

由单调有界收敛定理可知, 数列 $\{a_n\}$ 和数列 $\{b_n\}$ 都收敛. 又因为

$$b_n-a_n=\frac{b-a}{2^n},$$

所以

$$\lim_{n\to\infty}a_n=\lim_{n\to\infty}b_n.$$

即数列 $\{a_n\}$ 和数列 $\{b_n\}$ 收敛到同一个数, 我们把这个数记为 c. 显然 $c\in[a,b]$.

由区间套的构造过程可知, 对任意正整数 n, 都有 $f(a_n)\leqslant 0\leqslant f(b_n)$. 令 n 趋于无穷, 结合 f 的连续性可得 $f(c)\leqslant 0\leqslant f(c)$, 所以 $f(c)=0$. 因为 $f(a),f(b)$ 均非零, 因此 $c\neq a,b$, 所以 $c\in(a,b)$.

□

注: 如果条件减弱为 $f(a)\cdot f(b)\leqslant 0$, 则 c 可能等于 a 或者 b.

推论 5.1 (布劳威尔不动点定理) 设 $f:[0,1]\longrightarrow[0,1]$ 是一个连续函数, 则存在 $x_0\in[0,1]$, 使得 $f(x_0)=x_0$.

鲁伊兹 • 布劳威尔 (Luitzen Brouwer, 1881—1966, 见图 5.1) 是荷兰数学家, 他的研究领域包含拓扑学、集合论、测度论和复分析. 布劳威尔强调数学直觉, 坚持数学对象必须可以构造 (他不接受反证法), 被视为直觉主义的创始人和代表人物. 布劳威尔不动点定理可以推广到高维.

证明 令 $g(x)=f(x)-x$, 则 g 是 $[0,1]$ 上的连续函数, 且

$$g(0)=f(0)-0\geqslant 0,\quad g(1)=f(1)-1\leqslant 0.$$

由连续函数的零点定理可知, 存在 $x_0\in[0,1]$, 使得 $g(x_0)=0$, 即 $f(x_0)=x_0$.

□

推论 5.2 (介值定理) 设函数 f 在闭区间 $[a,b]$ 上连续, s 是一个实数. 若 $f(a)<s<f(b)$ 或者 $f(a)>s>f(b)$, 则存在 $c\in(a,b)$, 使得 $f(c)=s$.

图 5.2给出了介值定理的图示.

图 5.1 布劳威尔

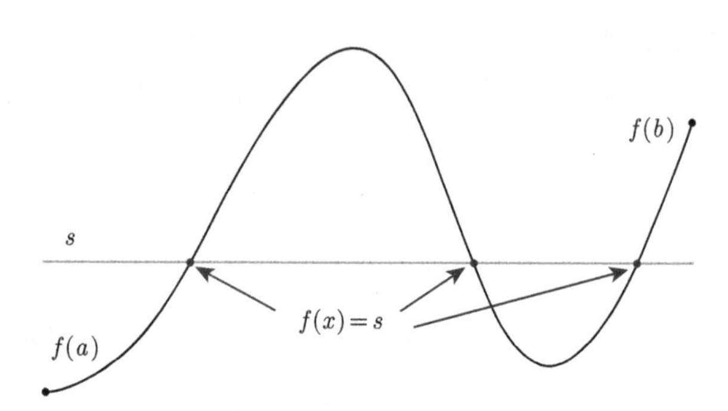

图 5.2 连续函数的介值定理

证明 不妨设 $f(a)<s<f(b)$. 令 $g(x)=f(x)-s$, 则 g 是 $[a,b]$ 上的连续函数, 且

$$g(a)=f(a)-s<0,\quad g(b)=f(b)-s>0.$$

由连续函数的零点定理可知, 存在 $c\in(a,b)$, 使得 $g(c)=0$, 即 $f(c)=s$.

□

推论 5.3 (连续函数的值域) 设函数 f 在闭区间 $[a,b]$ 上连续. 若 M,m 分别是 f 在 $[a,b]$ 上的最大值和最小值, 则 f 的值域为 $[m,M]$.

5.4 π 的分析定义

本节我们开个小差, 讲一下 π. 我们在小学时就学过 π, 它是一个圆的周长和直径的比值, 所以也叫圆周率. 但从来没有人解释过, 为什么对不同的圆, 这个比值总是一样的. 这就是几何方法的优缺点: 优点是直观好懂, 缺点是经不起推敲. 下面我们来讲一讲 π 的纯分析定义. 为此, 需要先做一点准备.

引理 5.1 $\cos 2<0$.

证明 由余弦的幂级数表达式可知,

$$\begin{aligned}\cos 2&=1-\frac{2^2}{2!}+\frac{2^4}{4!}-\frac{2^6}{6!}+\frac{2^8}{8!}-\frac{2^{10}}{10!}+\frac{2^{12}}{12!}-\cdots\\&=1-2+\frac{2}{3}-\left(\frac{2^6}{6!}-\frac{2^8}{8!}\right)-\left(\frac{2^{10}}{10!}-\frac{2^{12}}{12!}\right)-\cdots\\&=-\frac{1}{3}-\left(\frac{2^6}{6!}-\frac{2^8}{8!}\right)-\left(\frac{2^{10}}{10!}-\frac{2^{12}}{12!}\right)-\cdots.\end{aligned}$$

每个括号都是正的, 因此 $\cos 2 < -\frac{1}{3} < 0$.

□

结合 $\cos 0 = 1$, 由连续函数的零点定理可知, $\cos x$ 在开区间 $(0, 2)$ 内至少有一个零点. 令

$$Z = \{x \mid x > 0, \cos x = 0\},$$

则 Z 非空且有下界, 因而有下确界. 设 $z = \inf Z$, 则 $z \geqslant 0$, 且对任意正整数 n, 都存在 $x_n \in Z$, 使得

$$z \leqslant x_n < z + \frac{1}{n}.$$

这样我们就得到了 Z 中的一个数列 $\{x_n\}_{n \geqslant 1}$, 且它收敛到 z. 由 cos 的连续性可知,

$$\cos z = \lim_{n \to \infty} \cos x_n = \lim_{n \to \infty} 0 = 0.$$

因为 $\cos 0 = 1 \neq 0$, 所以 $z \neq 0$, 于是 $z \in Z$. 换句话说, z 其实是 Z 的最小值, 也就是 $\cos x$ 的最小正零点.

定义 5.7 我们把 $\cos x$ 的最小正零点称为 $\frac{\pi}{2}$. 换句话说, π 就是 $\cos x$ 的最小正零点的两倍.

常数 π 还有很多其他的分析定义方法. 比如, 日本数学家小平邦彦 (Kunihiko Kodaira, 1915—1997, 见图 5.3) 在他的《微积分入门》(这本书虽然叫入门, 实则非常艰深) 中是这么定义 π 的: 显然 $\sin 0 = 0$, 由 $\sin x$ 的幂级数表达式可知,

$$\begin{aligned}\sin 1 &= 1 - \frac{1}{3!} + \frac{1}{5!} - \frac{1}{7!} + \frac{1}{5!} - \frac{1}{7!} + \cdots \\ &= \frac{5}{6} + \left(\frac{1}{5!} - \frac{1}{7!}\right) + \left(\frac{1}{9!} - \frac{1}{11!}\right) + \cdots > \frac{5}{6}.\end{aligned}$$

由连续函数的介值定理可知, 存在正数 $\gamma \in (0, 1)$, 使得 $\sin \gamma = \frac{\sqrt{2}}{2}$. 最后令 $\pi = 4\gamma$.

图 5.3 小平邦彦和他写的《微积分入门》

现在我们开始推导一些大家早已熟知的事实. 不过, 在推导过程中, 请读者仔细甄别, 哪些事实是本书承认的, 哪些是需要我们证明的. 数学分析的要义就在于从条件推出结论, 如果一开始就假定结论成立, 那就什么都不用干了.

由本书中 π 的定义, 我们马上可以得到以下结论.

(1) $\cos\dfrac{\pi}{2}=0$.

(2) $0<\dfrac{\pi}{2}<2$, 因此 $0<\pi<4$.

(3) 当 $0<x<\dfrac{\pi}{2}$ 时, 有 $\cos x>0$.

结合 $\cos^2 x+\sin^2 x=1$ 可知, $\sin\dfrac{\pi}{2}=\pm 1$. 我们希望答案是 1(这是中学数学告诉我们的), 但怎么证明呢? 我们现在能用的东西实在少得可怜.

引理 5.2 $\sin\dfrac{\pi}{2}=1$.

证明 由 $\sin\dfrac{\pi}{2}=2\sin\dfrac{\pi}{4}\cos\dfrac{\pi}{4}$ 和 $\cos\dfrac{\pi}{4}>0$ 可知, $\sin\dfrac{\pi}{2}$ 和 $\sin\dfrac{\pi}{4}$ 同号. 同理可得, $\sin\dfrac{\pi}{4}$ 和 $\sin\dfrac{\pi}{8}$ 同号. 由类似的推理可知, $\sin\dfrac{\pi}{2}$ 和所有的 $\sin\dfrac{\pi}{2^n}(n\in\mathbb{N}^+)$ 都同号. 由于

$$\lim_{x\to 0}\frac{\sin x}{x}=1,$$

当 n 足够大时, $\sin\dfrac{\pi}{2^n}$ 与 $\dfrac{\pi}{2^n}$ 同号, 因此 $\sin\dfrac{\pi}{2}>0$, $\sin\dfrac{\pi}{2}=1$.

我们也可以利用第 4 章的一个结果: 当 $x\in(0,\sqrt{6})$ 时, $\sin x>0$. 因为 $0<\dfrac{\pi}{2}<2<\sqrt{6}$, 所以 $\sin\dfrac{\pi}{2}>0$.

□

上面的推理过程实际上蕴含了下面的结果.

定理 5.6 若 $x\in(0,\pi)$, 则 $\sin x>0$.

我们继续, 利用二倍角公式可得,

$$\cos\pi=2\cos^2\frac{\pi}{2}-1=-1,\quad \sin\pi=2\sin\frac{\pi}{2}\cdot\cos\frac{\pi}{2}=0.$$

再次结合 $\cos 0=1$, 现在我们终于可以放心地说: $\cos x$ 在 $[0,\pi]$ 上的值域是 $[-1,1]$ 了.

另外, 在欧拉公式 $e^{ix}=\cos x+i\sin x$ 中令 $x=\pi$, 我们就得到了 $e^{i\pi}=-1$, 移项后得到

$$e^{i\pi}+1=0.$$

这个公式也叫欧拉公式, 被誉为最漂亮的数学公式之一, 因为它包含了数学中最重要的 5 个数——$0,1,i,e,\pi$, 最重要的两种运算——加法和乘法, 最重要的一种关系符号——等号, 以及最重要的一个函数——指数函数.

定理 5.7 对任意复数 x, 我们有 $\sin(\pi-x)=\sin x$.

证明 证明只需一行,

$$\sin(\pi - x) = \sin\pi\cos x - \cos\pi\sin x = 0\cdot\cos x - (-1)\cdot\sin x = \sin x.$$

□

推论 5.4 $\cos\dfrac{\pi}{3} = \dfrac{1}{2}$.

证明 由二倍角公式 $\sin\dfrac{2\pi}{3} = 2\sin\dfrac{\pi}{3}\cos\dfrac{\pi}{3}$ 可得, $\cos\dfrac{\pi}{3} = \dfrac{\sin\dfrac{2\pi}{3}}{2\sin\dfrac{\pi}{3}} = \dfrac{1}{2}$.

□

在中学时, 我们需要从一个等边三角形出发, 画出它的一条高 (也是中线和角平分线), 得出 $\cos 60^\circ = \dfrac{1}{2}$. 现在, 我们用纯分析的方法得到了这个结果, 是不是很神奇?

练习 5.1 求证: $\cos\dfrac{\pi}{5}\cos\dfrac{2\pi}{5} = \dfrac{1}{4}$.

练习 5.2 求证: $\cos\dfrac{\pi}{7}\cos\dfrac{2\pi}{7}\cos\dfrac{3\pi}{7} = \dfrac{1}{8}$.

练习 5.3 设 n 是一个正整数, 求证: $\displaystyle\prod_{k=1}^{n}\cos\frac{k\pi}{2n+1} = \frac{1}{2^n}$.

继续用二倍角公式, 可得

$$\cos 2\pi = 1 - 2\sin^2\pi = 1, \quad \sin 2\pi = 2\sin\pi\cdot\cos\pi = 0.$$

因此, 对任意复数 x, 我们有

$$\cos(x + 2\pi) = \cos x\cos 2\pi - \sin x\sin 2\pi = \cos x\cdot 1 - \sin x\cdot 0 = \cos x,$$

$$\sin(x + 2\pi) = \sin x\cos 2\pi + \cos x\sin 2\pi = \sin x\cdot 1 + \cos x\cdot 0 = \sin x,$$

即 $\cos x, \sin x$ 都是以 2π 为周期的函数. 回想一下, 我们用纯分析的方法, 用幂级数定义了余弦和正弦, 现在我们又是用纯分析的方法证明了它们都是以 2π 为周期的函数, 这说明纯分析这条路是走得通的.

还剩下最后一个问题: 2π 是不是 $\cos x, \sin x$ 的最小正周期呢? 答案是肯定的, 但需要证明. 我们以 $\cos x$ 为例: 假设 $T \in (0, 2\pi)$ 也是 $\cos x$ 的一个正周期, 则对任意实数 x, 都有

$$\cos(x + T) = \cos x.$$

令 $x = 0$, 得 $\cos T = \cos 0 = 1$. 代入 $\cos T = 1 - 2\sin^2\dfrac{T}{2}$, 可得 $\sin\dfrac{T}{2} = 0$, 这与定理 5.6 矛盾.

练习 5.4 求证: 2π 是 $\sin x$ 的最小正周期.

练习 5.5 求证: 若实数 x 满足 $\cos x = 1$, 则 x 一定是 2π 的整数倍.

练习 5.6 求证: 若实数 x 满足 $\sin x = 0$, 则 x 一定是 π 的整数倍.

我们将在第 9 章证明: 半径为 r 的圆的周长是 $2\pi r$.

5.5 严格单调连续函数及其反函数

我们先复习一下单调函数的概念.

定义 5.8 设 X 是 $\mathbb{R}$ 的一个非空子集, f 是定义在 X 上的一个实值函数.

(1) 如果对 X 中的任意两个数 $x<y$, 都有 $f(x)\leqslant f(y)$, 则称 f 是单调递增的. 如果对 X 中的任意两个数 $x<y$, 都有 $f(x)\geqslant f(y)$, 则称 f 是单调递减的. 单调递增和单调递减统称单调.

(2) 如果对 X 中的任意两个数 $x<y$, 都有 $f(x)<f(y)$, 则称 f 是严格单调递增的. 如果对 X 中的任意两个数 $x<y$, 都有 $f(x)>f(y)$, 则称 f 是单调递减的. 严格单调递增和严格单调递减统称严格单调.

显然, 严格单调的函数必有反函数.

例 5.9 (1) 函数 $f(x)=x$ 在 $\mathbb{R}$ 上是严格单调递增的.

(2) 函数 $f(x)=x^2$ 限制在 $[0,+\infty)$ 上时是严格单调递增的, 限制在 $(-\infty,0]$ 上时是严格单调递减的, 但它在整个实数集 $\mathbb{R}$ 上却不是严格单调的, 也不是单调的.

(3) 常值函数 $f(x)=C$ 在 $\mathbb{R}$ 上既是单调递增的, 也是单调递减的, 但不是严格单调的.

连续函数可以不是单调的, 单调函数也可以不连续 (如符号函数). 闭区间 $[a,b]$ 上的单调函数必有最大值和最小值, 就是函数在两个端点的值. 如果一个函数既是严格单调的, 又是连续的, 那么它就有许多很棒的性质, 比如, 它的反函数也是连续的.

定理 5.8 设 $a<b$ 是两个实数, f 是 $[a,b]$ 上的连续函数.

(1) 若 f 是严格单调递增的, 则 f 是从 $[a,b]$ 到 $[f(a),f(b)]$ 的双射, 且反函数

$$f^{-1}:[f(a),f(b)]\to[a,b]$$

也是连续且严格单调递增的.

(2) 若 f 是严格单调递减的, 则 f 是从 $[a,b]$ 到 $[f(b),f(a)]$ 的双射, 且反函数

$$f^{-1}:[f(b),f(a)]\to[a,b]$$

也是连续且严格单调递增的.

证明 我们只证明 f 严格单调递增的情况. 记 $[f(a),f(b)]=J$, 显然反函数 f^{-1} 在 J 上严格单调递增.

我们来证明 f^{-1} 在 J 上是连续的. 用反证法, 假设 f^{-1} 在 $y\in J$ 处不连续, 则存在某个正数 ϵ, 对任意正整数 n, 都存在 $y_n\in J$, 使得 $|y_n-y|<\dfrac{1}{n}$ 且

$$|f^{-1}(y_n)-f^{-1}(y)|\geqslant\epsilon.$$

记 $x_n=f^{-1}(y_n), x=f^{-1}(y)$, 则 $|x_n-x|\geqslant\epsilon$, 因此 $x_n\leqslant x-\epsilon$ 或者 $x_n\geqslant x+\epsilon$. 因为 f 是严格单调递增的, 所以 $y_n=f(x_n)\leqslant f(x-\epsilon)$ 或者 $y_n=f(x_n)\geqslant f(x+\epsilon)$, 这与 $\lim\limits_{n\to\infty}y_n=y=f(x)$ 矛盾.

□

例 5.10 设 n 是一个大于 1 的正整数, R 是一个正数. 因为函数 $f(x)=x^n$ 在 $[0,R]$ 上严格递增且连续, 所以 f 是从 $[0,R]$ 到 $[0,R^n]$ 的双射, 从而有从 $[0,R^n]$ 到 $[0,R]$ 的逆 f^{-1}, 它满足

$$\left(f^{-1}(x)\right)^n=x,\quad \forall x\in[0,R^n].$$

我们把 $f^{-1}(x)$ 称为 x 的 n 次方根. 这是开 n 次方这个函数存在的第一个证明.

例 5.11 还记得第 1 章中的反正弦函数吗? 现在我们已经准备好所有的东西了. 我们已经知道 $\sin x$ 在 $\left[-\frac{\pi}{2},\frac{\pi}{2}\right]$ 上是连续的. 下面我们再来证明: $\sin x$ 在 $\left[-\frac{\pi}{2},\frac{\pi}{2}\right]$ 上是严格单调递增的.

设 $-\frac{\pi}{2}\leqslant x<y\leqslant\frac{\pi}{2}$, 则 $0<\frac{y-x}{2}\leqslant\frac{\pi}{2}$ 且 $-\frac{\pi}{2}<\frac{y+x}{2}<\frac{\pi}{2}$, 因此 $\sin\frac{y-x}{2}$ 和 $\cos\frac{y+x}{2}$ 都大于零. 由积化和差公式可知,

$$\sin y-\sin x=2\sin\frac{y-x}{2}\cos\frac{y+x}{2}>0.$$

总结一下, $\sin x$ 在 $\left[-\frac{\pi}{2},\frac{\pi}{2}\right]$ 上是连续且严格单调递增的, 它的值域是 $\left[\sin\left(-\frac{\pi}{2}\right),\sin\frac{\pi}{2}\right]=[-1,1]$, 所以它有同样严格单调递增且连续的反函数

$$\arcsin:[-1,1]\to\left[-\frac{\pi}{2},\frac{\pi}{2}\right].$$

特别地, 我们有

$$\lim_{x\to0}\arcsin x=\arcsin 0=0.$$

当然这个结果还可以直接这么证明: 对任意正数 $\epsilon<1$, 取 $\delta=\sin\epsilon>0$, 则当 $|x|<\delta=\sin\epsilon$ 时, $-\sin\epsilon<x<\sin\epsilon$, 因此

$$-\epsilon<\arcsin x<\epsilon.$$

不要小看这个事实, 我在求极限 $\lim\limits_{x\to0}\frac{\arcsin x}{x}$ 的时候, 一般会做变量替换: 令 $\arcsin x=t$, 则 $x=\sin t$, 于是

$$\lim_{x\to0}\frac{\arcsin x}{x}=\lim_{t\to0}\frac{t}{\sin t}=1.$$

为什么我们能够把极限过程 $x\to0$ 改成 $t\to0$ 呢? 因为在 $x\to0$ 的时候, 确实有 $t=\arcsin x\to0$.

练习 5.7 求证: $\cos x$ 在 $[0,\pi]$ 上严格单调递减.

练习 5.8 求证: $\tan x$ 在 $\left(-\frac{\pi}{2},\frac{\pi}{2}\right)$ 上严格单调递减, 且值域是全体实数.

例 5.12 指数函数 e^x 在 $\mathbb{R}$ 上是严格单调递增的. 理由如下: 首先, 由 e^x 的幂级数表达式可知, 当 $x>0$ 时, $\mathrm{e}^x>1$. 其次, 设 a,b 是两个实数且 $b>a$, 则

$$\mathrm{e}^b-\mathrm{e}^a=\mathrm{e}^a(\mathrm{e}^{b-a}-1)>0.$$

再来看一下 e^x 的值域: 当 $x>0$ 时, $\mathrm{e}^x>1+x$, 因此当 x 趋于 $+\infty$ 时, e^x 趋于 $+\infty$. 当 $x<0$ 时, $\mathrm{e}^x=\frac{1}{\mathrm{e}^{-x}}$, 因此当 x 趋于 $-\infty$ 时, e^x 趋于 0. 又因为 e^x 在 $\mathbb{R}$ 上连续, 由介值定理可知, e^x 可以取到任何一个正数, 所以 e^x 在 $\mathbb{R}$ 上的值域是 $(0,+\infty)$.

定义 5.9 我们把指数函数 e^x 在 $\mathbb{R}$ 上的反函数记作

$$\ln:(0,+\infty)\to\mathbb{R},$$

称为对数函数或者自然对数函数. 有的书把 ln 写成 log.

显然, $\ln 1=0,\ln\mathrm{e}=1$, 且 $\ln x$ 在 $(0,+\infty)$ 上严格单调递增且连续. 因为互为反函数的关系, 指数函数 e^x 的图像与对数函数 $\ln x$ 的图像关于直线 $y=x$ 对称 (见图 5.4).

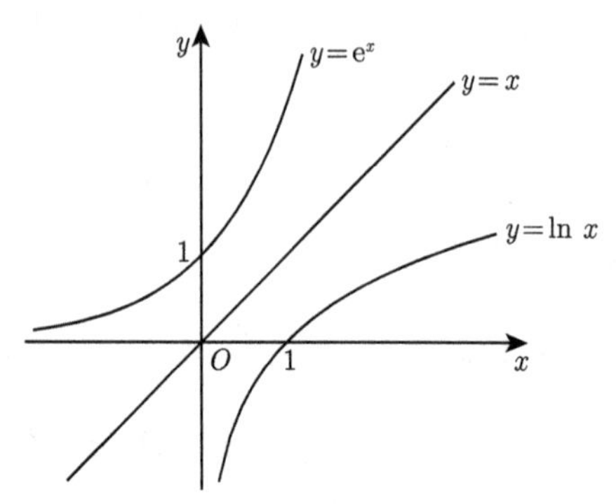

图 5.4 指数函数和对数函数的图像关于直线 $y=x$ 对称

对数的英文是 logarithm, 它的首字母是 l(L 的小写). 有一些同学把 ln 写成 In(以大写的 i 开头), 令人难以接受.

定理 5.9 对任意正数 x,y, 我们有 $\ln xy=\ln x+\ln y$.

证明 记 $\ln x=a,\ln y=b$, 则 $x=\mathrm{e}^a,y=\mathrm{e}^b$. 由指数函数的加法定理可知,

$$xy=\mathrm{e}^a\cdot\mathrm{e}^b=\mathrm{e}^{a+b}.$$

所以

$$\ln xy=\ln\mathrm{e}^{a+b}=a+b=\ln x+\ln y.$$

□

定义 5.10 对不等于 1 的正数 a, 我们定义

$$a^x=\exp(x\ln a),\quad\forall x\in\mathbb{C},$$

称其为以 a 为底的指数函数.

特别地, 当 $a=\mathrm{e}$ 时, $\mathrm{e}^x=\exp(x\ln\mathrm{e})=\exp(x)$. 作为两个连续函数 (一次函数和指数函数) 的复合, a^x 也是连续的. 如果限制 $x\in\mathbb{R}$, 则 a^x 还是严格单调的 ($a>1$ 时严格单调递增, $a<1$ 时严格单调递减), 且值域为全体正实数. 我们把它的反函数记为 $\log_a x$, 它也是严格单调且连续的.

练习 5.9 设 a 是一个不等于 1 的正数, 求证:

$$\log_a x=\frac{\ln x}{\ln a},\quad\forall x>0.$$

定理 5.10 对不等于 1 的正数 a 和任意复数 x,y, 我们有 $a^x\cdot a^y=a^{x+y}$.

证明 由指数函数 exp 的加法定理可知,

$$\begin{aligned}a^x\cdot a^y&=\exp(x\ln a)\cdot\exp(y\ln a)=\exp(x\ln a+y\ln a)\\&=\exp\big((x+y)\ln a\big)=a^{x+y}.\end{aligned}$$

□

练习 5.10 设 a 是一个不等于 1 的正数, 求证:

$$\log_a xy=\log_a x+\log_a y,\quad \forall x,y>0.$$

例 5.13 设 $a>0$ 且 $a\neq 1$, 则

$$\lim_{x\to0}\frac{a^x-1}{x}=\lim_{x\to0}\frac{e^{x\ln a}-1}{x\ln a}\cdot\ln a=1\cdot\ln a=\ln a.$$

定义 5.11 (幂函数) 设 a 是一个复数, 我们定义

$$x^a=\exp(a\ln x),\quad \forall x>0,$$

称其为幂函数 (power function).

练习 5.11 证明: 对任意复数 a 和正数 x,y, 有 $x^a\cdot y^a=(xy)^a$.

当 a 是整数以及某些分数 (比如, $a=\dfrac{1}{3}$) 的时候, 我们可以把幂函数 x^a 的定义域拓展到 $(-\infty,0]$, 但当 a 是无理数 (比如, $a=\sqrt{2}$) 的时候, 幂函数 x^a 的定义域不能扩大.

定义 5.12 (幂指函数) 设 f,g 是两个函数, 其中 $f(x)$ 始终大于零. 我们定义

$$f(x)^{g(x)}=\exp\big(g(x)\ln f(x)\big),$$

称其为幂指函数.

定理 5.11 设 f,g 在 x_0 的某个去心邻域内有定义, 且 $f(x)$ 始终大于零. 若 $\lim\limits_{x\to x_0}f(x)=A>0$, $\lim\limits_{x\to x_0}g(x)=B$, 则 $\lim\limits_{x\to x_0}f(x)^{g(x)}=A^B$.

证明 由指数函数和对数函数的连续性以及极限运算法则, 我们有

$$\begin{aligned}\lim_{x\to x_0}f(x)^{g(x)}&=\lim_{x\to x_0}\exp\big(g(x)\ln f(x)\big)=\exp\Big(\lim_{x\to x_0}g(x)\ln f(x)\Big)\\&=\exp(B\ln A)=A^B.\end{aligned}$$

□

例 5.14 作为应用, 我们来求一个 1^∞ 型的极限:

$$\lim_{x\to0}(\cos x)^{\frac{1}{x^2}}=\lim_{x\to0}\left[(1+\cos x-1)^{\frac{1}{\cos x-1}}\right]^{\frac{\cos x-1}{x^2}}=e^{-\frac{1}{2}}.$$

本题的关键是从 $\cos x$ 中强行分离出一个 1 来, 我们把这种方法称为凑一法. 希望大家能熟练掌握这种方法, 它在求 1^∞ 型极限的时候非常管用.

例 5.15 有时候 x 不是趋于零的, 但只要它是 1^∞ 型的极限, 凑一法依然管用, 比如

$$\lim_{x\to\frac{\pi}{2}}(\sin x)^{\tan^2 x}=\lim_{x\to\frac{\pi}{2}}\left[(1+\sin x-1)^{\frac{1}{\sin x-1}}\right]^{(\sin x-1)\tan^2 x}=\mathrm{e}^{-\frac{1}{2}}.$$

这里我们用到了指数部分的极限

$$\lim_{x\to\frac{\pi}{2}}(\sin x-1)\tan^2 x=\lim_{x\to\frac{\pi}{2}}\frac{\sin x-1}{\cos^2 x}\cdot\sin^2 x=-\frac{1}{2}\cdot 1=-\frac{1}{2},$$

如果你还有点懵, 可以做一个变量替换 $x=\dfrac{\pi}{2}-y$.

有不少同学喜欢这么求这个极限:

$$\lim_{x\to\frac{\pi}{2}}(\sin x)^{\tan^2 x}=\lim_{x\to\frac{\pi}{2}}1^{\tan^2 x}=1.$$

这么做当然是错的, 因为它不符合极限运算的法则, 也不符合上面的定理 (在数学中, 法无允许即禁止, 数学中的法就是公理或者定理). 更直观的原因在于, 这样的做法只注意到底数很接近 1, 但忽视了趋于无穷大的指数会把底数的细微变化放大.

练习 5.12 我们再来求一个 1^∞ 型的极限, 请大家自己完成:

$$\lim_{x\to 0}\left(\cos x+x^2+\sin^2 x+x^3\right)^{\frac{1}{x^2}}=?$$

5.6 初 等 函 数

定义 5.13 我们把常值函数、指数函数、对数函数、幂函数、三角函数和反三角函数统称为基本初等函数. 基本初等函数经过有限次的加减乘除以及复合得到的函数称为初等函数.

图 5.5 奈皮尔

由这个定义可知, 多项式和有理函数都是初等函数, 我们平常见到的有统一表达式的函数大部分都是初等函数. 由前几节的内容可知, 初等函数在其定义域上都是连续的. 这就意味着, 分段定义的函数大多不是初等函数. 因为大部分分段函数都有不连续的地方. 比如, 高斯取整函数 $[x]$ 就不是初等函数 (虽然它很简单).

初等函数就是我们比较熟悉且性质较好的那些函数. 所以作者觉得初等函数是一个带有时代印记的、随着时代发展可能会发生变化 (与时俱进) 的概念. 对数是在 17 世纪初由苏格兰数学家约翰 • 奈皮尔 (John Napier, 1550—1617, 见图 5.5) 提出来的, 因此在 2000 多年前的古希腊, 数学家还没有对数函数的概念, 他们心中的初等函数可能只包括多项式和有理函数. 在 2000 年之后的遥远的未来, 那时的初等函数也许会包含比现在的初等函数更多、更复杂的函数.

第 6 章 导　数

6.1 导数的定义

本节中的函数可以是复值的.

定义 6.1 设函数 f 在 $\mathbb{R}$ 的一个开集 I 上有定义, $x_0 \in I$. 如果极限

$$\lim_{h\to 0}\frac{f(x_0+h)-f(x_0)}{h}$$

存在, 则我们称函数 f 在 x_0 处可导, 并把极限值称为 f 在 x_0 处的导数, 记作 $f'(x_0)$. 如果 f 在 I 的每一点处都可导, 则称 f 在 I 上可导.

因为 $f(x_0+h)-f(x_0)$ 是函数的差, $h=(x_0+h)-x_0$ 是自变量的差, 所以

$$\frac{f(x_0+h)-f(x_0)}{h}$$

是一个差商, 它代表了曲线 $y=f(x)$ 上一条割线的斜率 (见图 6.1), 因此我们经常说导数是差商的极限. 如果这个差商的极限存在, 即

$$f'(x_0)=\lim_{h\to 0}\frac{f(x_0+h)-f(x_0)}{h}$$

存在, 则 $f'(x_0)$ 就是曲线 $y=f(x)$ 在点 $\big(x_0, f(x_0)\big)$ 处切线的斜率.

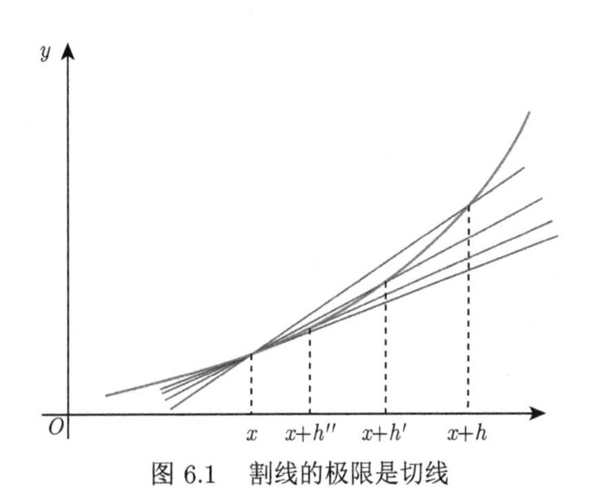

图 6.1 割线的极限是切线

据说, $f'(x_0)$ 这个记号是法国数学家约瑟夫-路易 • 拉格朗日 (Joseph-Louis Lagrange, 1736—1813, 见图 6.2) 发明的. 拉格朗日出生于意大利, 因此意大利人认为拉格朗日是一位

意大利数学家. 拉格朗日被誉为高耸在数学世界的金字塔, 他曾经证明了一个欧拉都没能证明的结论: 任何一个自然数都可以写成 4 个整数的平方之和.

莱布尼兹把 f 在 x_0 处的导数记成

$$\left.\frac{\mathrm{d}f}{\mathrm{d}x}\right|_{x=x_0},$$

有时候干脆省略 x_0, 写成 $\frac{\mathrm{d}f}{\mathrm{d}x}$. 但这样极易引起误解. 一旦这么写, 我们就搞不清楚到底是在哪一点求导. 很多人还会以为导数是 $\mathrm{d}f$ 除以 $\mathrm{d}x$ 得到的商 (虽然他不知道 $\mathrm{d}f$ 和 $\mathrm{d}x$ 到底分别是什么), 但导数不是商, 它是商的极限, 商的极限不是商.

图 6.2　拉格朗日

大家可能会好奇, 微积分的另一个发明人牛顿是如何表示导数的? 牛顿考虑的函数都是以时间 t 为自变量的, 比如一个质点在直角坐标系中位置的一个分量 $x=x(t)$, 他把 $x'(t)$ 写成 $\dot{x}$ (x 上面加一点), 并称之为流数 (fluxion).

注: 上述定义中的极限也可以写成 $\lim\limits_{x\to x_0}\frac{f(x)-f(x_0)}{x-x_0}$. 如果 f 在 x_0 处可导且导数是 $f'(x_0)$, 则

$$\lim_{x\to x_0}\frac{f(x)-f(x_0)}{x-x_0}=f'(x_0).$$

我们可以把上式改写为

$$\lim_{x\to x_0}\frac{f(x)-f(x_0)-f'(x_0)\cdot(x-x_0)}{x-x_0}=0.$$

因此, 当 $x\to x_0$ 时, 我们有

$$f(x)-f(x_0)-f'(x_0)\cdot(x-x_0)=\mathrm{o}\big((x-x_0)\big),$$

或者

$$f(x)=f(x_0)+f'(x_0)\cdot(x-x_0)+\mathrm{o}\big((x-x_0)\big).$$

所以, 如果 f 在 x_0 处可导, 则在 x_0 附近 f 可以用一个线性函数来逼近.

如果把上述定义中的极限改成左 (右) 极限, 我们就得到了左 (右) 导数的概念, 分别记作

$$f'_-(x_0)=\lim_{h\to 0^-}\frac{f(x_0+h)-f(x_0)}{h}$$

和

$$f'_+(x_0)=\lim_{h\to 0^+}\frac{f(x_0+h)-f(x_0)}{h}.$$

左、右导数统称单侧导数. 显然, $f'(x_0)$ 存在当且仅当 $f'_-(x_0)$ 和 $f'_+(x_0)$ 都存在且相等.

例 6.1　若 $f(x)=c$ 是一个常值函数, 则

$$f'(x)=\lim_{h\to 0}\frac{c-c}{h}=0,\quad \forall x\in\mathbb{R}.$$

我们简记成

$$c'=0,\quad \forall x\in\mathbb{R}.$$

例 6.2　若 $f(x)=x$, 则

$$f'(x)=\lim_{h\to 0}\frac{(x+h)-x}{h}=1,\quad \forall x\in\mathbb{R}.$$

我们简记成

$$x'=1,\quad \forall x\in\mathbb{R}.$$

例 6.3　若 $f(x)=x^2$, 则

$$f'(x)=\lim_{h\to 0}\frac{(x+h)^2-x^2}{h}=\lim_{h\to 0}(2x+h)=2x,\quad \forall x\in\mathbb{R}.$$

我们简记成

$$(x^2)'=2x,\quad \forall x\in\mathbb{R}.$$

更一般地, 对任意正整数 n, 我们有

$$(x^n)'=nx^{n-1},\quad \forall x\in\mathbb{R}\quad\Longrightarrow\quad\left(\frac{x^n}{n!}\right)'=\frac{x^{n-1}}{(n-1)!},\quad \forall x\in\mathbb{R}.$$

例 6.4　若 $f(x)=|x|$, 则

$$f'_-(0)=\lim_{h\to 0^-}\frac{|h|-0}{h}=\lim_{h\to 0^-}\frac{-h}{h}=-1,$$

但是

$$f'_+(0)=\lim_{h\to 0^+}\frac{|h|-0}{h}=\lim_{h\to 0^+}\frac{h}{h}=1.$$

因此 $f'(0)$ 不存在. 从直观上看, $(0,0)$ 是函数 $|x|$ 的图像的一个尖点, 见图 6.3.

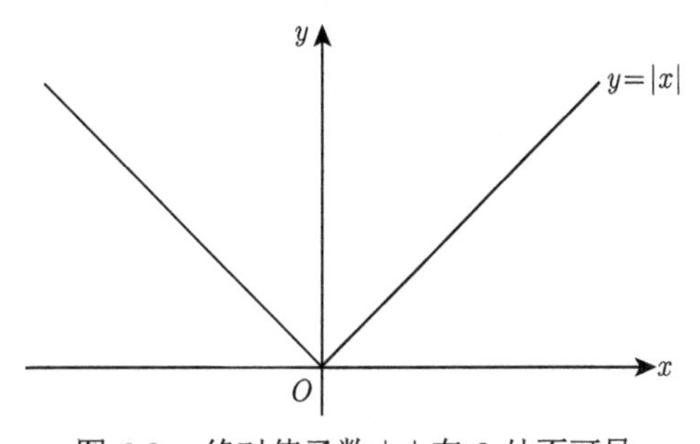

图 6.3　绝对值函数 $|x|$ 在 0 处不可导

例 6.5 (指数函数的导数) 对任意实数 x,

$$(\mathrm{e}^x)' = \lim_{h\to 0}\frac{\mathrm{e}^{x+h}-\mathrm{e}^x}{h} = \lim_{h\to 0}\mathrm{e}^x\cdot\frac{\mathrm{e}^h-1}{h} = \mathrm{e}^x\cdot 1 = \mathrm{e}^x.$$

这里有件很好玩的事情: 任给一个非零的多项式函数, 每求一次导, 它的次数都会降低, 因此多次求导后必然会变成 0. 但我们没法通过求导把指数函数变成 0.

例 6.6 更一般地, 设 k 是一个非零常数 (可以是实数, 也可以是复数), 则

$$\begin{aligned}(\mathrm{e}^{kx})' &= \lim_{h\to 0}\frac{\mathrm{e}^{k(x+h)}-\mathrm{e}^{kx}}{h} = \lim_{h\to 0}\mathrm{e}^{kx}\cdot\frac{\mathrm{e}^{kh}-1}{h}\\ &= \lim_{h\to 0}\mathrm{e}^{kx}\cdot\frac{\mathrm{e}^{kh}-1}{kh}\cdot k = \mathrm{e}^{kx}\cdot 1\cdot k = k\mathrm{e}^{kx}.\end{aligned}$$

比如 $(\mathrm{e}^{2x})' = 2\mathrm{e}^{2x}, (\mathrm{e}^{\mathrm{i}x})' = \mathrm{i}\mathrm{e}^{\mathrm{i}x}, (\mathrm{e}^{-\mathrm{i}x})' = -\mathrm{i}\mathrm{e}^{-\mathrm{i}x}$.

例 6.7 (正弦函数的导数) 对任意实数 x,

$$\begin{aligned}(\sin x)' &= \lim_{h\to 0}\frac{\sin(x+h)-\sin x}{h} = \lim_{h\to 0}\frac{2\sin\dfrac{h}{2}\cdot\cos\left(x+\dfrac{h}{2}\right)}{h}\\ &= \lim_{h\to 0}\frac{\sin\dfrac{h}{2}}{\dfrac{h}{2}}\cdot\cos\left(x+\frac{h}{2}\right) = 1\cdot\cos x = \cos x.\end{aligned}$$

这是大多数教材所采用的方法, 用到了差化积公式以及一个重要极限. 类似可证 $(\cos x)' = -\sin x$, 请读者补出细节. 我们提供 $(\sin x)'$ 的另一种计算方法:

$$\begin{aligned}(\sin x)' &= \lim_{h\to 0}\frac{\sin(x+h)-\sin x}{h} = \lim_{h\to 0}\frac{\sin x\cos h+\cos x\sin h-\sin x}{h}\\ &= \lim_{h\to 0}\left[\sin x\cdot\frac{\cos h-1}{h}+\cos x\cdot\frac{\sin h}{h}\right] = \sin x\cdot 0+\cos x\cdot 1 = \cos x.\end{aligned}$$

练习 6.1 给大家出个思考题 (暂时做不出也没关系): 是否存在两个不同的函数 f, g, 满足

$$f' = g, \quad g' = f?$$

之所以强调两个函数是不同的, 是为了排除 $f = g = \mathrm{e}^x$ 这种平凡的情况.

例 6.8 (反正弦函数的导数) 设 $x\in(-1,1)$. 当 $h\to 0$ 时, 有

$$\arcsin(x+h)-\arcsin x\to 0,$$

因此

$$(\arcsin x)' = \lim_{h\to 0}\frac{\arcsin(x+h)-\arcsin x}{h} = \lim_{h\to 0}\frac{\sin\left(\arcsin(x+h)-\arcsin x\right)}{h}$$

$$
\begin{aligned}
&= \lim_{h\to 0} \frac{(x+h)\sqrt{1-x^2} - x\sqrt{1-(x+h)^2}}{h} \\
&= \lim_{h\to 0} \frac{(x+h)^2\cdot(1-x^2) - x^2[1-(x+h)^2]}{h\cdot\left[(x+h)\sqrt{1-x^2} + x\sqrt{1-(x+h)^2}\right]} \\
&= \lim_{h\to 0} \frac{(x+h)^2 - x^2}{h\cdot\left[(x+h)\sqrt{1-x^2} + x\sqrt{1-(x+h)^2}\right]} \\
&= \lim_{h\to 0} \frac{2x+h}{(x+h)\sqrt{1-x^2} + x\sqrt{1-(x+h)^2}} = \frac{1}{\sqrt{1-x^2}}.
\end{aligned}
$$

最后一个等号需要分别考虑 $x=0$ 和 $x\neq 0$ 两种情况, 但最终的结论是一致的. 后面我们还会用反函数的求导法则再次得到这个结论.

提醒大家注意, 在上面求极限的过程中, x 是固定的, 变化的是 h, 是 h 在趋于零. 不要看到 x 就觉得它在变.

练习 6.2 用定义求函数 $\arcsin(1-x^2)$ 和 $\arcsin(1-x^4)$ 在 0 处的导数.

定理 6.1 (可导必连续) 设函数 f 在 x_0 处可导, 则 f 在 x_0 处连续.

证明 因为 $f(x)-f(x_0) = \dfrac{f(x)-f(x_0)}{x-x_0}\cdot(x-x_0)$, 所以

$$
\lim_{x\to x_0}\big(f(x)-f(x_0)\big) = \lim_{x\to x_0}\frac{f(x)-f(x_0)}{x-x_0}\cdot\lim_{x\to x_0}(x-x_0) = f'(x_0)\cdot 0 = 0,
$$

从而 $\lim\limits_{x\to x_0} f(x) = f(x_0)$, 即 f 在 x_0 处连续.

□

注: 反过来是不对的, 连续的函数不一定可导, 比如 $f(x)=|x|$ 在 0 处不可导. 外尔斯特拉斯曾经构造出一个处处连续且处处不可导的函数.

图 6.4是由可导必连续衍生出来的一个冷笑话 (谐音梗).

图 6.4 可倒 (导) 一定连续, 连续不一定可倒 (导)

6.2 导数的四则运算法则

四则运算就是加、减、乘、除. 由极限的运算法则不难得到以下导数的运算法则. 本节中的函数可以是复值的.

定理 6.2 设函数 f,g 均在 x 处可导, 则

(1) 函数 $f\pm g$ 在 x 处可导, 且

$$(f\pm g)'(x)=f'(x)\pm g'(x).$$

(2) 函数 fg 在 x 处可导, 且

$$(fg)'(x)=f'(x)g(x)+f(x)g'(x).$$

(3) 若 $g(x)\neq 0$, 则 $\dfrac{f}{g}$ 在 x 处可导, 且

$$\left(\frac{f}{g}\right)'(x)=\frac{f'(x)g(x)-f(x)g'(x)}{g^2(x)}.$$

证明 (1) 我们只证 $f+g$ 的情况, 把 $f-g$ 的情况留给读者.

$$\begin{aligned}(f+g)'(x)&=\lim_{h\to 0}\frac{(f+g)(x+h)-(f+g)(x)}{h}\\&=\lim_{h\to 0}\frac{f(x+h)+g(x+h)-f(x)-g(x)}{h}\\&=\lim_{h\to 0}\frac{f(x+h)-f(x)}{h}+\lim_{h\to 0}\frac{g(x+h)-g(x)}{h}\\&=f'(x)+g'(x).\end{aligned}$$

(2) 下面我们将会用到 “减一项再加一项” 的技巧.

$$\begin{aligned}(fg)'(x)&=\lim_{h\to 0}\frac{f(x+h)g(x+h)-f(x)g(x)}{h}\\&=\lim_{h\to 0}\frac{f(x+h)g(x+h)-f(x)g(x+h)+f(x)g(x+h)-f(x)g(x)}{h}\\&=\lim_{h\to 0}\frac{f(x+h)-f(x)}{h}\cdot g(x+h)+\lim_{h\to 0}f(x)\cdot\frac{g(x+h)-g(x)}{h}\\&=f'(x)g(x)+f(x)g'(x).\end{aligned}$$

最后一个等号用到了函数 g 在 x 处的连续性.

(3) 我们先证明 $\left(\dfrac{1}{g}\right)'(x)=-\dfrac{g'(x)}{g^2(x)}$. 由导数的定义可知,

$$\left(\frac{1}{g}\right)'(x)=\lim_{h\to 0}\frac{\dfrac{1}{g(x+h)}-\dfrac{1}{g(x)}}{h}=\lim_{h\to 0}\frac{g(x)-g(x+h)}{h}\cdot\frac{1}{g(x+h)g(x)}$$

$$= -\frac{g'(x)}{g^2(x)}.$$

最后一个等号再次用到了函数 g 在 x 处的连续性. 由 (2) 可知,

$$\left(\frac{f}{g}\right)'(x) = \left(f \cdot \frac{1}{g}\right)'(x) = f'(x) \cdot \frac{1}{g(x)} + f(x) \cdot \left(\frac{1}{g}\right)'(x)$$
$$= f'(x) \cdot \frac{1}{g(x)} + f(x) \cdot \frac{-g'(x)}{g^2(x)} = \frac{f'(x)g(x) - f(x)g'(x)}{g^2(x)}.$$

上述证明思路利用了这么一个事实: 除法是乘法的逆运算.

□

注: 上述第二条法则称为莱布尼兹法则, 它可以简写为

$$(fg)' = f'g + fg'.$$

如果 f, g 均非零, 上式可以改写为

$$\frac{(fg)'}{fg} = \frac{f'}{f} + \frac{g'}{g}.$$

莱布尼兹法则可以推广到 n 个函数乘积的情形: 若函数 $f_1, f_2, \cdots, f_n$ 均可导, 则

$$(f_1 f_2 \cdots f_n)' = f_1' f_2 \cdots f_n + f_1 f_2' f_3 \cdots f_n + \cdots + f_1 f_2 \cdots f_n',$$

等号右边共有 n 项. 若 $f_1, f_2, \cdots, f_n$ 均非零, 则上式可以改写成

$$\frac{(f_1 f_2 \cdots f_n)'}{f_1 f_2 \cdots f_n} = \frac{f_1'}{f_1} + \frac{f_2'}{f_2} + \cdots + \frac{f_n'}{f_n}.$$

练习 6.3 设 $x_1, x_2, \cdots, x_{2021}$ 是方程 $x^{2021} = 1$ 的全部复根, 求

$$\sum_{n=1}^{2021} \frac{1}{2 - x_k}$$

的值.

例 6.9 利用上述求导法则的第一条, 我们来讲 $(\sin x)', (\cos x)'$ 的另一种求法. 因为 (见例 6.6)

$$(\mathrm{e}^{\mathrm{i}x})' = \mathrm{i}\mathrm{e}^{\mathrm{i}x}, \quad (\mathrm{e}^{-\mathrm{i}x})' = -\mathrm{i}\mathrm{e}^{-\mathrm{i}x},$$

所以

$$(\sin x)' = \left(\frac{\mathrm{e}^{\mathrm{i}x} - \mathrm{e}^{-\mathrm{i}x}}{2\mathrm{i}}\right)' = \frac{\mathrm{i}\mathrm{e}^{\mathrm{i}x} - (-\mathrm{i})\mathrm{e}^{-\mathrm{i}x}}{2\mathrm{i}} = \frac{\mathrm{e}^{\mathrm{i}x} + \mathrm{e}^{-\mathrm{i}x}}{2} = \cos x.$$

$$(\cos x)' = \left(\frac{\mathrm{e}^{\mathrm{i}x} + \mathrm{e}^{-\mathrm{i}x}}{2}\right)' = \frac{\mathrm{i}\mathrm{e}^{\mathrm{i}x} - \mathrm{i}\mathrm{e}^{-\mathrm{i}x}}{2} = -\frac{\mathrm{e}^{\mathrm{i}x} - \mathrm{e}^{-\mathrm{i}x}}{2\mathrm{i}} = -\sin x.$$

例 6.10 正割函数 $\sec x = \dfrac{1}{\cos x}$, 两边平方后得到

$$\sec^2 x = \frac{1}{\cos^2 x} = \frac{\cos^2 x + \sin^2 x}{\cos^2 x} = 1 + \tan^2 x.$$

注意, sec 是割线的英文 secant 的缩写, 希望大家能做到正确地发音. 利用求导法则第三条,

$$(\sec x)' = \left(\frac{1}{\cos x}\right)' = \frac{-(\cos x)'}{\cos^2 x} = \frac{\sin x}{\cos^2 x} = \sec x \cdot \tan x.$$

练习 6.4 余割函数 $\csc x = \dfrac{1}{\sin x}$, 两边平方后得到

$$\csc^2 x = \frac{1}{\sin^2 x} = \frac{\sin^2 x + \cos^2 x}{\sin^2 x} = 1 + \cot^2 x.$$

这里 csc 是英文 cosecant 的缩写. 请大家求出 $(\csc x)'$.

例 6.11 因为 $\tan x = \dfrac{\sin x}{\cos x}$, 利用求导法则第三条,

$$(\tan x)' = \left(\frac{\sin x}{\cos x}\right)' = \frac{(\sin x)' \cdot \cos x - \sin x \cdot (\cos x)'}{\cos^2 x} = \frac{1}{\cos^2 x} = \sec^2 x.$$

我们可以看到, $\tan x$ 和 $\sec x$ 真的是一对 “好兄弟”, 除了一个代数关系, 还有两个导数关系, 可谓 “你中有我, 我中有你”. 这也是引入正割这个函数的原因之一. 后续讲到原函数的时候, 还会用到这几个关系.

下面问大家一个问题: 能不能不使用求导法则, 直接用定义来求 $\tan x$ 的导数? 其实是可以的, 但需要一点小小的技巧. 由

$$\tan h = \tan(x + h - x) = \frac{\tan(x+h) - \tan x}{1 + \tan(x+h)\tan x}$$

可知 $\tan(x+h) - \tan x = \tan h \cdot \big(1 + \tan(x+h)\tan x\big)$. 因此,

$$\begin{aligned}(\tan x)' &= \lim_{h\to 0} \frac{\tan(x+h) - \tan x}{h} = \lim_{h\to 0} \frac{\tan h}{h} \cdot \big(1 + \tan(x+h)\tan x\big) \\ &= 1 \cdot (1 + \tan^2 x) = 1 + \tan^2 x = \sec^2 x.\end{aligned}$$

我们还可以用定义来求 $\arctan x$ 的导数: 当 $h \to 0$ 时, 有

$$\arctan(x+h) - \arctan x \to 0,$$

因此

$$(\arctan x)' = \lim_{h\to 0} \frac{\arctan(x+h) - \arctan x}{h}$$

$$
\begin{aligned}
&= \lim_{h\to 0} \frac{\tan\big(\arctan(x+h)-\arctan x\big)}{h} \\
&= \lim_{h\to 0} \frac{(x+h)-x}{1+(x+h)x}\cdot\frac{1}{h} = \lim_{h\to 0}\frac{1}{1+(x+h)x} = \frac{1}{1+x^2}.
\end{aligned}
$$

练习 6.5 求 $(\cot x)'$.

6.3 复合函数与反函数的求导法则

本节中的函数都是实值的.

我们先来说一下复合函数求导的链式法则 (chain rule), 有的书把链式法则翻译成锁链规则.

定理 6.3 (复合函数求导的链式法则) 设函数 $u=g(x)$ 在 x_0 处可导, 函数 $f(u)$ 在 $u_0=g(x_0)$ 处可导, 则复合函数 $f\circ g$ 在 x_0 处可导, 且

$$
(f\circ g)'(x_0)=f'(u_0)\cdot g'(x_0).
$$

我们先来讲一种有点漏洞的证明方法.

有漏洞的证明 因为可导必连续, 所以当 $x\to x_0$ 时, $g(x)\to g(x_0)$. 由导数的定义可知,

$$
\begin{aligned}
(f\circ g)'(x_0) &= \lim_{x\to x_0}\frac{(f\circ g)(x)-(f\circ g)(x_0)}{x-x_0} \\
&= \lim_{x\to x_0}\frac{f(g(x))-f(g(x_0))}{x-x_0} \\
&= \lim_{x\to x_0}\frac{f(g(x))-f(g(x_0))}{g(x)-g(x_0)}\cdot\frac{g(x)-g(x_0)}{x-x_0} \\
&= f'(g(x_0))\cdot g'(x_0) = f'(u_0)\cdot g'(x_0).
\end{aligned}
$$

□

大家发现上述证明的漏洞了吗? 漏洞在于: 放在分母中的 $g(x)-g(x_0)$ 可能等于零. 当然, 对我们遇到的绝大多数函数和绝大多数 x_0 而言, 这个问题都不存在. 因此, 上述证明虽然不严谨, 但也有一定的用武之地, 关键是它简单易懂, 很讨人喜欢. 下面讲一种严谨的证明方法.

严谨的证明 因为 $f(u)$ 在 u_0 处可导, 所以当 $u\to u_0$ 时,

$$
\frac{f(u)-f(u_0)}{u-u_0}=f'(u_0)+\alpha \Longrightarrow f(u)-f(u_0)=f'(u_0)(u-u_0)+\alpha(u-u_0),
$$

这里 α 是当 $u\to u_0$ 时的一个无穷小函数. 因为 g 在 x_0 处可导, 所以 g 在 x_0 处连续. 当 $x\to x_0$ 时, 我们有 $u=g(x)\to g(x_0)=u_0$. 于是

$$
(f\circ g)'(x_0)=\lim_{x\to x_0}\frac{f(g(x))-f(g(x_0))}{x-x_0}
$$

$$\begin{aligned}&=\lim_{x\to x_0}\frac{f'(u_0)(g(x)-g(x_0))+\alpha\cdot(g(x)-g(x_0))}{x-x_0}\\&=\lim_{x\to x_0}\left[f'(u_0)\cdot\frac{g(x)-g(x_0)}{x-x_0}+\alpha\cdot\frac{g(x)-g(x_0)}{x-x_0}\right]\\&=f'(u_0)\cdot g'(x_0)+0\cdot g'(x_0)=f'(u_0)\cdot g'(x_0).\end{aligned}$$

□

例 6.12 函数 e^{2x} 是一个复合函数, 由链式法则可知

$$(\mathrm{e}^{2x})'=\mathrm{e}^{2x}\cdot(2x)'=\mathrm{e}^{2x}\cdot 2=2\mathrm{e}^{2x}.$$

图 6.5是对上述结果的一个生动诠释.

图 6.5 $(\mathrm{e}^{2x})'=2\mathrm{e}^{2x}$

例 6.13 函数 $\sin x^2$ 是一个复合函数, 由链式法则可知

$$(\sin x^2)'=\cos x^2\cdot(x^2)'=2x\cdot\cos x^2.$$

在大部分人的共识里, $\sin x^2$ 表示的是 $\sin(x^2)$, 而不是 $(\sin x)^2$, 后者经常被简写为 $\sin^2 x$. 对一个更一般的函数 f 而言, $f(x)^2$ 和 $f^2(x)$ 都表示 $\left[f(x)\right]^2$, 而不是 $f(x^2)$.

例 6.14 函数 $\sin\dfrac{1}{x}(x\neq 0)$ 是一个复合函数, 由链式法则可知, 当 $x\neq 0$ 时,

$$\left(\sin\frac{1}{x}\right)'=\cos\frac{1}{x}\cdot\left(\frac{1}{x}\right)'=\cos\frac{1}{x}\cdot\frac{-1}{x^2}.$$

因此, 当 $x\neq 0$ 时,

$$\left(x^2\sin\frac{1}{x}\right)'=2x\cdot\sin\frac{1}{x}-\cos\frac{1}{x}.$$

例 6.15 函数 $\sqrt{x^2+1}=(x^2+1)^{\frac{1}{2}}$ 也是一个复合函数, 由链式法则可知,

$$\left(\sqrt{x^2+1}\right)'=\left[(x^2+1)^{\frac{1}{2}}\right]'=\frac{1}{2}\cdot(x^2+1)^{\frac{1}{2}-1}\cdot(x^2+1)'=\frac{x}{\sqrt{x^2+1}}.$$

例 6.16 (指数函数的导数) 设 $a>0$ 且 $a\neq 1$, 则

$$(a^x)'=(\mathrm{e}^{x\ln a})'=\mathrm{e}^{x\ln a}\cdot(x\ln a)'=a^x\cdot\ln a.$$

例 6.17 (幂函数的导数) 设 a 是一个实数, 则当 $x>0$ 时,

$$(x^a)'=(\mathrm{e}^{a\ln x})'=\mathrm{e}^{a\ln x}\cdot(a\ln x)'=x^a\cdot\frac{a}{x}=ax^{a-1}.$$

例 6.18 (一个幂指函数的导数) 设 $x>0$, 则

$$(x^x)'=(\mathrm{e}^{x\ln x})'=\mathrm{e}^{x\ln x}\cdot(x\ln x)'=x^x\cdot\left(1\cdot\ln x+x\cdot\frac{1}{x}\right)=x^x(\ln x+1).$$

对于这个函数的导数, 很多人会求错: 要么当成指数函数, 以为 $(x^x)'=x^x\ln x$; 要么当成幂函数, 以为 $(x^x)'=x\cdot x^{x-1}=x^x$. 其实 x^x 是一个幂指函数, 上下都有 x, 所以它的导数来自两个部分, 刚好是 $x^x\ln x+x^x$, 你注意到了吗?

为了让大家看得更清楚, 我们再讲一个更原始的做法: 由导数的定义可知,

$$\begin{aligned}
(x^x)'&=\lim_{h\to 0}\frac{(x+h)^{x+h}-x^x}{h}=\lim_{h\to 0}\frac{(x+h)^{x+h}-(x+h)^x+(x+h)^x-x^x}{h}\\
&=\lim_{h\to 0}\left[\frac{(x+h)^{x+h}-(x+h)^x}{h}+\frac{(x+h)^x-x^x}{h}\right]\\
&=\lim_{h\to 0}\left[(x+h)^x\cdot\frac{(x+h)^h-1}{h}+x^x\cdot\frac{\left(1+\frac{h}{x}\right)^x-1}{h}\right]\\
&=x^x\cdot\lim_{h\to 0}\frac{\mathrm{e}^{h\ln(x+h)}-1}{h}+x^x\cdot\lim_{h\to 0}\frac{\mathrm{e}^{x\ln(1+\frac{h}{x})}-1}{h}\\
&=x^x\cdot\lim_{h\to 0}\frac{h\ln(x+h)}{h}+x^x\cdot\lim_{h\to 0}\frac{x\ln\left(1+\frac{h}{x}\right)}{h}\\
&=x^x\cdot\lim_{h\to 0}\ln(x+h)+x^x\cdot\lim_{h\to 0}\frac{\ln\left(1+\frac{h}{x}\right)}{\frac{h}{x}}\\
&=x^x\cdot\ln x+x^x\cdot 1=x^x\ln x+x^x.
\end{aligned}$$

上面的过程虽然烦琐 (其实可以写得更精炼一些的), 但很清楚地揭示了 $x^x\ln x$ 和 x^x 这两项分别来自哪里. 还有一点要注意, 在上面求极限的过程中, x 始终是一个固定的正数.

练习 6.6 设 $x>0$, 求 $x^{\sin x}$ 的导数.

定理 6.4 (反函数的求导法则) 设 f^{-1} 是 f 的反函数. 若 f 在 x_0 处可导, $f'(x_0)\neq 0$, 且 f^{-1} 在 $y_0=f(x_0)$ 处连续, 则 f^{-1} 在 $y_0=f(x_0)$ 处可导, 且

$$(f^{-1})'(y_0)=\frac{1}{f'(x_0)}.$$

证明 记 $x=f^{-1}(y)$, 则 $f(x)=y$. 因为 f^{-1} 在 $y_0=f(x_0)$ 处连续, 所以当 $y\to y_0$ 时, 有 $x=f^{-1}(y)\to f^{-1}(y_0)=x_0$. 于是,

$$
\begin{aligned}
(f^{-1})'(y_0)&=\lim_{y\to y_0}\frac{f^{-1}(y)-f^{-1}(y_0)}{y-y_0}=\lim_{x\to x_0}\frac{x-x_0}{f(x)-f(x_0)}\\
&=\lim_{x\to x_0}\frac{1}{\dfrac{f(x)-f(x_0)}{x-x_0}}=\frac{1}{f'(x_0)}.
\end{aligned}
$$

最后一个等号用到了极限运算法则的第三条.

□

下面我们利用反函数的求导法则给出几个重要函数的导数.

例 6.19 记 $y=\exp(x)=\mathrm{e}^x(x\in\mathbb{R})$, 则 $x=\ln y(y>0)$. 因为 $(\mathrm{e}^x)'=\mathrm{e}^x$, 所以 $\ln y$ 对 y 的导数

$$
\ln'(y)=\frac{1}{\exp'(x)}=\frac{1}{\exp(x)}=\frac{1}{y}.
$$

上面这么写是最严谨的, 但显得学究味太浓, 更多的时候我们是按照下面这样写的:

$$
(\ln y)'=\frac{1}{(\mathrm{e}^x)'}=\frac{1}{\mathrm{e}^x}=\frac{1}{y}.
$$

后续的例子也是这么处理, 不再重复解释了.

例 6.20 记 $y=\sin x\left(-\dfrac{\pi}{2}<x<\dfrac{\pi}{2}\right)$, 则 $x=\arcsin y(-1<y<1)$. 因为 $(\sin x)'=\cos x$, 所以 $\arcsin y$ 对 y 的导数

$$
(\arcsin y)'=\frac{1}{(\sin x)'}=\frac{1}{\cos x}=\frac{1}{\sqrt{1-\sin^2 x}}=\frac{1}{\sqrt{1-y^2}}.
$$

虽然反正弦函数的定义域是闭区间 $[-1,1]$, 但我们只能在开区间 $(-1,1)$ 上求导. 这句话也适用于下一个例子.

练习 6.7 当 $\cos x\neq 0$ 时, 求 $\big(\arcsin(\sin x)\big)'$.

例 6.21 记 $y=\cos x(0<x<\pi)$, 则 $x=\arccos y(-1<y<1)$. 因为 $(\cos x)'=-\sin x$, 所以 $\arccos y$ 对 y 的导数

$$
(\arccos y)'=\frac{1}{(\cos x)'}=\frac{1}{-\sin x}=\frac{-1}{\sqrt{1-\cos^2 x}}=\frac{-1}{\sqrt{1-y^2}}.
$$

由此我们发现一个有趣的现象, 即

$$
(\arcsin y+\arccos y)'=0,\quad \forall y\in(-1,1).
$$

你知道这是为什么吗? 或者它意味着什么吗?

例6.22　记 $y=\tan x\left(-\frac{\pi}{2}<x<\frac{\pi}{2}\right)$, 则 $x=\arctan y(y\in\mathbb{R})$. 因为 $(\tan x)'=\sec^2 x$, 所以 $\arctan y$ 对 y 的导数

$$(\arctan y)'=\frac{1}{(\tan x)'}=\frac{1}{\sec^2 x}=\frac{1}{1+\tan^2 x}=\frac{1}{1+y^2}.$$

练习 6.8　设 $x\neq 0$, 求 $\left(\arctan\frac{1}{x}\right)'$.

例 6.23 (反双曲正弦函数的导数)　双曲正弦函数 $\sinh x=\frac{\mathrm{e}^x-\mathrm{e}^{-x}}{2}$ 在 $\mathbb{R}$ 上严格单调递增, 值域是 $\mathbb{R}$. 我们把它的反函数

$$\sinh^{-1}x=\ln(x+\sqrt{x^2+1})$$

称为反双曲正弦函数. 下面我们来求它的导数:

$$\begin{aligned}\left(\sinh^{-1}x\right)'&=\frac{1}{x+\sqrt{x^2+1}}\cdot\left(x+\sqrt{x^2+1}\right)'=\frac{1}{x+\sqrt{x^2+1}}\cdot\left(1+\frac{x}{\sqrt{x^2+1}}\right)\\&=\frac{1}{x+\sqrt{x^2+1}}\cdot\frac{\sqrt{x^2+1}+x}{\sqrt{x^2+1}}=\frac{1}{\sqrt{1+x^2}}.\end{aligned}$$

可以将这个结果和 $(\sin^{-1}x)'=\frac{1}{\sqrt{1-x^2}}$ 做一个对比. 我们特意把 arcsin 写成了 $\sin^{-1}$.

6.4　高 阶 导 数

如果函数 f 的导数 f' 也是可导的, 我们就称 f 二阶可导, 并把 f' 的导数称为 f 的二阶导数, 记为 f''. 换句话说, f 的二阶导数就是 f 的导数的导数, 就好像爷爷是爸爸的爸爸 (不要类比为孙子是儿子的儿子, 因为一个人可能有好几个儿子) 或者后天是明天的明天.

函数 f 在 x 处的二阶导数由下式给出:

$$f''(x)=\lim_{h\to 0}\frac{f'(x+h)-f'(x)}{h}.$$

类似还有三阶导数、四阶导数以及更高阶导数的概念. 当正整数 n 比较大 (比如 $n\geqslant 4$) 的时候, 我们一般把函数 f 在 x 处的 n 阶导数记为 $f^{(n)}(x)$. 当然, n 较小的时候也可以使用这个记号. 作为一个补充, 我们把 $f^{(0)}$ 理解为 f 本身, 求 0 次导就是不求导.

例 6.24　设 $f(x)=\mathrm{e}^x$, 则对任意自然数 n, $f^{(n)}(x)=\mathrm{e}^x$.

例 6.25　更一般地, 设 k 是一个非零复数, $f(x)=\mathrm{e}^{kx}$, 则对任意自然数 n, 我们有 $f^{(n)}(x)=k^n\mathrm{e}^{kx}$.

现在取 $k=2w=-1+\sqrt{3}\mathrm{i}$, 这里

$$w=-\frac{1}{2}+\frac{\sqrt{3}}{2}\mathrm{i}=\cos\frac{2\pi}{3}+\mathrm{i}\sin\frac{2\pi}{3}$$

是第 1 章中提到过的一个三次单位根, 则 $k^3=(2w)^3=8w^3=8$. 因此

$$(\mathrm{e}^{kx})'''=k^3\mathrm{e}^{kx}=8\mathrm{e}^{kx},$$

两边取实部和虚部, 就得到了

$$\left(\mathrm{e}^{-x}\cos\sqrt{3}x\right)'''=8\mathrm{e}^{-x}\cos\sqrt{3}x,\quad \left(\mathrm{e}^{-x}\sin\sqrt{3}x\right)'''=8\mathrm{e}^{-x}\sin\sqrt{3}x.$$

例 6.26 设 $f(x)=\cos x$, 则

$$f'(x)=-\sin x,\quad f''(x)=-\cos x,\quad f'''(x)=\sin x,\quad f''''(x)=\cos x.$$

因此, 对任意自然数 n, 我们有

$$\cos^{(n)}(x)=\begin{cases}\cos x, & n=4k,\\ -\sin x, & n=4k+1,\\ -\cos x, & n=4k+2,\\ \sin x, & n=4k+3.\end{cases}$$

我们也可以统一写成

$$\cos^{(n)}(x)=\cos\left(x+\frac{n\pi}{2}\right),\quad \forall n\in\mathbb{N}.$$

类似地, 我们有

$$\sin^{(n)}(x)=\sin\left(x+\frac{n\pi}{2}\right),\quad \forall n\in\mathbb{N}.$$

练习 6.9 已知 $f(x)=\dfrac{1}{1-x}$, 求 $f^{(n)}(x)$.

练习 6.10 已知 $f(x)=\ln(1+x)$, 求 $f^{(n)}(x)$.

定理 6.5 设 n 是一个正整数, 函数 f,g 均在 x 处有 n 阶导数, 则 fg 也在 x 处有 n 阶导数, 且

$$(fg)^{(n)}(x)=\sum_{k=0}^{n}\mathrm{C}_n^k\cdot f^{(n-k)}(x)\cdot g^{(k)}(x).$$

证明过程很简单, 用数学归纳法即可, 请读者自行写出.

练习 6.11 已知 $f(x)=\mathrm{e}^{3x}\cdot x^2$, 求 $f^{(10)}(x)$.

练习 6.12 已知 $f(x)=(x-1)^{100}\cdot\sin x$, 求 $f^{(100)}(1)$.

6.5 曲 率

设函数 f 在开区间 I 上有定义, 我们把函数 $f(x)$ 的图像称为曲线 $y=f(x)$. 设 $x_0\in I$, 我们想研究曲线 $y=f(x)$ 在点 $P(x_0,f(x_0))$ 处的弯曲程度. 为此, 我们先介绍至少 n 阶相切的概念.

定义 6.2　设 n 是一个正整数, 函数 f, g 都在开区间 I 内 n 阶可导, $x_0 \in I$. 如果对任意自然数 $k \leqslant n$, 都有

$$f^{(k)}(x_0) = g^{(k)}(x_0),$$

则称曲线 $y = f(x)$ 和曲线 $y = g(x)$ 在点 $P(x_0, f(x_0))$ 处至少 n 阶相切. 如果曲线 $y = f(x)$ 和曲线 $y = g(x)$ 在点 $P(x_0, f(x_0))$ 处至少 n 阶相切, 且

$$f^{(n+1)}(x_0) \neq g^{(n+1)}(x_0),$$

则称曲线 $y = f(x)$ 和曲线 $y = g(x)$ 在点 $P(x_0, f(x_0))$ 处是 n 阶相切的.

我们通常说的相切指的就是至少一阶相切. 比如, 曲线 $y = \sin x$ 和直线 $y = x$ 在 $(0,0)$ 处是至少一阶相切的, 也是一阶相切的. 曲线 $y = x^2$ 和直线 $y = 0$ 在 $(0,0)$ 处也是一阶相切的. 曲线 $y = x^3$ 和直线 $y = 0$ 在 $(0,0)$ 处是二阶相切的. 曲线 $y = x^{2021}$ 和直线 $y = 0$ 在 $(0,0)$ 处是 2020 阶相切的.

对一个可导的函数 f, 我们总可以找到一条直线 L, 使得 L 与曲线 $y = f(x)$ 在任一给定的点 $P(x_0, f(x_0))$ 处是至少一阶相切的, 这是因为: 直线 L 由两个参数确定 (如斜率和截距), 而至少一阶相切刚好给出了两个等式 (两个条件). 对于一个二阶可导的函数 f, 我们不能指望某条直线 L 与曲线 $y = f(x)$ 在某个点 $P(x_0, f(x_0))$ 处是至少二阶相切的, 因为至少二阶相切会给出 3 个等式 (3 个条件), 满足条件的直线 L 大概率是不存在的, 除非 $f''(x_0) = 0$. 但如果把直线换成圆, 条件就刚刚好, 因为确定一个圆恰好需要 3 个参数: 圆心的两个坐标以及半径.

定义 6.3　设函数 f 在开区间 I 上二阶可导, $x_0 \in I, y_0 = f(x_0), f''(x_0) \neq 0$. 如果圆

$$C: (x-a)^2 + (y-b)^2 = R^2$$

与曲线 $y = f(x)$ 在点 $P(x_0, y_0)$ 处至少二阶相切, 则称圆 C 是曲线 $y = f(x)$ 在点 $P(x_0, y_0)$ 处的曲率圆, 把圆 C 的半径 R 称为曲线 $y = f(x)$ 在点 $P(x_0, y_0)$ 处的曲率半径, 把

$$\kappa = \frac{1}{R}$$

称为曲线 $y = f(x)$ 在点 $P(x_0, y_0)$ 处的曲率.

图 6.6 给出了曲率圆的图示.

如何求曲率半径呢? 很简单. 我们用 $y = y(x)$ 表示圆 C 在点 P 附近确定的函数. 因为 $(x-a)^2 + (y-b)^2 = R^2$, 两边对 x 求导并除以 2, 得到

$$(x-a) + (y-b)y' = 0,$$

再次对 x 求导, 得到

$$1 + (y')^2 + (y-b)y'' = 0,$$

所以

$$y_0-b=-\frac{1+y'(x_0)^2}{y''(x_0)}\Longrightarrow x_0-a=-(y_0-b)y'(x_0)=\frac{1+y'(x_0)^2}{y''(x_0)}y'(x_0).$$

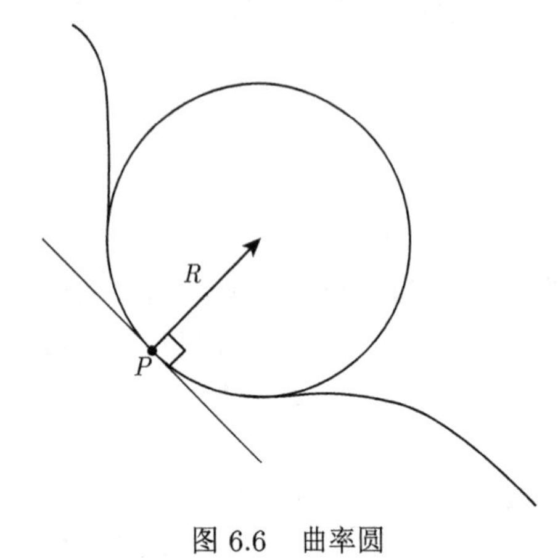

图 6.6 曲率圆

代入 $(x_0-a)^2+(y_0-b)^2=R^2$ 可得

$$R^2=\frac{\left[1+y'(x_0)^2\right]^3}{y''(x_0)^2},$$

所以

$$R=\frac{\left[1+y'(x_0)^2\right]^{\frac{3}{2}}}{|y''(x_0)|},\quad \kappa=\frac{|y''(x_0)|}{\left[1+y'(x_0)^2\right]^{\frac{3}{2}}}.$$

由至少二阶相切对应的 3 个等式

$$f(x_0)=y(x_0),\quad f'(x_0)=y'(x_0),\quad f''(x_0)=y''(x_0)$$

可知 (其实只用到后两个),

$$R=\frac{\left[1+f'(x_0)^2\right]^{\frac{3}{2}}}{|f''(x_0)|},\quad \kappa=\frac{|f''(x_0)|}{\left[1+f'(x_0)^2\right]^{\frac{3}{2}}}.$$

这就是曲率半径和曲率的公式. 由上面的推导过程还能得到圆心坐标 a,b 的表达式, 即

$$a=x_0-\frac{f'(x_0)\left[1+f'(x_0)^2\right]}{f''(x_0)},\quad b=f(x_0)+\frac{1+f'(x_0)^2}{f''(x_0)}.$$

例 6.27 曲线 $y=x^2$ 在点 $(1,1)$ 处的曲率

$$\kappa=\frac{|2|}{(1+2^2)^{\frac{3}{2}}}=\frac{2}{5\sqrt{5}}.$$

例 6.28 曲线 $y=\sin x$ 在点 $\left(\frac{\pi}{2},1\right)$ 处的曲率

$$\kappa=\frac{|-1|}{(1+0^2)^{\frac{3}{2}}}=1.$$

练习 6.13 求曲线 $y=\mathrm{e}^x$ 在点 $(0,1)$ 处的曲率.

练习 6.14 求曲线 $y=\ln x$ 在点 $(1,0)$ 处的曲率.

为简单起见, 我们只考虑了函数图像的曲率. 如果曲线是由参数方程

$$\begin{cases} x = f(t), \\ y = g(t) \end{cases} \qquad (t \in I)$$

给出的, 这里 f, g 都在开区间 I 上可导, 且 $f'(t)^2 + g'(t)^2$ 恒大于零, 那么曲线在点 $(f(t), g(t))$ 处的曲率

$$\kappa = \frac{|f'(t)g''(t) - f''(t)g'(t)|}{\left[f'(t)^2 + g'(t)^2\right]^{\frac{3}{2}}}.$$

上式的分子实际上是一个二阶行列式的绝对值.

练习 6.15　求椭圆 $\dfrac{x^2}{4} + y^2 = 1$ 在点 $(0, 1)$ 处的曲率, 并画出对应的曲率圆.

第 7 章 中值定理及其应用

本章我们来说一下中值定理及其应用, 涉及的定理比较多, 难度也比较大.

7.1 局部最值和费马定理

本节中的函数都是实值函数.

定义 7.1 设 D 是 $\mathbb{R}$ 的一个非空子集, 函数 f 在 D 上有定义, $x_0 \in D$.

(1) 如果存在正数 δ, 对任意的 $x \in (x_0-\delta, x_0+\delta) \cap D$, 都有 $f(x) \leqslant f(x_0)$, 则称 $f(x_0)$ 是 f 在 D 上的一个局部最大值 (local maximum).

(2) 如果存在正数 δ, 对任意的 $x \in (x_0-\delta, x_0+\delta) \cap D$, 都有 $f(x) \geqslant f(x_0)$, 则称 $f(x_0)$ 是 f 在 D 上的一个局部最小值 (local minimum).

局部最大值和局部最小值统称局部最值, 图 7.1给出了局部最大值和局部最小值的图示.

注: 有的书把局部最大值称为极大值, 把局部最小值称为极小值, 统称极值. 还有的书要求极值必须在内部取到, 不能在边界取到. 作者觉得这个限制并不合理, 因为它可能导致一些不易察觉的错误结论.

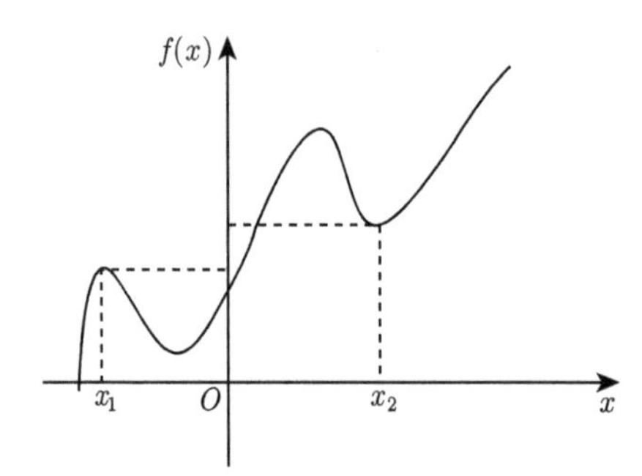

图 7.1 $f(x_1)$ 是局部最大值, $f(x_2)$ 是局部最小值

局部最大值是很常见的, 比如你好不容易爬上了山顶, 发现远处还有更高的山峰, 那么你此刻所在位置的高度就是一个局部最大值. 与局部二字相对, 我们可以把函数在一个集合上的最大值称为整体最大值 (global maximum). 整体最大值一定是局部最大值, 但反过来不一定对.

引理 7.1 设函数 f 在 x_0 处可导, 且 $f'(x_0) > 0$, 则存在 x_0 的一个去心邻域 U, 当 $x \in U$ 时, $f(x) - f(x_0)$ 与 $x - x_0$ 同号.

证明　因为

$$\lim_{x \to x_0} \frac{f(x) - f(x_0)}{x - x_0} = f'(x_0) > 0,$$

由极限的定义可知, 对正数 $\epsilon = \dfrac{f'(x_0)}{2}$, 存在正数 δ, 当 $0 < |x - x_0| < \delta$ 时, 有

$$\left| \frac{f(x) - f(x_0)}{x - x_0} - f'(x_0) \right| < \frac{f'(x_0)}{2},$$

从而

$$\frac{f(x) - f(x_0)}{x - x_0} > \frac{f'(x_0)}{2} > 0,$$

所以 $f(x) - f(x_0)$ 与 $x - x_0$ 同号.

更精确地说, 当 $x \in (x_0 - \delta, x_0)$ 时, $f(x) < f(x_0)$; 当 $x \in (x_0, x_0 + \delta)$ 时, $f(x) > f(x_0)$. □

上述证明其实就是极限的保号性. 类似可证下面的结论.

引理 7.2　设函数 f 在 x_0 处可导, 且 $f'(x_0) < 0$, 则存在 x_0 的一个去心邻域 U, 当 $x \in U$ 时, $f(x) - f(x_0)$ 与 $x - x_0$ 异号.

由上面的两个引理不难得到下面的推论.

推论 7.1　设函数 f 在 x_0 处有非零的导数, 则 $f(x_0)$ 不是 f 的局部最值.

定理 7.1 (费马定理)　设函数 f 在开区间 I 上有定义, $x_0 \in I$, $f(x_0)$ 是 f 的一个局部最大值 (或局部最小值). 若 f 在 x_0 处可导, 则 $f'(x_0) = 0$.

这个定理的几何含义是: 函数图像在一个内部的局部最大值 (或局部最小值) 点处的切线是水平的. 这个定理也告诉我们: 在排球场上, 当排球上升到最高点时, 排球在竖直方向上的速度为零, 此时最适宜击球 (见图 7.2).

图 7.2　排球上升到最高点时, 最适宜击球

皮埃尔·费马 (Pierre Fermat, 1601—1665, 见图 7.3) 是法国数学家, 被称为“业余数学家之王”, 他的本职工作是律师. 费马一生提出了不少猜测, 最著名的要数费马大定理 (也叫费马最后定理, 但费马并没有给出完整的证明, 所以应该叫费马大猜想): 当 n 是一个大于 2 的正整数时, 方程 $x^n+y^n=z^n$ 没有正整数解. 1637 年, 费马在阅读丢番图 (Diophantus, 200—284) 写的《算术》的拉丁文译本时，曾在第 11 卷第 8 命题旁写道: “将一个立方数分成两个立方数之和, 或者一个四次幂分成两个四次幂之和, 再或者一般地将一个高于二次的幂分成两个同次幂之和, 这是不可能的. 关于此, 我确信已发现了一种美妙的证法, 可惜这里空白的地方太小, 写不下.” 按照现在的理解, 费马应该并没有找到证明方法 (但他确实证明了 $n=4$ 的情形). 真正的证明直到 358 年后才出现, 是英国数学家安德鲁·怀尔斯 (Andrew Wiles, 1953—) 在 1995 年给出的. 怀尔斯从小就立志要证明费马大定理, 并孤军奋战多年. 1993 年, 他向世界宣布了他的证明, 但很快被人发现了漏洞, 而且是很严重的漏洞. 为了修补漏洞, 他又奋战了大半年, 还找来了他曾经的一个学生帮忙. 1994 年他终于补上了漏洞, 但也错过了 1994 年举行的国际数学家大会, 没有获得当年的菲尔兹奖. 他们的论文在 1995 年被正式发表. 在 1998 年举行的国际数学家大会上, 怀尔斯获得了菲尔兹特别奖.

费马

怀尔斯

图 7.3 费马和怀尔斯

证明 当 $h\to 0^+$ 时, $\dfrac{f(x_0+h)-f(x_0)}{h}\leqslant 0$, 由极限的保号性可知,

$$f'(x_0)=f'_+(x_0)=\lim_{h\to 0^+}\frac{f(x_0+h)-f(x_0)}{h}\leqslant 0.$$

当 $h\to 0^-$ 时, $\dfrac{f(x_0+h)-f(x_0)}{h}\geqslant 0$, 由极限的保号性可知,

$$f'(x_0)=f'_-(x_0)=\lim_{h\to 0^-}\frac{f(x_0+h)-f(x_0)}{h}\geqslant 0.$$

所以 $f'(x_0)=0$.

□

注: 如果函数在一个闭区间的端点取到了局部最值, 并不能推出函数在那个端点处的单侧导数为零. 比如, $f(x)=x$ 在 $[0,1]$ 的两个端点处分别取到了最小值和最大值, 但单侧导数都是 1.

数学家们曾一度以为: 如果函数 f 在开区间 I 上可导, 则 f' 一定也在 I 上连续. 这其实是不对的, 很容易找到反例. 比如,

$$f(x)=\begin{cases}x^2\sin\dfrac{1}{x}, & x\neq 0,\\ 0, & x=0,\end{cases}$$

不难求得

$$f'(x)=\begin{cases}2x\sin\dfrac{1}{x}-\cos\dfrac{1}{x}, & x\neq 0,\\ 0, & x=0.\end{cases}$$

显然 $\lim\limits_{x\to 0}f'(x)$ 不存在, 所以 f' 在 0 处不连续.

虽然导数不一定连续, 但导数还是与连续函数有一些类似的地方, 比如, 导数有介值性质.

定理 7.2 (达布定理)　设函数 f 在开区间 I 上可导, $a<b$ 是 I 内的两个点. 如果 $f'(a)\neq f'(b)$, 则对介于 $f'(a)$ 和 $f'(b)$ 之间的任意 c, 存在 $\xi\in(a,b)$, 使得 $f'(\xi)=c$.

让 • 加斯东 • 达布 (Jean Gaston Darboux, 1842—1917, 见图 7.4) 是法国数学家, 他对数学分析和微分几何都做出了重大贡献. 后面我们讲黎曼积分的时候还会再次遇到达布.

图 7.4　达布

证明　不妨设 $f'(a)<f'(b)$, 另一种情况的证明是完全类似的. 令 $g(x)=f(x)-cx$, 则 $g'(x)=f'(x)-c$. 因为可导必连续, 所以函数 g 在闭区间 $[a,b]$ 上连续, 因而能取到最小值 m. 因为

$$g'(a)=f'(a)-c<0,\quad g'(b)=f'(b)-c>0,$$

所以 $g(a)$ 和 $g(b)$ 都不是 g 在 $[a,b]$ 上的最小值 (想一想这是为什么). 因此, g 在闭区间 $[a,b]$ 上的最小值 m 一定在开区间 (a,b) 内的某点 ξ 处取到. 由费马定理可知, $g'(\xi)=0$, 即 $f'(\xi)=c$.

□

注: 达布定理表明, 导数没有第一类间断点. 换句话说, 导数如果有间断点, 必然是第二类间断点.

7.2　罗尔定理

这一节我们来介绍罗尔定理.

定理 7.3 (罗尔定理)　设函数 f 在闭区间 $[a,b]$ 上连续, 在开区间 (a,b) 内可导, 且 $f(a)=f(b)$, 则存在 $c\in(a,b)$, 使得 $f'(c)=0$.

图 7.5给出了罗尔定理的图示.

米歇尔 • 罗尔 (Michel Rolle, 1652—1719, 见图 7.6) 是法国数学家, 他在代数学方面做过很多工作, 现在大家熟悉的 x 的 n 次根的记号 $\sqrt[n]{x}$ 就是他发明的.

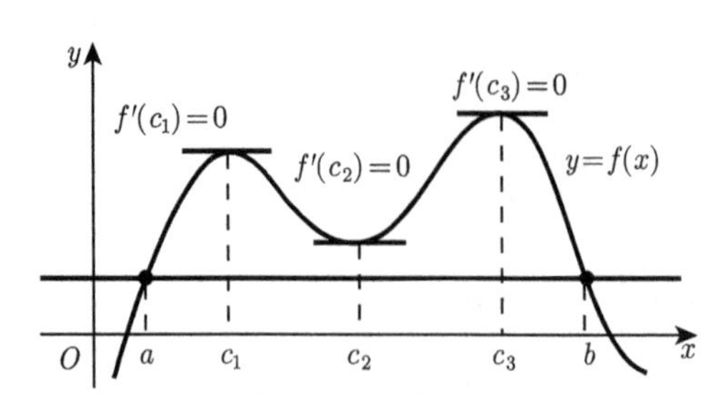

图 7.5　罗尔定理的图示, 这个 f 在 (a,b) 内有 3 个导数为零的点

图 7.6　罗尔

证明　因为 f 在闭区间 $[a,b]$ 上连续, 所以它能取到最大值 M 和最小值 m.

(1) 若 $M=m$, 则 f 是一个常值函数, 它在 (a,b) 内的导数恒为零.

(2) 如果 $M\neq m$, 由 $f(a)=f(b)$ 可知, M,m 中至少有一个不是在端点取到的. 不妨设

$$M=f(c),\quad c\in(a,b).$$

由费马定理可知, $f'(c)=0$.

□

例 7.1　设 $f(x)=x^2(x-2021)(x-2022)$, 则

$$f'(x)=2x(x-2021)(x-2022)+x^2(x-2022)+x^2(x-2021).$$

显然, $f'(0)=0$. 因为 $f(0)=f(2021)=f(2022)=0$, 由罗尔定理可知, f' 在开区间 $(0,2021)$ 内至少有 1 个根 c_1, 在开区间 $(2021,2022)$ 内至少有 1 个根 c_2. 这样, f' 就有了 3 个不同的实根: $0,c_1,c_2$. 因为 f' 是一个三次多项式, 所以 f' 至多有 3 个不同的根. 综上, f' 恰有 3 个不同的实根.

练习 7.1　设 $f(x)=(x-1)(x-2)\cdots(x-2000)$.

(1) 证明: 方程 $f'(x)=0$ 有 1999 个不同的实根 $a_1,a_2,\cdots,a_{1999}$.

(2) 求 $\displaystyle\sum_{k=1}^{2000}\sum_{j=1}^{1999}\frac{1}{a_j-k}$ 的值.

7.3　拉格朗日中值定理

本节我们来介绍拉格朗日中值定理和它的一些应用.

定理 7.4 (拉格朗日中值定理)　设函数 f 在闭区间 $[a,b]$ 上连续, 在开区间 (a,b) 内可导, 则存在 $\xi\in(a,b)$, 使得

$$f'(\xi)=\frac{f(b)-f(a)}{b-a}.$$

注: 把 $(a, f(a))$ 记为 A, 把 $(b, f(b))$ 记为 B, 则 $\dfrac{f(b)-f(a)}{b-a}$ 代表割线 AB 的斜率, 而 $f'(\xi)$ 代表曲线 $y=f(x)$ 在 $(\xi, f(\xi))$ 处切线的斜率. 因此, 拉格朗日中值定理的几何含义是: 存在一条切线与割线 AB 平行 (见图 7.7).

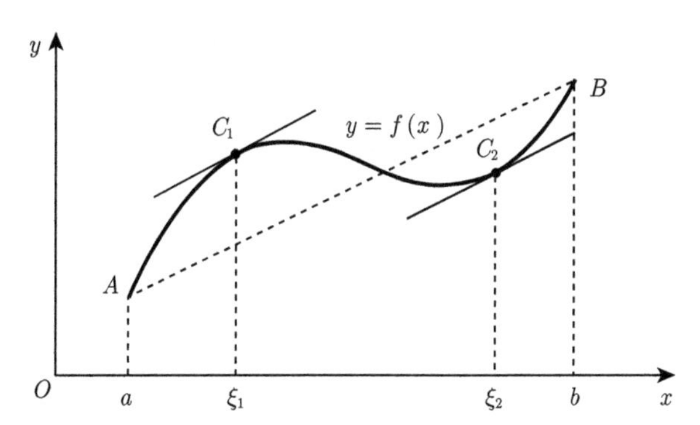

图 7.7　拉格朗日中值定理的几何含义: 存在一条切线与割线 AB 平行

证明　我们把 f 改造一下, 使之满足罗尔定理的条件. 令

$$F(x)=f(x)-\frac{f(b)-f(a)}{b-a}(x-a),$$

则 F 在闭区间 $[a,b]$ 上连续, 在开区间 (a,b) 内可导, 且

$$F'(x)=f'(x)-\frac{f(b)-f(a)}{b-a}.$$

更重要的是, 此时我们有 $F(a)=F(b)=f(a)$. 由罗尔定理可知, 存在 $\xi\in(a,b)$, 使得 $F'(\xi)=0$, 即 $f'(\xi)-\dfrac{f(b)-f(a)}{b-a}=0$.

□

注: 拉格朗日中值定理也叫有限增量定理, 因为我们可以把 $f'(\xi)=\dfrac{f(b)-f(a)}{b-a}$ 改写为

$$f(b)-f(a)=f'(\xi)\cdot(b-a)$$

或者

$$f(x+h)-f(x)=f'(\xi)\cdot h.$$

由此出发, 我们可以证明很多不等式, 还可以利用导数的正负性来判断函数的增减性.

例 7.2　设 $x>0$, 我们来证明

$$\frac{x}{1+x}<\ln(1+x)<x.$$

用拉格朗日中值定理, 我们可以同时得到这两个不等式: 令 $f(t)=\ln(1+t)$, 则 $f(0)=0$, 且

$$f'(t)=\frac{1}{1+t}, \quad \forall t>-1.$$

在闭区间 $[0,x]$ 上对函数 f 应用拉格朗日中值定理, 则存在 $\xi\in(0,x)$, 使得

$$f(x)-f(0)=f'(\xi)(x-0),$$

即

$$\ln(1+x)=\frac{x}{1+\xi}.$$

因为 $0<\xi<x$, 所以 $1<1+\xi<1+x$, 这又推出 $\dfrac{1}{1+x}<\dfrac{1}{1+\xi}<1$. 所以

$$\frac{x}{1+x}<\ln(1+x)<x.$$

对任意正整数 n, 我们把 $x=\dfrac{1}{n}$ 代入上式, 得到

$$\frac{1}{n+1}<\ln\left(1+\frac{1}{n}\right)<\frac{1}{n}.$$

练习 7.2 设 n 是一个正整数, 求证:

$$\ln(n+1)<1+\frac{1}{2}+\frac{1}{3}+\cdots+\frac{1}{n}<1+\ln n.$$

练习 7.3 设 n 是一个正整数, 令

$$a_n=1+\frac{1}{2}+\frac{1}{3}+\cdots+\frac{1}{n}-\ln n.$$

求证: 数列 $\{a_n\}_{n\geqslant1}$ 收敛. 这个数列的极限值称为欧拉常数, 一般记为 γ, 它约等于 0.5772156649. 数学家们普遍认为 γ 是一个无理数, 但至今没人会证明. 如果你能证明出来, 就能青史留名了.

我们知道, 常值函数的导数恒为零. 反过来是否正确呢?

推论 7.2 设函数 f 在闭区间 $[a,b]$ 上连续, 在开区间 (a,b) 内可导. 若 $f'(x)$ 在 (a,b) 内恒为零, 则 f 在 $[a,b]$ 上等于一个常数.

注: 上述推论中的闭区间 $[a,b]$ 可以改成半开半闭区间 $[a,b),(a,b]$ 或者开区间 (a,b), 结论仍成立.

证明　设 $x_1 < x_2$ 是 $[a,b]$ 中的任意两点. 在区间 $[x_1,x_2]$ 上对函数 f 应用拉格朗日中值定理, 则存在 $\xi \in (x_1,x_2)$, 使得

$$f(x_2) - f(x_1) = f'(\xi)(x_2 - x_1).$$

因为 $f'(x)$ 在 (a,b) 内恒为零, 所以 $f'(\xi) = 0$, 于是 $f(x_1) = f(x_2)$. 由 x_1, x_2 的任意性可知, f 在 $[a,b]$ 上等于一个常数.

□

牛顿第二运动定律告诉我们: 物体加速度的大小跟作用力成正比, 跟物体的质量成反比. 如果没有外力, 物体的加速度就是零, 也即速度的导数为零, 由上面的推论可知, 物体的速度不会发生变化. 这正是牛顿第一运动定律 (惯性定律): 任何物体都保持匀速直线运动或静止状态, 直到外力迫使它改变运动状态为止.

例 7.3　前面我们讲到过, $(\arcsin x + \arccos x)'$ 在 $(-1,1)$ 上恒为零, 所以

$$\arcsin x + \arccos x = C, \quad \forall x \in (-1,1).$$

令 $x = 0$, 得 $C = \arcsin 0 + \arccos 0 = 0 + \frac{\pi}{2} = \frac{\pi}{2}$. 因此

$$\arcsin x + \arccos x = \frac{\pi}{2}, \quad \forall x \in (-1,1).$$

例 7.4　当 $x \neq 0$ 时, 我们有

$$\left(\arctan x + \arctan \frac{1}{x}\right)' = \frac{1}{1+x^2} + \frac{-1}{1+x^2} = 0.$$

因此, $\arctan x + \arctan \frac{1}{x}$ 在 $(0,+\infty)$ 上等于一个常数 C_1. 令 $x = 1$, 得

$$C_1 = \arctan 1 + \arctan 1 = \frac{\pi}{4} + \frac{\pi}{4} = \frac{\pi}{2}.$$

因此

$$\arctan x + \arctan \frac{1}{x} = \frac{\pi}{2}, \quad \forall x > 0.$$

类似地, $\arctan x + \arctan \frac{1}{x}$ 在 $(-\infty,0)$ 上也等于一个常数 C_2. 令 $x = -1$, 得

$$C_2 = \arctan(-1) + \arctan(-1) = \frac{-\pi}{4} + \frac{-\pi}{4} = -\frac{\pi}{2}.$$

因此

$$\arctan x + \arctan \frac{1}{x} = -\frac{\pi}{2}, \quad \forall x < 0.$$

这里特别要注意一点: 虽然 $\arctan x + \arctan \dfrac{1}{x}$ 在 $(-\infty, 0) \cup (0, +\infty)$ 上的导数恒为零, 但我们并不能推出它在 $(-\infty, 0) \cup (0, +\infty)$ 上恒为常数, 只能推出它在一个区间上恒为常数, 因为我们只能在一个连通的区间上使用拉格朗日中值定理.

在本节结束之前, 我们介绍一下导数极限定理.

定理 7.5 (导数极限定理) 设函数 f 在 x_0 处连续, 在 x_0 的一个去心邻域内可导, 且 $\lim\limits_{x \to x_0} f'(x) = a$, 则 f 在 x_0 处可导, 且 $f'(x_0) = a$.

证明 设 x 是 x_0 的上述去心邻域中的一点, 由拉格朗日中值定理可知, 存在介于 x, x_0 之间的某个 ξ, 使得

$$\frac{f(x) - f(x_0)}{x - x_0} = f'(\xi).$$

当 $x \to x_0$ 时, 显然有 $\xi \to x_0$, 所以

$$f'(x_0) = \lim_{x \to x_0} \frac{f(x) - f(x_0)}{x - x_0} = \lim_{x \to x_0} f'(\xi) = a.$$

□

注: 把上述定理中的导数改为单侧导数, 结论也是成立的.

7.4 利用导数研究函数的单调性

利用拉格朗日中值定理, 不难得到下面的定理.

定理 7.6 (函数单调的充分条件) 设函数 f 在闭区间 $[a, b]$ 上连续, 在开区间 (a, b) 内可导.

(1) 若 f' 在 (a, b) 内始终大于零, 则 f 在 $[a, b]$ 上严格单调递增.

(2) 若 f' 在 (a, b) 内始终小于零, 则 f 在 $[a, b]$ 上严格单调递减.

注: 还是假设函数 f 在闭区间 $[a, b]$ 上连续, 在开区间 (a, b) 内可导. 若 $f'(x)$ 在 (a, b) 内始终非负, 且仅在有限个点处为零, 则 f 在 $[a, b]$ 上也是严格单调递增的, 只需要把 $[a, b]$ 分成若干个小区间 (以导数为零的点为分点), 分别考虑 f 在每个小区间上的单调性即可.

由上述定理, 我们可以得到下面的结果.

定理 7.7 (局部最值的第一充分条件) 设函数 f 在 x_0 处连续, 在 x_0 的一个去心邻域内可导.

(1) 若存在正数 δ, 使得 f' 在 $(x_0 - \delta, x_0)$ 上大于零, 在 $(x_0, x_0 + \delta)$ 上小于零, 则 $f(x_0)$ 是 f 的一个局部最大值.

(2) 若存在正数 δ, 使得 f' 在 $(x_0 - \delta, x_0)$ 上小于零, 在 $(x_0, x_0 + \delta)$ 上大于零, 则 $f(x_0)$ 是 f 的一个局部最小值.

定理 7.8 (局部最值的第二充分条件)　设函数 f 在 x_0 处有二阶导数, 且 $f'(x_0)=0, f''(x_0)\neq 0$.

(1) 若 $f''(x_0)>0$, 则 $f(x_0)$ 是 f 的一个局部最小值;

(2) 若 $f''(x_0)<0$, 则 $f(x_0)$ 是 f 的一个局部最大值.

证明　我们只证明 (1). 由二阶导数的定义可知,

$$f''(x_0)=\lim_{x\to x_0}\frac{f'(x)-f'(x_0)}{x-x_0}.$$

由极限的保号性可知, 存在正数 δ, 当 $0<|x-x_0|<\delta$ 时, 有

$$\frac{f'(x)-f'(x_0)}{x-x_0}>\frac{f''(x_0)}{2}>0.$$

当 $x\in(x_0-\delta,x_0)$ 时, $f'(x)-f'(x_0)$ 与 $x-x_0$ 同号, 因此 $f'(x)<0$; 当 $x\in(x_0,x_0+\delta)$ 时, $f'(x)-f'(x_0)$ 也与 $x-x_0$ 同号, 所以 $f'(x)>0$. 于是 $f(x_0)$ 是 f 的一个局部最小值.

□

如果 $f'(x_0)=f''(x_0)=0$, 我们就需要看更高阶的导数, 结果如下.

定理 7.9　设 $n\geqslant 3$ 是一个正整数, 函数 f 在 x_0 处有 n 阶导数且

$$f'(x_0)=f''(x_0)=\cdots=f^{(n-1)}(x_0)=0,\quad f^{(n)}(x_0)\neq 0.$$

(1) 若 n 为奇数, 则 $f(x_0)$ 不是 f 的局部最值;

(2) 若 n 为偶数且 $f^{(n)}(x_0)>0$, 则 $f(x_0)$ 是 f 的一个局部最小值;

(3) 若 n 为偶数且 $f^{(n)}(x_0)<0$, 则 $f(x_0)$ 是 f 的一个局部最大值.

形象地说, 对于第一种情况, 曲线 $y=f(x)$ 在 x_0 处会穿过直线 $y=f(x_0)$; 对于后两种情况, 曲线 $y=f(x)$ 在 $(x_0,f(x_0))$ 处不会穿过直线 $y=f(x_0)$, 而是始终位于直线 $y=f(x_0)$ 的一侧 (上侧或者下侧).

证明　(1) 我们只证 $n=3$ 的情况. 此时, $f'(x_0)=f''(x_0)=0, f'''(x_0)\neq 0$. 不妨设 $f'''(x_0)>0$, 由三阶导数的定义可知,

$$f'''(x_0)=\lim_{x\to x_0}\frac{f''(x)-f''(x_0)}{x-x_0}.$$

由极限的保号性可知, 存在正数 δ, 当 $0<|x-x_0|<\delta$ 时, 有

$$\frac{f''(x)-f''(x_0)}{x-x_0}>\frac{f'''(x_0)}{2}>0.$$

当 $x\in(x_0-\delta,x_0)$ 时, $f''(x)-f''(x_0)$ 与 $x-x_0$ 同号, 因此 $f''(x)<0$; 当 $x\in(x_0,x_0+\delta)$ 时, $f''(x)-f''(x_0)$ 也与 $x-x_0$ 同号, 因此 $f''(x)>0$. 于是 f' 在 $(x_0-\delta,x_0]$ 上严格单调递减, 在 $[x_0,x_0+\delta)$ 上严格单调递增. 因为 $f'(x_0)=0$, f' 在 $(x_0-\delta,x_0)$ 上大于零, 在 $(x_0,x_0+\delta)$ 上也大于零, 所以 $f(x_0)$ 不是 f 的局部最值.

(2) 我们只证 $n=4$ 的情况. 此时,

$$f'(x_0)=f''(x_0)=f'''(x_0)=0,\quad f''''(x_0)>0.$$

根据四阶导数的定义,

$$f''''(x_0)=\lim_{x\to x_0}\frac{f'''(x)-f'''(x_0)}{x-x_0}.$$

由极限的保号性可知, 存在正数 δ, 当 $0<|x-x_0|<\delta$ 时, 有

$$\frac{f'''(x)-f'''(x_0)}{x-x_0}>\frac{f''''(x_0)}{2}>0.$$

当 $x\in(x_0-\delta,x_0)$ 时, $f'''(x)-f'''(x_0)$ 与 $x-x_0$ 同号, 因此 $f'''(x)<0$; 当 $x\in(x_0,x_0+\delta)$ 时, $f'''(x)-f'''(x_0)$ 也与 $x-x_0$ 同号, 因此 $f'''(x)>0$. 于是 f'' 在 $(x_0-\delta,x_0]$ 上严格单调递减, 在 $[x_0,x_0+\delta)$ 上严格单调递增. 因为 $f''(x_0)=0$, 所以 f' 在 $(x_0-\delta,x_0)$ 上大于零, 在 $(x_0,x_0+\delta)$ 上也大于零, f' 在 $(x_0-\delta,x_0+\delta)$ 上严格单调递增. 因为 $f'(x_0)=0$, 所以 f' 在 $(x_0-\delta,x_0)$ 上小于零, 在 $(x_0,x_0+\delta)$ 上大于零. 所以 $f(x_0)$ 是 f 的局部最小值.

(3) 的证明与 (2) 的证明完全类似.

□

例 7.5 设 $f(x)=x-\sin x$, 则 $f(0)=0-0=0$, 且

$$f'(x)=1-\cos x\geqslant 0,\quad \forall x\in\mathbb{R}.$$

对任意正数 a, f' 在 $(-a,a)$ 内都是非负的, 且仅在有限个点处为零, 因此 f 在 $[-a,a]$ 上严格单调递增. 于是 $a-\sin a=f(a)>f(0)=0$. 由此我们得到了

$$a>\sin a,\quad \forall a>0.$$

练习 7.4 设 $x\in\left(0,\dfrac{\pi}{2}\right)$, 证明: $x+\cos x<\dfrac{\pi}{2}$.

练习 7.5 设 $x\in\left(0,\dfrac{\pi}{2}\right)$, 证明: $\cos(\cos x)>\sin x$.

例 7.6 设 $f(x)=\tan x-x$, 则 $f(0)=0-0=0$, 且

$$f'(x)=\sec^2 x-1=\tan^2 x>0,\quad \forall x\in\left(0,\frac{\pi}{2}\right).$$

于是 f 在 $\left[0,\dfrac{\pi}{2}\right)$ 上严格单调递增, 所以

$$\tan x-x=f(x)>f(0)=0,\quad \forall x\in\left(0,\frac{\pi}{2}\right).$$

移项, 就得到

$$\tan x>x,\quad \forall x\in\left(0,\frac{\pi}{2}\right).$$

练习 7.6　设 $x \in \left(0, \dfrac{\pi}{2}\right)$, 证明: $\tan x + 2\sin x > 3x$.

例 7.7 (巴塞尔问题继续)　将上面两个例题的结论合起来, 我们有

$$\sin x < x < \tan x, \quad \forall x \in \left(0, \frac{\pi}{2}\right).$$

取倒数, 得到

$$\cot x < \frac{1}{x} < \csc x, \quad \forall x \in \left(0, \frac{\pi}{2}\right).$$

取平方, 又可得到

$$\cot^2 x < \frac{1}{x^2} < \csc^2 x = \cot^2 x + 1, \quad \forall x \in \left(0, \frac{\pi}{2}\right).$$

设 n 是一个正整数, 我们取 $x = \dfrac{k\pi}{2n+1}(1 \leqslant k \leqslant n)$, 得到

$$\cot^2 \frac{k\pi}{2n+1} < \frac{(2n+1)^2}{k^2\pi^2} < \cot^2 \frac{k\pi}{2n+1} + 1.$$

对 k 从 1 到 n 求和, 并利用第 1 章中的余切平方和公式, 可得

$$\frac{n(2n-1)}{3} < \sum_{k=1}^{n} \frac{(2n+1)^2}{k^2\pi^2} < \frac{n(2n-1)}{3} + n = \frac{2n^2+2n}{3}.$$

乘以 $\dfrac{\pi^2}{(2n+1)^2}$, 可得

$$\frac{(2n^2-n)\pi^2}{3(2n+1)^2} < \sum_{k=1}^{n} \frac{1}{k^2} < \frac{(2n^2+2n)\pi^2}{3(2n+1)^2}.$$

因为

$$\lim_{n\to\infty} \frac{(2n^2-n)\pi^2}{3(2n+1)^2} = \lim_{n\to\infty} \frac{(2n^2+2n)\pi^2}{3(2n+1)^2} = \frac{\pi^2}{6},$$

由夹逼定理可知, $\displaystyle\lim_{n\to\infty} \sum_{k=1}^{n} \frac{1}{k^2} = \frac{\pi^2}{6}$, 即 $\displaystyle\sum_{k=1}^{\infty} \frac{1}{k^2} = \frac{\pi^2}{6}$.

例 7.8 (切线不等式)　设 $f(x) = \mathrm{e}^x - 1 - x$, 则 $f(0) = 0$, 且

$$f'(x) = \mathrm{e}^x - 1, \quad \forall x \in \mathbb{R}.$$

显然, f' 在 $(-\infty, 0)$ 上恒小于零, 因此 f 在 $(-\infty, 0]$ 上严格单调递减; f' 在 $(0, +\infty)$ 上恒大于零, 因此 f 在 $[0, +\infty)$ 上严格单调递增. 于是 $f(0)$ 是 f 的全局最小值. 因此

$$\mathrm{e}^x \geqslant 1 + x, \quad \forall x \in \mathbb{R}.$$

或者写成

$$e^x > 1 + x, \quad \forall x \neq 0.$$

图 7.8给出了上述不等式的图示.

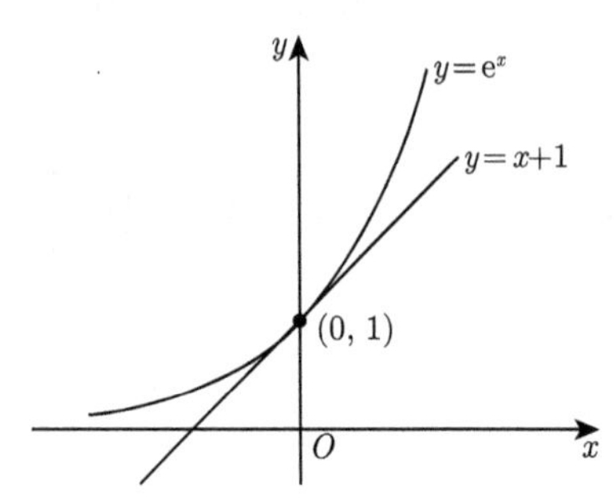

图 7.8　曲线 $y = e^x$ 在直线 $y = x + 1$ 上方

直线 $y = x + 1$ 其实是曲线 $y = e^x$ 在 $(0,1)$ 点处的切线, 因而上述不等式是一个特殊的切线不等式. 很多中学教辅书上将上述不等式称为万能不等式, 因为它有时候能简化某些导数压轴题的证明. 但“万能”二字有点言过其实了. 如果把 $e^x \geqslant 1 + x$ 中的 x 换成 $x - 1$, 我们又能得到 $e^{x-1} \geqslant x$, 因此

$$e^x \geqslant e\,x, \quad \forall x \in \mathbb{R}.$$

这也是一个切线不等式.

练习 7.7　用拉格朗日中值定理直接证明 $e^x > 1 + x, \forall x \neq 0$.

练习 7.8　证明: 对任意实数 x, 有 $e^x \geqslant e^{2022}(x - 2021)$.

练习 7.9　证明: 对任意正数 x, 有 $\ln x \leqslant x - 1$.

例 7.9　设 $f(x) = x - \frac{1}{x} - 2\ln x$, 则 $f(1) = 0$, 且

$$f'(x) = 1 + \frac{1}{x^2} - \frac{2}{x} = \left(1 - \frac{1}{x}\right)^2 > 0, \quad \forall x > 1.$$

因此, f 在 $[1, +\infty)$ 上严格单调递增. 当 $x > 1$ 时, 有 $f(x) > f(1)$, 即

$$x - \frac{1}{x} - 2\ln x > 0, \quad \forall x > 1.$$

或者写成

$$x - \frac{1}{x} > 2\ln x, \quad \forall x > 1.$$

图 7.9给出了上述不等式的图示.

这个不等式看上去并不漂亮, 甚至有点丑, 但我们可以利用它证明一个有趣的结果. 设 k 是一个正整数, 令 $x = \sqrt{\frac{k+1}{k}}$, 我们得到

$$\sqrt{\frac{k+1}{k}} - \sqrt{\frac{k}{k+1}} > \ln\frac{k+1}{k}.$$

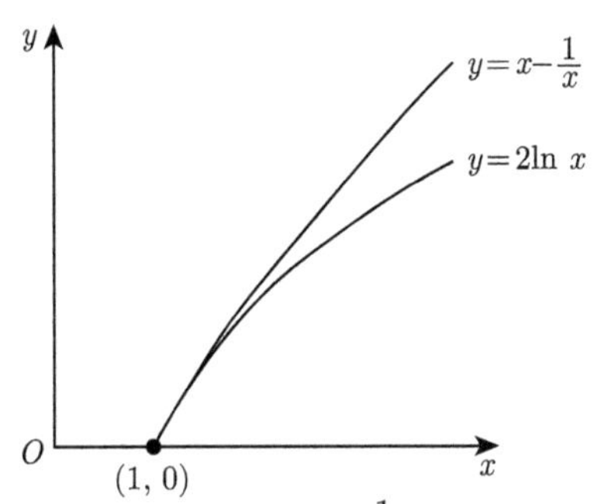

图 7.9　当 $x>1$ 时, 曲线 $y=x-\dfrac{1}{x}$ 在曲线 $y=2\ln x$ 的上方

把左边的差通分, 就得到

$$\frac{1}{\sqrt{k(k+1)}}>\ln\frac{k+1}{k}.$$

现在设 n 是一个正整数, 上式对 k 从 1 到 n 求和, 我们就得到了

$$\sum_{k=1}^{n}\frac{1}{\sqrt{k(k+1)}}>\ln(n+1),\quad \forall n\in\mathbb{N}^{+}.$$

这个不等式比

$$\sum_{k=1}^{n}\frac{1}{k}>\ln(n+1),\quad \forall n\in\mathbb{N}^{+}$$

更强, 因为 $\dfrac{1}{\sqrt{k(k+1)}}<\dfrac{1}{k}$.

练习 7.10　设函数 f 在 $[0,+\infty)$ 上连续, 在 $(0,+\infty)$ 上二阶可导, 且 f'' 在 $(0,+\infty)$ 上始终大于零. 求证: 对任意正数 x_1,x_2, 有

$$f(x_1+x_2)+f(0)>f(x_1)+f(x_2).$$

例 7.10　若函数 f 在 x_0 的一个邻域 U 内可导, 且 $f'(x_0)>0$, 能推出 f 在 U 内单增吗?

答案是不能. 我们来构造一个反例: 令

$$f(x)=\begin{cases}x+2x^2\sin\dfrac{1}{x}, & x\neq 0,\\ 0, & x=0,\end{cases}$$

不难求得

$$f'(x)=\begin{cases}1+4x\sin\dfrac{1}{x}-2\cos\dfrac{1}{x}, & x\neq 0,\\ 1, & x=0.\end{cases}$$

在 0 的任意邻域 U 内, 都有无数个满足 $f'<0$ 的小区间, 所以 f 在 U 内不是单增的.

7.5 洛必达法则

本节中的函数都是实值的. 我们先讲一下柯西中值定理.

定理 7.10 (柯西中值定理) 设函数 f,g 均在闭区间 $[a,b]$ 上连续, 均在开区间 (a,b) 内可导, 则存在 $\xi\in(a,b)$, 使得

$$f'(\xi)\cdot\big(g(b)-g(a)\big)=\big(f(b)-f(a)\big)\cdot g'(\xi).$$

证明 令

$$F(x)=\big(f(x)-f(a)\big)\cdot\big(g(b)-g(a)\big)-\big(f(b)-f(a)\big)\cdot\big(g(x)-g(a)\big),$$

则 F 在闭区间 $[a,b]$ 上连续, 在开区间 (a,b) 内可导, 且

$$F'(x)=f'(x)\cdot\big(g(b)-g(a)\big)-\big(f(b)-f(a)\big)\cdot g'(x).$$

注意到 $F(a)=F(b)=0$, 由罗尔定理可知, 存在 $\xi\in(a,b)$, 使得 $F'(\xi)=0$, 即

$$f'(\xi)\cdot\big(g(b)-g(a)\big)=\big(f(b)-f(a)\big)\cdot g'(\xi).$$

□

注: 如果再假设 $g'(x)$ 在 (a,b) 上永不为零, 则由拉格朗日中值定理可知 $g(b)-g(a)\neq 0$. 此时, 柯西中值定理中的等式可以改写为

$$\frac{f(b)-f(a)}{g(b)-g(a)}=\frac{f'(\xi)}{g'(\xi)}.$$

我们即将利用这个等式来推导洛必达法则.

例 7.11 设 f 在 x_0 处二阶可导且 $f''(x_0)\neq 0$, 我们来证明: 当 $h\to 0$ 时,

$$\frac{f(x_0+h)-f(x_0)}{h}-f'(x_0)$$

是 h 的同阶无穷小. 换句话说, 当 $h\to 0$ 时,

$$\frac{\dfrac{f(x_0+h)-f(x_0)}{h}-f'(x_0)}{h}=\frac{f(x_0+h)-f(x_0)-f'(x_0)h}{h^2}$$

趋于一个非零常数. 为此, 令

$$F(h)=f(x_0+h)-f(x_0)-f'(x_0)h,\quad G(h)=h^2,$$

则 $F(0)=G(0)=0$ 且

$$F'(h)=f'(x_0+h)-f'(x_0),\quad G'(h)=2h.$$

因此

$$\frac{F(h)}{G(h)}=\frac{F(h)-F(0)}{G(h)-G(0)}=\frac{F'(\xi)}{G'(\xi)}=\frac{f'(x_0+\xi)-f'(x_0)}{2\xi},$$

第二个等号用柯西中值定理, ξ 是介于 0 和 h 之间的一个数, 当 $h\to 0$ 时有 $\xi\to 0$, 因此上式趋于 $\dfrac{f''(x_0)}{2}$.

练习 7.11　设 f 在 x_0 处二阶可导, 求证:

$$\lim_{h\to 0}\frac{f(x_0+h)+f(x_0-h)-2f(x_0)}{h^2}=f''(x_0).$$

提示: 利用上例的结果或者仿照上例的证明过程.

下面我们开始介绍洛必达法则. 纪尧姆 • 洛必达 (Guillaume de L' Hospital, 1661—1704, 见图 7.10) 出生于法国的贵族家庭. 他曾受袭侯爵衔, 并在军队中担任骑兵军官, 后来因为视力不佳而退出军队, 转向学术研究. 洛必达写的《无限小分析》一书是微积分学方面最早的教科书, 书中创造了一种算法 (洛必达法则), 用以寻找满足一定条件的两函数之商的极限. 洛必达于前言中向莱布尼兹和约翰 • 伯努利 (Johann Bernoulli, 1667—1748, 见图 7.10) 致谢, 特别是约翰 • 伯努利. 洛必达逝世之后, 约翰 • 伯努利发表声明, 宣称该法则及许多的其他发现应归功于他.

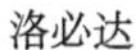

洛必达

约翰 · 伯努利

图 7.10　洛必达和约翰 • 伯努利

我们先来考虑自变量趋于某个实数时的 $\dfrac{0}{0}$ 型的极限.

定理 7.11 (洛必达法则 I)　设 r 是一个正数, 函数 f,g 在 $(a,a+r)$ 内均可导, 且

$$\lim_{x\to a^+}f(x)=\lim_{x\to a^+}g(x)=0.$$

若 $g'(x)$ 在 $(a,a+r)$ 内永不为零, 且 $\lim\limits_{x\to a^+}\dfrac{f'(x)}{g'(x)}=L$, 则 $g(x)$ 在 $(a,a+r)$ 上永不为零, 且 $\lim\limits_{x\to a^+}\dfrac{f(x)}{g(x)}=L$.

注: 上述定理的极限过程可改为 $x\to a^-,x\to a$, 结论同样成立.

证明 我们可以补充定义 (或者修改函数的值) $f(a)=g(a)=0$, 这样 f,g 在 a 处就都是右连续的. 设 $x\in(a,a+r)$, 则

$$\frac{f(x)}{g(x)}=\frac{f(x)-f(a)}{g(x)-g(a)}=\frac{f'(\xi)}{g'(\xi)},$$

这里 ξ 是介于 x 和 a 之间的某个数. 当 $x\to a^+$ 时, 显然有 $\xi\to a^+$. 因此

$$\lim_{x\to a^+}\frac{f(x)}{g(x)}=\lim_{x\to a^+}\frac{f'(\xi)}{g'(\xi)}=L.$$

□

注: 由证明过程可知, 上述 L 也可以是 $\infty,+\infty,-\infty$ 之一.

洛必达本人对洛必达法则的叙述和我们刚才讲的略有不同. 洛必达假设了不同的条件: 设 a 是一个实数, $f(a)=g(a)=0$, $f'(a)$ 和 $g'(a)$ 都存在且 $g'(a)$ 非零. 在这样的条件下,

$$\lim_{x\to a}\frac{f(x)}{g(x)}=\lim_{x\to a}\frac{f(x)-f(a)}{g(x)-g(a)}=\lim_{x\to a}\frac{\dfrac{f(x)-f(a)}{x-a}}{\dfrac{g(x)-f(a)}{x-a}}=\frac{f'(a)}{g'(a)}.$$

洛必达的想法十分简单, 只用到了导数的定义, 但非常精彩. 以后我们讲了泰勒公式之后, 还可以将他的上述结果加以推广.

例 7.12 使用洛必达法则的一个最简单的例子应该是

$$\lim_{x\to0}\frac{1-\cos x}{x^2}=\lim_{x\to0}\frac{(1-\cos x)'}{(x^2)'}=\lim_{x\to0}\frac{\sin x}{2x}=\frac{1}{2}.$$

当然, 我们不用洛必达法则也能求出这个极限.

很多同学会产生一个疑问: 在求极限 $\lim\limits_{x\to0}\dfrac{\sin x}{x}$ 的时候, 可否也利用洛必达法则? 即

$$\lim_{x\to0}\frac{\sin x}{x}=\lim_{x\to0}\frac{(\sin x)'}{x'}=\lim_{x\to0}\frac{\cos x}{1}=1$$

是否正确? 这取决于你是如何得到 $(\sin x)'=\cos x$ 的. 大部分教材是利用差化积公式得到 $(\sin x)'=\cos x$ 的, 在此过程中实际上要用到 $\lim\limits_{x\to0}\dfrac{\sin x}{x}=1$ 这个结论. 这个时候就产生了循环论证的问题. 但如果你是用其他办法得到的 $(\sin x)'=\cos x$, 那就没有循环论证的问题了.

例 7.13 如果需要, 我们可以多次使用洛必达法则, 直到把极限算出来, 比如

$$\lim_{x\to0}\frac{x-\sin x}{x^3}=\lim_{x\to0}\frac{1-\cos x}{3x^2}=\lim_{x\to0}\frac{\sin x}{6x}=\frac{1}{6}.$$

练习 7.12 利用上例的结果, 求极限 $\lim\limits_{x\to0}\dfrac{x-\sin(\sin x)}{x^3}=?$

提示: 把分子拆成 $x-\sin x$ 与 $\sin x-\sin(\sin x)$ 的和.

练习 7.13　设 a 是一个实数, 满足

$$\tan x-\sin x>a(x-\sin x),\quad \forall x\in\left(0,\frac{\pi}{2}\right).$$

求 a 的最大值.

例 7.14　我们再来求一个重要的极限:

$$\lim_{x\to0}\frac{\ln(1+x)}{x}=\lim_{x\to0}\frac{\big(\ln(1+x)\big)'}{x'}=\lim_{x\to0}\frac{\frac{1}{1+x}}{1}=1.$$

作为推论, 我们有

$$\lim_{x\to0}(1+x)^{\frac{1}{x}}=\lim_{x\to0}\mathrm{e}^{\frac{\ln(1+x)}{x}}=\mathrm{e}^{\lim\limits_{x\to0}\frac{\ln(1+x)}{x}}=\mathrm{e}^1=\mathrm{e}.$$

上述结论还可以改写成下面的更常见的写法.

定理 7.12　我们有下列重要的极限: $\lim\limits_{x\to\infty}\left(1+\dfrac{1}{x}\right)^x=\mathrm{e}$.

例 7.15　很多人在求极限 $\lim\limits_{x\to0}\left(\dfrac{(1+x)^{\frac{1}{x}}}{\mathrm{e}}\right)^{\frac{1}{x}}$ 的时候会犯错误. 比如有人认为, 既然当 $x\to0$ 时 $(1+x)^{\frac{1}{x}}\to\mathrm{e}$, 那么

$$\lim_{x\to0}\left(\frac{(1+x)^{\frac{1}{x}}}{\mathrm{e}}\right)^{\frac{1}{x}}=\lim_{x\to0}\left(\frac{\mathrm{e}}{\mathrm{e}}\right)^{\frac{1}{x}}=1.$$

这当然是不对的, 没有任何定理能保证第一个等号是成立的. 直观地说, 虽然括号内的商趋于 1, 但括号内的细微差别会被外面的指数 $\dfrac{1}{x}$ 放大. 那到底应该如何求这个极限呢? 注意到

$$\ln\left(\frac{(1+x)^{\frac{1}{x}}}{\mathrm{e}}\right)^{\frac{1}{x}}=\frac{1}{x}\cdot\left(\ln(1+x)^{\frac{1}{x}}-1\right)=\frac{\ln(1+x)-x}{x^2},$$

我们先来求它的极限:

$$\lim_{x\to0}\frac{\ln(1+x)-x}{x^2}=\lim_{x\to0}\frac{\frac{1}{1+x}-1}{2x}=\lim_{x\to0}\frac{-1}{2(1+x)}=-\frac{1}{2}.$$

所以

$$\lim_{x\to0}\left(\frac{(1+x)^{\frac{1}{x}}}{\mathrm{e}}\right)^{\frac{1}{x}}=\mathrm{e}^{-\frac{1}{2}}.$$

下面, 我们再来考虑自变量趋于正无穷或者负无穷时的 $\dfrac{0}{0}$ 型的极限.

定理 7.13 (洛必达法则 II)　设 M 是一个正数, 函数 f,g 在 $(M,+\infty)$ 内均可导, 且

$$\lim_{x\to+\infty}f(x)=\lim_{x\to+\infty}g(x)=0.$$

若 $g'(x)$ 在 $(M,+\infty)$ 内永不为零, 且 $\lim\limits_{x\to+\infty}\dfrac{f'(x)}{g'(x)}=L$, 则 $g(x)$ 在 $(M,+\infty)$ 上永不为零, 且 $\lim\limits_{x\to+\infty}\dfrac{f(x)}{g(x)}=L$.

证明 令

$$x=\frac{1}{t},\quad F(t)=f\left(\frac{1}{t}\right)=f(x),\quad G(t)=g\left(\frac{1}{t}\right)=g(x),$$

则 $\lim\limits_{t\to0^+}F(t)=\lim\limits_{t\to0^+}G(t)=0$. 补充定义 $F(0)=G(0)=0$, 则 F,G 在 0 处右连续. 当 $x\to+\infty$ 时, 有 $t\to0^+$, 于是

$$\frac{f(x)}{g(x)}=\frac{F(t)}{G(t)}=\frac{F(t)-F(0)}{G(t)-G(0)}=\frac{F'(\xi)}{G'(\xi)}=\frac{f'\left(\dfrac{1}{\xi}\right)\cdot\dfrac{-1}{\xi^2}}{g'\left(\dfrac{1}{\xi}\right)\cdot\dfrac{-1}{\xi^2}}=\frac{f'\left(\dfrac{1}{\xi}\right)}{g'\left(\dfrac{1}{\xi}\right)}\to L,$$

这里 ξ 是 $(0,t)$ 内的某个数, 因此当 $t\to0^+$ 时, 有 $\xi\to0^+$.

□

注: 上述 L 同样可以是 $\infty,+\infty,-\infty$ 之一. 把 $x\to+\infty$ 改为 $x\to-\infty$ 或者 $x\to\infty$ 也有类似的结论.

例 7.16 我们知道, 当 $x\to+\infty$ 时, $\arctan x$ 趋于 $\dfrac{\pi}{2}$. 我们来求极限

$$\lim_{x\to+\infty}\left(\frac{\pi}{2}-\arctan x\right)x.$$

这是一个 $0\cdot\infty$ 型的极限, 我们一般把它转化为 $\dfrac{0}{0}$ 型或者 $\dfrac{\infty}{\infty}$ 型的极限.

$$\lim_{x\to+\infty}\left(\frac{\pi}{2}-\arctan x\right)x=\lim_{x\to+\infty}\frac{\dfrac{\pi}{2}-\arctan x}{\dfrac{1}{x}}=\lim_{x\to+\infty}\frac{\dfrac{-1}{1+x^2}}{\dfrac{-1}{x^2}}=\lim_{x\to+\infty}\frac{x^2}{1+x^2}=1.$$

洛必达法则还有第三种情形, 它可以处理 $\dfrac{*}{\infty}$ 型的极限, 分子的 $*$ 表示我们对它没有任何要求. 为简单起见, 我们只叙述 $x\to+\infty$ 的情况, 这是最常见的. 对其他几个极限过程, 也有类似的结论, 请读者自行写出.

定理 7.14 (洛必达法则 III) 设 M 是一个正数, 函数 f,g 在 $(M,+\infty)$ 内均可导, 且

$$\lim_{x\to+\infty}g(x)=\infty.$$

若 $g'(x)$ 在 $(M,+\infty)$ 内永不为零, 且 $\lim\limits_{x\to+\infty}\dfrac{f'(x)}{g'(x)}=L$, 则 $\lim\limits_{x\to+\infty}\dfrac{f(x)}{g(x)}=L$.

证明 首先, 对大于 M 的任意两个数 $x\neq y$, 我们有以下的恒等式

$$\frac{f(x)}{g(x)}=\frac{f(x)-f(y)}{g(x)}+\frac{f(y)}{g(x)}=\left(1-\frac{g(y)}{g(x)}\right)\cdot\frac{f(x)-f(y)}{g(x)-g(y)}+\frac{f(y)}{g(x)}.$$

结合柯西中值定理可知,

$$\frac{f(x)}{g(x)} = \Big(1 - \frac{g(y)}{g(x)}\Big) \cdot \frac{f'(c)}{g'(c)} + \frac{f(y)}{g(x)},$$

这里 c 是 x, y 之间的某个数. 接下来, 我们要证明上式趋于 $1 \cdot L + 0 = L$, 但细节上有点复杂.

对正数 1, 存在正数 K_1, 当 $c > K_1$ 时, 有

$$\Big|\frac{f'(c)}{g'(c)} - L\Big| < 1 \Longrightarrow \Big|\frac{f'(c)}{g'(c)}\Big| < |L| + 1 =: M.$$

对任意正数 ϵ, 存在正数 K_2, 当 $c > K_2$ 时, 有

$$\Big|\frac{f'(c)}{g'(c)} - L\Big| < \epsilon.$$

接下来, 取一个大于 $\max\{K_1, K_2\}$ 的 y, 存在正数 K_3, 当 $x > K_3$ 时,

$$\Big|\frac{g(y)}{g(x)}\Big| < \epsilon, \quad \Big|\frac{f(y)}{g(x)}\Big| < \epsilon$$

于是, 当 $x > \max\{K_1, K_2, K_3\}$ 时,

$$\begin{aligned}\Big|\frac{f(x)}{g(x)} - L\Big| &= \Big|\frac{f'(c)}{g'(c)} - L - \frac{g(y)}{g(x)} \cdot \frac{f'(c)}{g'(c)} + \frac{f(y)}{g(x)}\Big| \\ &\leqslant \Big|\frac{f'(c)}{g'(c)} - L\Big| + \Big|\frac{g(y)}{g(x)} \cdot \frac{f'(c)}{g'(c)}\Big| + \Big|\frac{f(y)}{g(x)}\Big| \\ &< \epsilon + M\epsilon + \epsilon = (M+2)\epsilon.\end{aligned}$$

□

注: 上述 L 也可以是 $\infty, +\infty, -\infty$ 之一, 但证明过程需要略作修改, 请读者自行写出.

例 7.17　我们知道, 当 $x \to +\infty$ 时, e^x 也趋于 $+\infty$, 哪个趋于无穷大的速度更快呢? 我们有如下的结果:

$$\lim_{x \to +\infty} \frac{x}{\mathrm{e}^x} = \lim_{x \to +\infty} \frac{x'}{(\mathrm{e}^x)'} = \lim_{x \to +\infty} \frac{1}{\mathrm{e}^x} = 0.$$

这说明, e^x 是比 x 更高阶的无穷大 (当 $x \to +\infty$ 时).

例 7.18　设 a 是一个正数, 则当 $x \to +\infty$ 时, $\ln x$ 和 x^a 都趋于 $+\infty$, 哪个趋于无穷大的速度更快呢? 我们有如下的结果:

$$\lim_{x \to +\infty} \frac{\ln x}{x^a} = \lim_{x \to +\infty} \frac{(\ln x)'}{(x^a)'} = \lim_{x \to +\infty} \frac{\frac{1}{x}}{ax^{a-1}} = \lim_{x \to +\infty} \frac{1}{ax^a} = 0.$$

这说明, 对任意正数 $a > 0$, x^a 是比 $\ln x$ 更高阶的无穷大 (当 $x \to +\infty$ 时), 或者说, $\ln x$ 是一个增长很慢的无穷大.

练习 7.14　求 $\lim\limits_{x\to+\infty}(1+x)^{\frac{1}{x}}$.

提示: 先求极限 $\lim\limits_{x\to+\infty}\dfrac{\ln(1+x)}{x}$ 的值.

例 7.19　我们知道, 当 $x\to 0^+$ 时, $\ln x$ 趋于 $-\infty$. 此时, $x\ln x$ 趋于什么呢? 我们有如下的结果:

$$\lim_{x\to0^+}x\ln x=\lim_{x\to0^+}\frac{\ln x}{\frac{1}{x}}=\lim_{x\to0^+}\frac{(\ln x)'}{\left(\dfrac{1}{x}\right)'}=\lim_{x\to0^+}\frac{\dfrac{1}{x}}{\dfrac{-1}{x^2}}=\lim_{x\to0^+}(-x)=0.$$

在使用洛必达法则的过程中, 要注意随时约分化简或者分离出容易求极限的因式, 以免越算越烦. 有时还应先进行必要的等价无穷小替换, 也就是预处理一下, 不要一上来就直接求导.

7.6　斯托尔兹定理

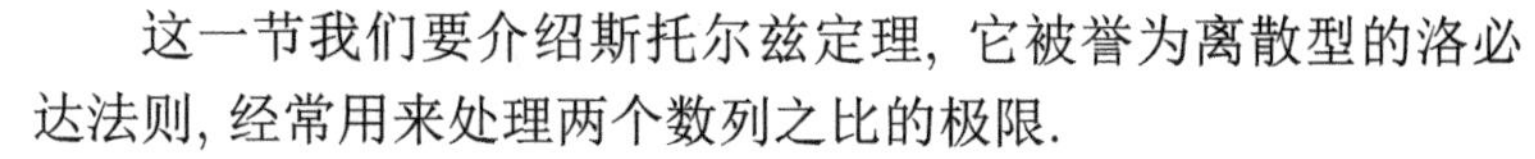

这一节我们要介绍斯托尔兹定理, 它被誉为离散型的洛必达法则, 经常用来处理两个数列之比的极限.

图 7.11　斯托尔兹

奥托·斯托尔兹 (Otto Stolz, 1842—1905, 见图 7.11) 是奥地利数学家, 有的书上称他为施笃兹. 他最初研究几何, 后来受到外尔斯特拉斯的影响, 转向实分析. 他证明了很多实分析的有趣结果.

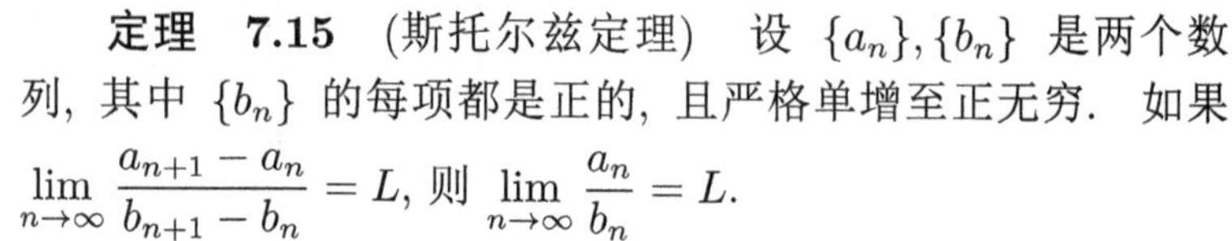

定理　7.15　(斯托尔兹定理)　设 $\{a_n\},\{b_n\}$ 是两个数列, 其中 $\{b_n\}$ 的每项都是正的, 且严格单增至正无穷. 如果 $\lim\limits_{n\to\infty}\dfrac{a_{n+1}-a_n}{b_{n+1}-b_n}=L$, 则 $\lim\limits_{n\to\infty}\dfrac{a_n}{b_n}=L$.

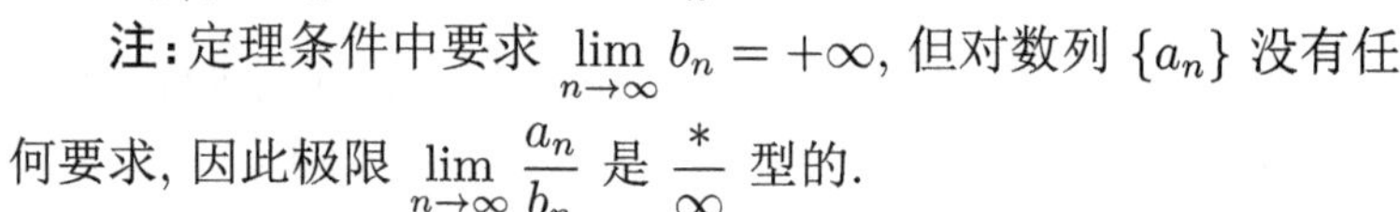

注: 定理条件中要求 $\lim\limits_{n\to\infty}b_n=+\infty$, 但对数列 $\{a_n\}$ 没有任何要求, 因此极限 $\lim\limits_{n\to\infty}\dfrac{a_n}{b_n}$ 是 $\dfrac{*}{\infty}$ 型的.

证明　由极限的定义, 对任意正数 ϵ, 存在正整数 N, 当 $n\geqslant N$ 时, 有

$$\left|\frac{a_{n+1}-a_n}{b_{n+1}-b_n}-L\right|<\epsilon,$$

去掉绝对值, 即

$$L-\epsilon<\frac{a_{n+1}-a_n}{b_{n+1}-b_n}<L+\epsilon.$$

因为 $b_{n+1}-b_n>0$, 所以

$$(L-\epsilon)(b_{n+1}-b_n)<a_{n+1}-a_n<(L+\epsilon)(b_{n+1}-b_n).$$

将上面不等式中的 n 替换成 $N,N+1,\cdots,n-1$, 并把所有的式子相加, 得到

$$(L-\epsilon)(b_n-b_N)<a_n-a_N<(L+\epsilon)(b_n-b_N).$$

同时除以 b_n, 得到

$$(L-\epsilon)\Big(1-\frac{b_N}{b_n}\Big)<\frac{a_n}{b_n}-\frac{a_N}{b_n}<(L+\epsilon)\Big(1-\frac{b_N}{b_n}\Big).$$

所以

$$-\epsilon\Big(1-\frac{b_N}{b_n}\Big)+\frac{a_N-Lb_N}{b_n}<\frac{a_n}{b_n}-L<\epsilon\Big(1-\frac{b_N}{b_n}\Big)+\frac{a_N-Lb_N}{b_n}.$$

因为 $\lim\limits_{n\to\infty}b_n=+\infty$, 所以存在正整数 M, 当 $n\geqslant M$ 时, 有

$$0<\frac{b_N}{b_n}<1,\quad -\epsilon<\frac{a_N-Lb_N}{b_n}<\epsilon.$$

于是当 $n>\max\{N,M\}$ 时,

$$-2\epsilon=-\epsilon\cdot 1-\epsilon<\frac{a_n}{b_n}-L<\epsilon\cdot 1+\epsilon=2\epsilon.$$

这就证明了 $\lim\limits_{n\to\infty}\dfrac{a_n}{b_n}=L$.

□

注: 上述 L 也可以是 $+\infty,-\infty$ 之一, 但证明需略作修改, 请读者自行写出.

斯托尔兹定理证明得异常艰辛, 下面我们来看几个应用. 首先我们看一个之前留过的习题.

例 7.20　已知数列 $\{x_n\}$ 收敛到 a, 求证: $\lim\limits_{n\to\infty}\dfrac{x_1+x_2+\cdots+x_n}{n}=a$.

证明　令 $S_n=x_1+x_2+\cdots+x_n$. 显然, 数列 $\{n\}$ 的每一项都是正的, 且单调递增至正无穷. 现在

$$\lim_{n\to\infty}\frac{S_{n+1}-S_n}{(n+1)-n}=\lim_{n\to\infty}\frac{x_{n+1}}{1}=a,$$

由斯托尔兹定理可知, $\lim\limits_{n\to\infty}\dfrac{S_n}{n}=a$, 即 $\lim\limits_{n\to\infty}\dfrac{x_1+x_2+\cdots+x_n}{n}=a$.

□

练习 7.15　已知正数列 $\{x_n\}$ 收敛到 a, 求证: $\lim\limits_{n\to\infty}\sqrt[n]{x_1x_2\cdots x_n}=a$.

例 7.21　已知 k 是一个正整数, 求 $\lim\limits_{n\to\infty}\dfrac{1^k+2^k+\cdots+n^k}{n^{k+1}}$.

解　令 $S_n=1^k+2^k+\cdots+n^k$. 显然, 数列 $\{n^{k+1}\}$ 的每一项都是正的, 且单调递增至正无穷. 利用二项式定理,

$$\lim_{n\to\infty}\frac{S_{n+1}-S_n}{(n+1)^{k+1}-n^{k+1}}=\lim_{n\to\infty}\frac{(n+1)^k}{(k+1)n^k+\cdots}=\frac{1}{k+1}.$$

由斯托尔兹定理可知, $\lim\limits_{n\to\infty}\dfrac{S_n}{n^{k+1}}=\dfrac{1}{k+1}$, 即

$$\lim_{n\to\infty}\frac{1^k+2^k+\cdots+n^k}{n^{k+1}}=\frac{1}{k+1}.$$

□

练习 7.16 求 $\lim\limits_{n\to\infty}\dfrac{1!+2!+\cdots+n!}{(n+1)!}$.

练习 7.17 求 $\lim\limits_{n\to\infty}\dfrac{1+\frac{1}{2}+\cdots+\frac{1}{n}}{\ln n}$.

例 7.22 已知数列 $\{x_n\}_{n\geqslant 1}$ 满足 $x_1\in(0,1)$ 且

$$x_{n+1}=\sin x_n,\quad \forall n\geqslant 1.$$

求证: 当 $n\to\infty$ 时, x_n 是 $\sqrt{\dfrac{3}{n}}$ 的等价无穷小.

证明 显然所有的 x_n 都是正数, 且 $x_{n+1}=\sin x_n<x_n$. 因此, 数列 $\{x_n\}_{n\geqslant 1}$ 严格单调下降且有下界. 设 x 是它的极限, 则 $x=\sin x$, 所以 $x=0$.

我们考虑数列 $\left\{\dfrac{3}{x_n^2}\right\}_{n\geqslant 1}$, 它严格单调递增至正无穷, 且

$$\lim_{n\to\infty}\frac{(n+1)-n}{\dfrac{3}{x_{n+1}^2}-\dfrac{3}{x_n^2}}=\lim_{n\to\infty}\frac{x_n^2\cdot x_{n+1}^2}{3(x_n^2-x_{n+1}^2)}=\lim_{n\to\infty}\frac{x_n^2\cdot\sin^2 x_n}{3(x_n+\sin x_n)(x_n-\sin x_n)}$$

$$=\lim_{n\to\infty}\frac{1}{3}\cdot\frac{x_n}{x_n+\sin x_n}\cdot\frac{x_n^3}{x_n-\sin x_n}=\frac{1}{3}\cdot\frac{1}{2}\cdot 6=1.$$

由斯托尔兹定理可知, $\lim\limits_{n\to\infty}\dfrac{n}{3/x_n^2}=1$.

□

练习 7.18 已知数列 $\{x_n\}_{n\geqslant 1}$ 满足 $x_1>0$ 且

$$x_{n+1}=\ln(1+x_n),\quad \forall n\geqslant 1.$$

求 $\lim\limits_{n\to\infty}nx_n$.

练习 7.19 已知数列 $\{x_n\}_{n\geqslant 1}$ 满足 $x_1>0$ 且

$$x_{n+1}=\arctan x_n,\quad \forall n\geqslant 1.$$

求 $\lim\limits_{n\to\infty}nx_n^2$.

7.7 泰 勒 公 式

本节中的函数都是实值的.

布鲁克・泰勒 (Brook Taylor, 1685—1731, 见图 7.12) 是英国数学家, 他的主要著作是 1715 年出版的《正的和反的增量方法》, 在这本书中泰勒提出了以他名字命名的公式, 但这

个公式在一开始并没有受到足够的重视. 拉格朗日高度评价了泰勒的公式, 将其誉为微分学的基石. 1712 年, 泰勒还加入了判决牛顿和莱布尼兹就微积分发明权的案子的委员会.

先说一下泰勒展开的基本想法. 我们最熟悉的函数应该是多项式, 即形如

$$P(x)=a_0+a_1x+a_2x^2+\cdots+a_nx^n$$

的函数, 这里 $a_0,a_1,\cdots,a_n$ 都是实数. 假设函数 f 在 0 的一个邻域内有定义, 我们不能指望 f 就是一个多项式, 只能退而求其次: 当 $x\to 0$ 时, f 是否可以用某个多项式逼近?

下面我们将进行一些不太严格的推导, 但可以得到一些很有启发性的结论或猜测. 假设当 $x\to 0$ 时, 有

$$f(x)=a_0+a_1x+a_2x^2+a_3x^3+\cdots+a_nx^n+\cdots,$$

最后的省略号表示一些我们尚不清楚的项 (次数更高的项). 如何确定系数 $a_0,a_1,\cdots,a_n$ 呢? 令 $x=0$, 可得

$$f(0)=a_0.$$

图 7.12　泰勒

求导得

$$f'(x)=a_1+2a_2x+3a_3x^2+\cdots+na_nx^{n-1}+\cdots,$$

令 $x=0$, 可得

$$f'(0)=a_1.$$

再次求导得

$$f''(x)=2a_2+6a_3x+\cdots+n(n-1)a_nx^{n-2}+\cdots,$$

令 $x=0$, 可得

$$f''(0)=2a_2.$$

类似可得

$$f^{(n)}(0)=n!\cdot a_n.$$

这样, 我们就确定了所有的系数 $a_0,a_1,\cdots,a_n$. 当然, 以上过程是不严格的, 但至少给我们指明了一个方向, 我们朝着它努力就行了.

定义 7.2　设 n 是一个正整数, 函数 f 在 x_0 处有 n 阶导数. 我们把

$$P_n(x)=f(x_0)+f'(x_0)(x-x_0)+\frac{f''(x_0)}{2!}(x-x_0)^2+\cdots+\frac{f^{(n)}(x_0)}{n!}(x-x_0)^n$$

称为函数 f 在 x_0 处的 n 次泰勒多项式, 把

$$R_n(x)=f(x)-P_n(x)$$

称为函数 f 在 x_0 处的 n 阶余项.

例 7.23 回顾一下指数函数的定义,

$$\mathrm{e}^x=\exp(x)=1+x+\frac{x^2}{2!}+\frac{x^3}{3!}+\cdots=\sum_{n=0}^{\infty}\frac{x^n}{n!}.$$

我们知道,

$$\exp'(x)=\exp(x),\quad \forall x\in\mathbb{R}.$$

对任意自然数 n, 都有

$$\exp^{(n)}(x)=\exp(x),\quad \forall x\in\mathbb{R}.$$

因此,

$$\exp^{(n)}(0)=1,\quad \forall n\in\mathbb{N}.$$

指数函数 e^x 在 $x_0=0$ 处的 n 次泰勒多项式

$$P_n(x)=1+x+\frac{x^2}{2!}+\frac{x^3}{3!}+\cdots+\frac{x^n}{n!},$$

也就是 e^x 的幂级数的前 $n+1$ 项 (从 0 次方到 n 次方). 这个事实对于 $\sin x,\cos x$ 等函数也是成立的.

指数函数 e^x 在 $x_0=0$ 处的 n 阶余项

$$R_n(x)=\mathrm{e}^x-P_n(x)=\mathrm{e}^x-\left(1+x+\frac{x^2}{2!}+\frac{x^3}{3!}+\cdots+\frac{x^n}{n!}\right).$$

特别地, $R_1(x)=\mathrm{e}^x-1-x, R_2(x)=\mathrm{e}^x-1-x-\dfrac{x^2}{2!}$.

练习 7.20 写出 $\cos x$ 在 $x_0=0$ 处的四次泰勒多项式和四阶余项.

练习 7.21 写出 $\sin x$ 在 $x_0=0$ 处的五次泰勒多项式和五阶余项.

练习 7.22 写出 x^2 在 $x_0=1$ 处的二次泰勒多项式和二阶余项.

练习 7.23 写出

$$f(x)=\begin{cases}0, & x\leqslant 0,\\ \mathrm{e}^{-\frac{1}{x}}, & x>0\end{cases}$$

在 $x_0=0$ 处的 n 次泰勒多项式.

定理 7.16 (带皮亚诺余项的泰勒公式) 设 n 是一个正整数, 函数 f 在 x_0 处有 n 阶导数, 则当 $x\to x_0$ 时, f 在 x_0 处的 n 阶余项 $R_n(x)$ 是 $(x-x_0)^n$ 的高阶无穷小. 换句话说,

$$f(x)=f(x_0)+f'(x_0)(x-x_0)+\frac{f''(x_0)}{2!}(x-x_0)^2+\cdots+\frac{f^{(n)}(x_0)}{n!}(x-x_0)^n+\mathrm{o}\big((x-x_0)^n\big)$$

注:我们把上述定理中的等式称为函数 f 在 x_0 处带皮亚诺余项的 n 阶泰勒公式 (也叫泰勒展开). 若 $x_0=0$, 相应的泰勒公式又称麦克劳林公式.

朱塞佩 · 皮亚诺 (Giuseppe Peano, 1858—1932, 见图 7.13) 是意大利数学家, 他提出了自然数的皮亚诺公理, 还有著名的填满了整个正方形的皮亚诺曲线.

科林 · 麦克劳林 (Colin Maclaurin, 1698—1746, 见图 7.13) 是英国数学家. 他在 1719 年访问伦敦的时候见到了牛顿, 从此拜入牛顿门下. 1742 年, 麦克劳林写下了名著《流数论》, 系统阐述了牛顿的流数法. 麦克劳林在代数方面也有所建树, 线性代数中的克莱姆法则 (的简单情况) 其实是麦克劳林首先提出来的. 麦克劳林终生不忘牛顿的栽培, 连他的墓碑上都写着"承蒙牛顿推荐"这几个字.

皮亚诺

麦克劳林

图 7.13　皮亚诺和麦克劳林

引理 7.3　设 n 是一个正整数, 函数 f 在 x_0 的一个邻域内有定义且 $f^{(n)}(x_0)$ 存在, 则函数 f 在 x_0 处的 n 次泰勒多项式 $P_n(x)$ 满足

$$P_n^{(k)}(x_0)=f_n^{(k)}(x_0),\quad \forall k\leqslant n.$$

函数 f 在 x_0 处的 n 阶余项 $R_n(x)$ 满足

$$R_n^{(k)}(x_0)=0,\quad \forall k\leqslant n.$$

证明　(1) 在

$$P_n(x)=f(x_0)+f'(x_0)(x-x_0)+\frac{f''(x_0)}{2!}(x-x_0)^2+\cdots+\frac{f^{(n)}(x_0)}{n!}(x-x_0)^n$$

中令 $x=x_0$, 得到 $P_n(x_0)=f(x_0)$. 将上式两边对 x 求导, 可得

$$P_n'(x)=f'(x_0)+f''(x_0)(x-x_0)+\cdots+\frac{f^{(n)}(x_0)}{(n-1)!}(x-x_0)^{n-1},$$

令 $x=x_0$, 得到 $P_n'(x_0)=f'(x_0)$. 继续求导并令 $x=x_0$, 不难发现

$$P_n^{(k)}(x_0)=f_n^{(k)}(x_0),\quad \forall k\leqslant n.$$

(2) 因为 $R_n(x)=f(x)-P_n(x)$, 所以

$$R_n^{(k)}(x_0)=f_n^{(k)}(x_0)-P_n^{(k)}(x_0)=0,\quad \forall k\leqslant n.$$

□

定理的证明 我们只需证明

$$\lim_{x\to x_0}\frac{R_n(x)}{(x-x_0)^n}=0.$$

引理 7.3 告诉我们, $R_n(x_0)=R_n'(x_0)=R_n''(x_0)=\cdots=R_n^{(n)}(x_0)=0$. 由柯西中值定理可知,

$$\begin{aligned}\frac{R_n(x)}{(x-x_0)^n}&=\frac{R_n(x)-R_n(x_0)}{(x-x_0)^n-0^n}=\frac{R_n'(x_1)}{n(x_1-x_0)^{n-1}}=\frac{R_n''(x_2)}{n(n-1)(x_2-x_0)^{n-2}}\\&=\cdots=\frac{R_n^{(n-1)}(x_{n-1})}{n!(x_{n-1}-x_0)}=\frac{R_n^{(n-1)}(x_{n-1})-R_n^{(n-1)}(x_0)}{n!(x_{n-1}-x_0)},\end{aligned}$$

这里 x_1 介于 x,x_0 之间, x_2 介于 x_1,x_0 之间, $\cdots$, x_{n-1} 介于 x_{n-2},x_0 之间. 当 $x\to x_0$ 时, 有 $x_{n-1}\to x_0$, 因此上式趋于 $\dfrac{R^{(n)}(x_0)}{n!}=0$.

□

例 7.24 (指数函数 e^x 的带皮亚诺余项的麦克劳林展开) 设 n 是一个正整数, 则当 $x\to 0$ 时,

$$\mathrm{e}^x=1+x+\frac{x^2}{2!}+\frac{x^3}{3!}+\cdots+\frac{x^n}{n!}+\mathrm{o}(x^n).$$

练习 7.24 写出 $\sin x,\cos x$ 的带皮亚诺余项的 $2n$ 阶麦克劳林展开.

练习 7.25 写出 $\ln(1+x)$ 和 $\ln(1-x)$ 的带皮亚诺余项的 n 阶麦克劳林展开.

例 7.25 设 a 是一个实数, 我们来写出 $f(x)=(1+x)^a$ 的带皮亚诺余项的 n 阶麦克劳林展开. 显然, $f'(x)=a(1+x)^{a-1}, f''(x)=a(a-1)(1+x)^{a-2}$. 更一般地, 对任意正整数 n,

$$f^{(n)}(x)=a(a-1)\cdots(a-n+1)(1+x)^{a-n}.$$

所以, $f^{(n)}(0)=a(a-1)\cdots(a-n+1)$. 对任意正整数 n, 我们引入记号

$$\binom{a}{n}=\frac{a(a-1)\cdots(a-n+1)}{n!},$$

并补充定义 $\dbinom{a}{0}=1$, 则当 $x\to 0$ 时,

$$\begin{aligned}(1+x)^a&=1+ax+\frac{a(a-1)}{2!}+\cdots+\frac{a(a-1)\cdots(a-n+1)}{n!}x^n+\mathrm{o}(x^n)\\&=\binom{a}{0}+\binom{a}{1}x+\binom{a}{1}x^2+\cdots+\binom{a}{n}x^n+\mathrm{o}(x^n)\\&=\sum_{k=0}^{n}\binom{a}{k}x^k+\mathrm{o}(x^n).\end{aligned}$$

比如, 当 $x \to 0$ 时,

$$(1+x)^{\frac{1}{2}} = \begin{pmatrix} \frac{1}{2} \\ 0 \end{pmatrix} + \begin{pmatrix} \frac{1}{2} \\ 1 \end{pmatrix} x + \begin{pmatrix} \frac{1}{2} \\ 2 \end{pmatrix} x^2 + \mathrm{o}(x^2) = 1 + \frac{1}{2}x + \frac{\frac{1}{2}\left(\frac{1}{2}-1\right)}{2!}x^2 + \mathrm{o}(x^2)$$

$$= 1 + \frac{1}{2}x - \frac{1}{8}x^2 + \mathrm{o}(x^2).$$

作为应用, 我们可以很快求出下面的极限:

$$\lim_{x\to 0} \frac{(1+x)^{\frac{1}{2}} - 1 - \frac{1}{2}x}{x^2} = \lim_{x\to 0} \frac{1 + \frac{1}{2}x - \frac{1}{8}x^2 + \mathrm{o}(x^2) - 1 - \frac{1}{2}x}{x^2}$$

$$= \lim_{x\to 0} \frac{-\frac{1}{8}x^2 + \mathrm{o}(x^2)}{x^2} = -\frac{1}{8}.$$

我们用类似的方法再求一个极限:

$$\lim_{x\to+\infty} \left(\sqrt[3]{x^3+3x^2} - \sqrt[4]{x^4-2x^3}\right)$$

$$= \lim_{x\to+\infty} x\left[\left(1+\frac{3}{x}\right)^{\frac{1}{3}} - \left(1-\frac{2}{x}\right)^{\frac{1}{4}}\right]$$

$$= \lim_{x\to+\infty} x\left[1 + \frac{1}{3}\cdot\frac{3}{x} + \mathrm{o}\left(\frac{3}{x}\right) - \left(1 + \frac{1}{4}\cdot\frac{-2}{x} + \mathrm{o}\left(\frac{-2}{x}\right)\right)\right] = \frac{3}{2}.$$

如果不用泰勒展开, 你会求这个极限吗?

练习 7.26　写出 $(1+x)^{-\frac{1}{2}}$ 的带皮亚诺余项的二阶麦克劳林展开.

练习 7.27　用泰勒展开求 $\lim\limits_{x\to 0} \dfrac{\sin(\sin x) - x}{x^3}$.

例 7.26　当 $x \to 0$ 时, 函数

$$f(x) = \begin{cases} x^3 \sin\dfrac{1}{x}, & x \neq 0, \\ 0, & x = 0 \end{cases}$$

满足

$$f(x) = f(0) + \mathrm{o}(x^2),$$

但

$$f'(x) = \begin{cases} 3x^2 \sin\dfrac{1}{x} - x\cos\dfrac{1}{x}, & x \neq 0, \\ 0, & x = 0. \end{cases}$$

因此, $f''(0)$ 不存在. 这个例子表明, 带皮亚诺余项的泰勒公式的逆命题是不成立的.

带皮亚诺余项的泰勒公式可以帮我们看清函数在一点处展开的各项的阶, 但它对余项的描述不够清楚, 只知道是一个高阶无穷小. 下面我们介绍一种更加精确的余项.

定理 7.17 (带拉格朗日余项的泰勒公式) 设 n 是一个正整数, 函数 f 在 x_0 的一个邻域 U 内有 $n+1$ 阶导数, 则对任意 $x \in U$, 有

$$\begin{aligned} f(x) =& f(x_0) + f'(x_0)(x-x_0) + \frac{f''(x_0)}{2!}(x-x_0)^2 + \cdots \\ &+ \frac{f^{(n)}(x_0)}{n!}(x-x_0)^n + \frac{f^{(n+1)}(\xi)}{(n+1)!}(x-x_0)^{n+1}. \end{aligned}$$

如果 $x \neq x_0$, 则 ξ 是介于 x, x_0 之间的某个数; 如果 $x = x_0$, 则 ξ 可以是 U 内的任意一个数.

注: 我们把

$$R_n(x) = f(x) - P_n(x) = \frac{f^{(n+1)}(\xi)}{(n+1)!}(x-x_0)^{n+1}$$

称为 f 在 x_0 处的 n 阶拉格朗日余项, 把上述定理的等式称为函数 f 在 x_0 处带拉格朗日余项的 n 阶泰勒展开.

证明 我们只需证明: 当 $x \in U$ 且 $x \neq x_0$ 时,

$$\frac{R_n(x)}{(x-x_0)^n} = \frac{f^{(n+1)}(\xi)}{(n+1)!}.$$

由 $R_n(x_0) = R_n'(x_0) = R_n''(x_0) = \cdots = R_n^{(n)}(x_0) = 0$, 并反复利用柯西中值定理, 我们有

$$\begin{aligned} \frac{R_n(x)}{(x-x_0)^{n+1}} &= \frac{R_n(x) - R_n(x_0)}{(x-x_0)^{n+1} - 0^{n+1}} = \frac{R_n'(x_1)}{(n+1)(x_1-x_0)^n} \\ &= \frac{R_n''(x_2)}{(n+1)n(x_2-x_0)^{n-1}} = \cdots = \frac{R_n^{(n)}(x_n)}{(n+1)!(x_n-x_0)} \\ &= \frac{R_n^{(n+1)}(\xi)}{(n+1)!} = \frac{f^{(n+1)}(\xi) - P_n^{(n+1)}(\xi)}{(n+1)!} = \frac{f^{(n+1)}(\xi)}{(n+1)!}, \end{aligned}$$

这里 x_1 介于 x, x_0 之间, x_2 介于 x_1, x_0 之间, $\cdots$, x_n 介于 x_{n-1}, x_0 之间, ξ 介于 x_n, x_0 之间. 最后一个等号成立是因为 n 次泰勒多项式 $P_n(x)$ 的 $n+1$ 阶导数恒为零.

□

假如 f 是一个 n 次多项式, 则它的 $n+1$ 阶以及更高阶的导数恒为零, 因此它在任何一点 x_0 处的 $k(k \geqslant n)$ 阶拉格朗日余项都是零, 因此多项式 f 在任何一点处阶数足够高的泰勒展开都是精确的, 即 f 等于它的次数足够高的泰勒多项式, 没有"尾巴". 比如, 二次多项式 $f(x) = x^2$ 在 $x_0 = 1$ 处的二阶泰勒多项式

$$P_2(x) = f(1) + f'(1)(x-1) + \frac{f''(1)}{2}(x-1)^2 = 1 + 2(x-1) + (x-1)^2,$$

因此

$$x^2 = 1 + 2(x-1) + (x-1)^2, \quad \forall x \in \mathbb{R}.$$

这是一个显然成立的恒等式.

例 7.27　指数函数 e^x 在 $x_0 = 0$ 处带拉格朗日余项的 n 阶泰勒展开是

$$\mathrm{e}^x = 1 + x + \frac{x^2}{2!} + \frac{x^3}{3!} + \cdots + \frac{x^n}{n!} + \frac{\mathrm{e}^{\xi} \cdot x^{n+1}}{(n+1)}, \quad \forall x \neq 0.$$

这里 ξ 是 $0, x$ 之间的某个数.

例 7.28 (再次证明 e 是无理数)　回顾一下 e 的定义,

$$\mathrm{e} = \exp(1) = 1 + \frac{1}{1!} + \frac{1}{2!} + \frac{1}{3!} + \cdots = \sum_{n=0}^{\infty} \frac{1}{n!}.$$

如果 e 是有理数, 则它的倒数 e^{-1} 也是有理数, 设 $\mathrm{e}^{-1} = \dfrac{m}{n}$, 这里 m, n 都是正整数. 我们写下指数函数 e^x 在 $x_0 = 0$ 处带拉格朗日余项的 n 阶泰勒公式 (见例 7.27) 并令 $x = -1$, 得到

$$\frac{m}{n} = \mathrm{e}^{-1} = 1 - 1 + \frac{1}{2!} - \frac{1}{3!} + \cdots + \frac{(-1)^n}{n!} + \frac{\mathrm{e}^{\xi} \cdot (-1)^{n+1}}{(n+1)!},$$

这里 ξ 是 -1 和 0 之间的某个数. 两边乘以 $n!$ 并移项, 得到

$$n!\Big(\frac{m}{n} - \frac{1}{2!} + \frac{1}{3!} - \cdots + \frac{(-1)^{n-1}}{n!}\Big) = \frac{\mathrm{e}^{\xi} \cdot (-1)^{n+1}}{n+1},$$

再取绝对值, 得到

$$n!\Big|\frac{m}{n} - \frac{1}{2!} + \frac{1}{3!} - \cdots + \frac{(-1)^{n-1}}{n!}\Big| = \frac{\mathrm{e}^{\xi}}{n+1} \in (0, 1),$$

但左边是一个整数, 矛盾!

练习 7.28　证明: 当 $x > 0$ 时, $\sqrt{1+x} > 1 + \dfrac{x}{2} - \dfrac{x^2}{8}$.

7.8　函数的凹凸性

这一节我们来说一下函数的凹凸性.

定义 7.3　设函数 f 定义在一个区间 I 上. 如果对任意 $x_1, x_2 \in I$, 以及满足 $t_1 + t_2 = 1$ 的任意 $t_1, t_2 \in (0, 1)$, 都有

$$t_1 f(x_1) + t_2 f(x_2) \geqslant f(t_1 x_1 + t_2 x_2),$$

则称 f 在区间 I 上是凸的 (convex), 或称 f 是区间 I 上的一个凸函数 (convex function). 如果上述不等号反向, 则称 f 在区间 I 上是凹的 (concave), 或称 f 是区间 I 上的一个凹

函数 (concave function). 如果当 $x_1 \neq x_2$ 时, 可以把 $\geqslant (\leqslant)$ 加强为 $> (<)$, 则称 f 是严格凸的 (凹的).

注: 上述定义中的不等式可以改写为

$$tf(x_1)+(1-t)f(x_2) \geqslant f\big(tx_1+(1-t)x_2\big), \quad \forall t \in (0,1).$$

我们把点 $\big(x_1, f(x_1)\big)$ 记为 A, 把点 $\big(x_2, f(x_2)\big)$ 记为 B, 则上述不等式表达的几何含义是: 除端点以外, 线段 AB 位于曲线 $y=f(x)$ 的上方 (见图 7.14).

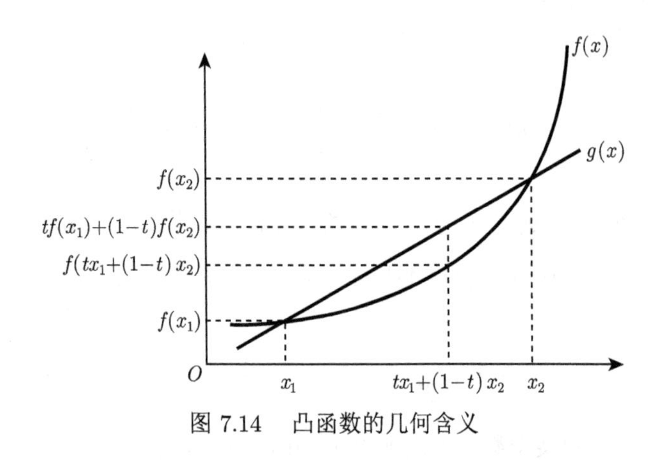

图 7.14　凸函数的几何含义

按照这个定义, 一次函数或者常值函数在 $\mathbb{R}$ 上既是凹的又是凸的. 有的书上关于凹凸性的定义和我们给出的刚好相反, 如同济大学数学系编的《高等数学》, 还有一些经济学的书籍. 但我们的定义与大部分数学专业的教材是一致的. 这不是一个严重的问题, 仅仅是习惯不同, 就好像英国人开车习惯靠左行驶, 而我们习惯靠右行驶, 并没有高下之分.

例 7.29　二次函数 $f(x)=x^2$ 在 $\mathbb{R}$ 上是凸的. 这几乎是唯一可以用定义来证明的凸函数. 设 x_1, x_2 是任意两个实数, $t_1, t_2 \in (0,1)$ 且 $t_1+t_2=1$, 我们来证明

$$t_1x_1^2+t_2x_2^2 \geqslant (t_1x_1+t_2x_2)^2.$$

两边做差,

$$\begin{aligned}
t_1x_1^2+t_2x_2^2-(t_1x_1+t_2x_2)^2 &= t_1x_1^2+t_2x_2^2-(t_1^2x_1^2+t_2^2x_2^2+2t_1t_2x_1x_2) \\
&= (t_1-t_1^2)x_1^2+(t_2-t_2^2)x_2^2-2t_1t_2x_1x_2 \\
&= t_1(1-t_1)x_1^2+t_2(1-t_2)x_2^2-2t_1t_2x_1x_2 \\
&= t_1t_2x_1^2+t_2t_1x_2^2-2t_1t_2x_1x_2 \\
&= t_1t_2(x_1-x_2)^2 \geqslant 0.
\end{aligned}$$

倒数第二个等号用到了 $t_1+t_2=1$.

指数函数 e^x 在 $\mathbb{R}$ 上是凸的, 但用定义很难证明

$$t_1 e^{x_1} + t_2 e^{x_2} \geqslant e^{t_1 x_1 + t_2 x_2}.$$

借助于拉格朗日中值定理, 我们很容易证明下面的定理.

定理 7.18 设函数 f 在闭区间 $[a,b]$ 上连续, 在开区间 (a,b) 内二阶可导.

(1) 如果 f'' 在 (a,b) 内始终大于零, 则 f 在 $[a,b]$ 上是严格凸的.

(2) 如果 f'' 在 (a,b) 内始终小于零, 则 f 在 $[a,b]$ 上是严格凹的.

如果把条件减弱为 f'' 在 (a,b) 内始终非负 (非正), 则 f 在 $[a,b]$ 上是凸的 (凹的). 另外还需注意, 这个定理中的条件是凸函数的充分条件. 有的凸函数不是处处可导的, 比如, 绝对值函数 $f(x)=|x|$ 在 $\mathbb{R}$ 上是凸的, 但它在 $x=0$ 处不可导, 自然也没有二阶导数.

证明 我们只证明 (1). 设 $x_1, x_2 \in I$, $x_1 \neq x_2$, $t_1, t_2 \in (0,1)$ 且 $t_1 + t_2 = 1$, 我们来证明

$$t_1 f(x_1) + t_2 f(x_2) > f(t_1 x_1 + t_2 x_2).$$

不妨设 $x_1 < x_2$, 则

$$\begin{aligned}
& t_1 f(x_1) + t_2 f(x_2) - f(t_1 x_1 + t_2 x_2) \\
=& t_1 f(x_1) + t_2 f(x_2) - (t_1 + t_2) f(t_1 x_1 + t_2 x_2) \\
=& t_2 \Big(f(x_2) - f(t_1 x_1 + t_2 x_2) \Big) + t_1 \Big(f(t_1 x_1 + t_2 x_2) - f(x_1) \Big) \\
=& t_2 f'(\alpha)(x_2 - t_1 x_1 - t_2 x_2) + t_1 f'(\beta)(t_1 x_1 + t_2 x_2 - x_1) \\
=& t_2 f'(\alpha) t_1 (x_2 - x_1) + t_1 f'(\beta) t_2 (x_2 - x_1) \\
=& t_1 t_2 (x_2 - x_1) \Big(f'(\alpha) - f'(\beta) \Big) > 0.
\end{aligned}$$

第三个等号用了拉格朗日中值定理, α 是 $t_1 x_1 + t_2 x_2$ 和 x_2 之间的某个数, β 是 x_1 和 $t_1 x_1 + t_2 x_2$ 之间的某个数, 所以 $\alpha > t_1 x_1 + t_2 x_2 > \beta$. 又因为 f'' 在 (a,b) 内始终大于零, 所以 f' 在 (a,b) 内严格单增, $f'(\alpha) > f'(\beta)$.

□

有了这个定理, 证明函数的凹凸性就变得很轻松了.

例 7.30 指数函数 e^x 在 $\mathbb{R}$ 上是严格凸的, 这是因为

$$(e^x)'' = (e^x)' = e^x > 0, \quad \forall x \in \mathbb{R}.$$

对数函数 $\ln x$ 在 $(0, +\infty)$ 上是严格凹的, 这是因为

$$(\ln x)'' = \left(\frac{1}{x}\right)' = -\frac{1}{x^2} < 0, \quad \forall x > 0.$$

指数函数 e^x 和对数函数 $\ln x$ 互为反函数, 凹凸性刚好相反, 非常合理.

例 7.31 如果 $a>1$，则幂函数 x^a 在 $(0,+\infty)$ 上是严格凸的, 这是因为

$$(x^a)''=a(a-1)x^{a-2}>0,\quad \forall x>0.$$

如果 $0<a<1$, 则幂函数 x^a 在 $(0,+\infty)$ 上是严格凹的.

例 7.32 因为 $(\sin x)''=-\sin x$, 所以 $(\sin x)''$ 在 $(0,\pi)$ 内小于零, 在 $(\pi,2\pi)$ 内大于零, 因此 $\sin x$ 在 $[0,\pi]$ 上是严格凹的, 在 $[\pi,2\pi]$ 上是严格凸的. 我们发现, 点 $(\pi,0)$ 是 $\sin x$ 凹凸性改变的地方, 我们把这样的点称为拐点 (inflection point).

很多教材都会强调: 拐点是曲线 $y=f(x)$(函数 f 的图像) 的拐点, 而不是函数 f 的拐点. 但作者觉得这个限制没有太大的必要, 所以我们会继续使用函数的拐点这个术语. 在例 7.32 中, $\sin x$ 的二阶导数在 $x=\pi$ 处刚好等于零. 但请大家注意, $(x_0,f(x_0))$ 是函数 f 的拐点, 并不等价于 $f''(x_0)=0$. 有可能 $(x_0,f(x_0))$ 是函数 f 的拐点但 $f''(x_0)$ 不存在, 也有可能 $f''(x_0)=0$ 但 f 在 x_0 两侧的凹凸性没有改变. 你能举出相应的例子吗?

定理 7.19 (琴生不等式) 设 $f(x)$ 是区间 I 上的凸函数, 则对 I 中的任意 n 个数 $x_1,x_2,\cdots,x_n$, 以及满足 $t_1+\cdots+t_n=1$ 的任意 $t_1,t_2,\cdots,t_n\in(0,1)$, 都有

$$t_1f(x_1)+\cdots+t_nf(x_n)\geqslant f(t_1x_1+\cdots+t_nx_n).$$

如果 f 是严格凸的, 则等号成立当且仅当 $x_1=x_2=\cdots=x_n$.

约翰 • 琴生 (Johan Jensen, 1859—1925, 见图 7.15) 是丹麦数学家、工程师, 也译作詹森. 琴生不等式还有积分的版本.

图 7.15 琴生

证明 我们先证明 $n=3$ 的情况, 即

$$t_1f(x_1)+t_2f(x_2)+t_3f(x_3)\geqslant f(t_1x_1+t_2x_2+t_3x_3),$$

这里 $x_1,x_2,x_3\in I,t_1,t_2,t_3\in(0,1)$ 且 $t_1+t_2+t_3=1$. 我们从右边出发,

$$\begin{aligned}
&f(t_1x_1+t_2x_2+t_3x_3)\\
=&f\left((t_1+t_2)\cdot\frac{t_1x_1+t_2x_2}{t_1+t_2}+t_3x_3\right)\\
\leqslant&(t_1+t_2)\cdot f\left(\frac{t_1x_1+t_2x_2}{t_1+t_2}\right)+t_3f(x_3)\\
=&(t_1+t_2)\cdot f\left(\frac{t_1}{t_1+t_2}x_1+\frac{t_2}{t_1+t_2}x_2\right)+t_3f(x_3)\\
\leqslant&(t_1+t_2)\cdot\left(\frac{t_1}{t_1+t_2}f(x_1)+\frac{t_2}{t_1+t_2}f(x_2)\right)+t_3f(x_3)\\
=&t_1f(x_1)+t_2f(x_2)+t_3f(x_3).
\end{aligned}$$

更一般的情况不难用归纳法证明, 留给读者.

□

例 7.33　作为琴生不等式的一个应用, 我们来证明 n 元均值不等式

$$\frac{a_1+a_2+\cdots+a_n}{n}\geqslant(a_1a_2\cdots a_n)^{\frac{1}{n}}.$$

这里 $n\geqslant 2$ 是一个正整数, $a_1,a_2,\cdots,a_n$ 是任意的非负实数.

如果存在某个 a_i 等于零, 则不等式的两边都是零. 因此, 我们只需要考虑 $a_1,a_2,\cdots,a_n$ 都是正数的情况. 我们知道指数函数 e^x 的值域为全体正实数, 因此存在实数 $b_1,b_2,\cdots,b_n$, 使得

$$\mathrm{e}^{b_i}=a_i,\quad i=1,2,\cdots,n.$$

因为 e^x 在 $\mathbb{R}$ 上是严格凸的, 由琴生不等式可知,

$$\frac{\mathrm{e}^{b_1}+\mathrm{e}^{b_2}+\cdots+\mathrm{e}^{b_n}}{n}\geqslant\mathrm{e}^{\frac{b_1+b_2+\cdots+b_n}{n}},$$

即

$$\frac{a_1+a_2+\cdots+a_n}{n}\geqslant(a_1a_2\cdots a_n)^{\frac{1}{n}}.$$

等号成立当且仅当 $b_1=b_2=\cdots=b_n$, 即 $a_1=a_2=\cdots=a_n$.

例 7.34　作为琴生不等式的另一个应用, 我们来求 $\sin A+\sin B+\sin C$ 的最大值, 这里 A,B,C 是某个三角形的 3 个内角.

我们知道正弦函数 $\sin x$ 在区间 $[0,\pi]$ 上是严格凹的. 由琴生不等式可知,

$$\frac{\sin A+\sin B+\sin C}{3}\leqslant\sin\frac{A+B+C}{3}=\sin\frac{\pi}{3}=\frac{\sqrt{3}}{2},$$

所以 $\sin A+\sin B+\sin C\leqslant\dfrac{3\sqrt{3}}{2}$, 等号成立当且仅当 $A=B=C=\dfrac{\pi}{3}$.

练习 7.29　在锐角三角形 ABC 中，求 $\cos A+\cos B+\cos C$ 的最大值. 如果去掉锐角三角形这个条件, 结论有变化吗?

练习 7.30 (本题很难)　设 $x\in\left(0,\dfrac{\pi}{2}\right)$, 证明: $\tan(\sin x)>\sin(\tan x)$.

提示: 令 $x_0=\arctan\dfrac{\pi}{2}$, 在区间 $(0,x_0)$ 和 $\left[x_0,\dfrac{\pi}{2}\right)$ 上分别证明上述不等式.

定理 7.20 (权方和不等式)　设 $m>0$, 则对任意正数 a_1,a_2,b_1,b_2, 有

$$\frac{a_1^{m+1}}{b_1^m}+\frac{a_2^{m+1}}{b_2^m}\geqslant\frac{(a_1+a_2)^{m+1}}{(b_1+b_2)^m},$$

等号成立当且仅当 $\dfrac{a_1}{b_1}=\dfrac{a_2}{b_2}$.

证明　令 $f(x)=x^{m+1}$, 则 $f(x)$ 是 $(0,+\infty)$ 上的严格凸函数. 由琴生不等式, 我们有

$$\frac{b_1}{b_1+b_2}f\left(\frac{a_1}{b_1}\right)+\frac{b_2}{b_1+b_2}f\left(\frac{a_2}{b_2}\right)\geqslant f\left(\frac{b_1}{b_1+b_2}\cdot\frac{a_1}{b_1}+\frac{b_2}{b_1+b_2}\cdot\frac{a_2}{b_2}\right),$$

即

$$\frac{b_1}{b_1+b_2}\Big(\frac{a_1}{b_1}\Big)^{m+1}+\frac{b_2}{b_1+b_2}\Big(\frac{a_2}{b_2}\Big)^{m+1}\geqslant\Big(\frac{a_1+a_2}{b_1+b_2}\Big)^{m+1},$$

两边乘以 b_1+b_2 即得结果. 等号成立的条件是显然的.

□

练习 7.31 已知 $x\in\Big(0,\dfrac{\pi}{2}\Big)$, 求 $\dfrac{1}{\sin x}+\dfrac{8}{\cos x}$ 的最小值.

定理 7.21 (幂平均不等式) 设 n 是一个正整数, $p>q>0$, 则对任意正数 $a_1,a_2,\cdots,a_n$, 都有

$$\Big(\frac{a_1^p+a_2^p+\cdots+a_n^p}{n}\Big)^{\frac{1}{p}}\geqslant\Big(\frac{a_1^q+a_2^q+\cdots+a_n^q}{n}\Big)^{\frac{1}{q}},$$

等号成立当且仅当 $a_1=a_2=\cdots=a_n$.

证明 令 $f(x)=x^{\frac{p}{q}}$, 则 $f(x)$ 在 $(0,+\infty)$ 上是严格凸的. 由琴生不等式, 我们有

$$\frac{f(a_1^q)+f(a_2^q)\cdots+f(a_n^q)}{n}\geqslant f\Big(\frac{a_1^q+a_2^q\cdots+a_n^q}{n}\Big),$$

即

$$\frac{a_1^p+a_2^p+\cdots+a_n^p}{n}\geqslant\Big(\frac{a_1^q+a_2^q+\cdots+a_n^q}{n}\Big)^{\frac{p}{q}},$$

两边开 p 次方即得结果. 等号成立当且仅当 $a_1^q=a_2^q=\cdots=a_n^q$, 即 $a_1=a_2=\cdots=a_n$.

□

练习 7.32 设 $a,b,c>0$ 且 $ab+bc+ca=3$, 证明:

$$a^5+b^5+c^5+a^3(b^2+c^2)+b^3(c^2+a^2)+c^3(a^2+b^2)\geqslant 9.$$

提示：左边等于 $(a^3+b^3+c^3)(a^2+b^2+c^2)$.

第 8 章 原 函 数

8.1 原函数的定义

定义 8.1 设函数 F, f 都在 $\mathbb{R}$ 的一个非空开集 I 上有定义. 若

$$F'(x) = f(x), \quad \forall x \in I,$$

则称 F 是 f 在开集 I 上的一个原函数 (antiderivative).

注: 若 F 是 f 在开集 I 上的一个原函数, 则 F 加上任何一个常数也是 f 在开集 I 上的一个原函数, 因此原函数如果存在的话肯定不是唯一的, 而是有无穷多个. 如果 I 是一个开区间 (而不是多个开区间的并), F, G 都是 f 在 I 上的原函数, 则由拉格朗日中值定理的推论可知, F 和 G 相差一个常数.

很多人把 f 的所有原函数构成的集合称为 f 的不定积分 (indefinite integral), 并记为 $\int f(x)\mathrm{d}x$. 比如

$$\int 2x\,\mathrm{d}x = \{x^2 + C \mid C \in \mathbb{R}\}.$$

因为写一个集合比较麻烦, 所以我们经常简写为

$$\int 2x\,\mathrm{d}x = x^2 + C,$$

强调一下: 这里 C 是一个任意的常数. 不定积分这个概念连同它的记号有点令人费解, 所以我们不准备大量使用它们.

例 8.1 因为

$$(x^3)' = 3x^2, \quad \forall x \in \mathbb{R},$$

所以 x^3 是 $3x^2$ 在 $\mathbb{R}$ 上的一个原函数.

例 8.2 因为

$$(\mathrm{e}^x)' = \mathrm{e}^x, \quad \forall x \in \mathbb{R},$$

所以 e^x 是 e^x 在 $\mathbb{R}$ 上的一个原函数.

练习 8.1 求出 e^{2x} 在 $\mathbb{R}$ 上的一个原函数.

例 8.3 因为

$$(\mathrm{e}^x + \mathrm{e}^{-x})' = \mathrm{e}^x - \mathrm{e}^{-x}, \quad \forall x \in \mathbb{R},$$

所以 $\mathrm{e}^x + \mathrm{e}^{-x}$ 是 $\mathrm{e}^x - \mathrm{e}^{-x}$ 在 $\mathbb{R}$ 上的一个原函数. 上式两边除以 2, 我们就得到了

$$\left(\frac{\mathrm{e}^x + \mathrm{e}^{-x}}{2}\right)' = \frac{\mathrm{e}^x - \mathrm{e}^{-x}}{2}.$$

我们把 $\cosh x = \dfrac{e^x + e^{-x}}{2}$ 称为双曲余弦函数, 它是定义在 $\mathbb{R}$ 上的一个偶函数. 因此, 上式即

$$(\cosh x)' = \sinh x.$$

与 $(\cos x)' = -\sin x$ 相比, 少了一个负号.

练习 8.2 求出 $e^x + e^{-x}$ 在 $\mathbb{R}$ 上的一个原函数.

例 8.4 因为

$$(\sin x)' = \cos x, \quad \forall x \in \mathbb{R},$$

所以 $\sin x$ 是 $\cos x$ 在 $\mathbb{R}$ 上的一个原函数. 类似地, 因为

$$(-\cos x)' = \sin x, \quad \forall x \in \mathbb{R},$$

所以 $-\cos x$ 是 $\sin x$ 在 $\mathbb{R}$ 上的一个原函数.

练习 8.3 求出 $\cos x - \sin x$ 在 $\mathbb{R}$ 上的一个原函数.

练习 8.4 求出 $\cos x + \sin x$ 在 $\mathbb{R}$ 上的一个原函数.

例 8.5 因为

$$(\arcsin x)' = \frac{1}{\sqrt{1-x^2}}, \quad \forall x \in (-1,1),$$

所以 $\arcsin x$ 是 $\dfrac{1}{\sqrt{1-x^2}}$ 在 $(-1,1)$ 上的一个原函数.

例 8.6 因为

$$(\arctan x)' = \frac{1}{1+x^2}, \quad \forall x \in \mathbb{R},$$

所以 $\arctan x$ 是 $\dfrac{1}{1+x^2}$ 在 $\mathbb{R}$ 上的一个原函数.

例 8.7 反双曲正弦函数 $\sinh^{-1} x = \ln(\sqrt{x^2+1}+x)$, 它的导数

$$\left(\ln(\sqrt{x^2+1}+x)\right)' = \frac{1}{\sqrt{1+x^2}}, \quad \forall x \in \mathbb{R},$$

所以 $\sinh^{-1} x = \ln(\sqrt{x^2+1}+x)$ 是 $\dfrac{1}{\sqrt{1+x^2}}$ 在 $\mathbb{R}$ 上的一个原函数. 这个结果有点复杂, 希望大家能把它记住.

例 8.8 因为

$$(\tan x)' = \sec^2 x, \quad \forall x \neq \left(k+\frac{1}{2}\right)\pi, k \in \mathbb{Z},$$

所以 $\tan x$ 是 $\sec^2 x$ 在 $\mathbb{R} \setminus \left\{\left(k+\dfrac{1}{2}\right)\pi \middle| k \in \mathbb{Z}\right\}$ 上的一个原函数.

不难发现, 只要熟记之前讲过的求导公式, 你就可以轻松写出很多函数的原函数. 当然, 有的函数的原函数不那么容易写出, 需要思考一下.

例 8.9 我们来求 $\tan^2 x$ 在 $\mathbb{R}\setminus\left\{\left(k+\frac{1}{2}\right)\pi\middle|k\in\mathbb{Z}\right\}$ 上的一个原函数. 我们可能一下子想不到哪个函数的导数是 $\tan^2 x$. 这个时候就需要利用初等数学中的一些恒等式. 因为 $\sec^2 x = 1+\tan^2 x$,

$$\tan^2 x = \sec^2 x - 1 = (\tan x - x)', \quad \forall x \neq \left(k+\frac{1}{2}\right)\pi, k\in\mathbb{Z},$$

所以 $\tan x - x$ 是 $\tan^2 x$ 在 $\mathbb{R}\setminus\left\{\left(k+\frac{1}{2}\right)\pi\middle|k\in\mathbb{Z}\right\}$ 上的一个原函数.

不难看出, 学好初等数学是学好高等数学的必要条件.

练习 8.5 求出 $\csc^2 x$ 和 $\cot^2 x$ 在 $\mathbb{R}\setminus\{k\pi|k\in\mathbb{Z}\}$ 上的一个原函数.

例 8.10 设 C_1, C_2 都是常数, 则当 $x>0$ 时,

$$(\ln x + C_1)' = \frac{1}{x}.$$

当 $x<0$ 时,

$$\big(\ln(-x)+C_2\big)' = \frac{1}{-x}\cdot(-1) = \frac{1}{x}.$$

这是否意味着, 函数 $\frac{1}{x}$ 的原函数一定形如 $\ln|x|+C$ 呢?

答案是否定的. 比如, 函数

$$f(x) = \begin{cases} \ln x + 1, & x>0, \\ \ln(-x)+2, & x<0 \end{cases}$$

是 $\frac{1}{x}$ 的一个原函数, 但它却不能用 $\ln|x|+C$ 表示出来. 原因在于 $\frac{1}{x}$ 的定义域 $(-\infty,0)\cup(0,+\infty)$ 不是一个开区间, 而是两个开区间的并. 上述 C_1, C_2 是独立的, 没有任何关系.

例 8.11 我们来求出 $\cos^2 x$ 在 $\mathbb{R}$ 上的一个原函数. 由二倍角公式可知,

$$\cos^2 x = \frac{1+\cos 2x}{2} = \left(\frac{x}{2}+\frac{\sin 2x}{4}\right)'.$$

所以 $\frac{x}{2}+\frac{\sin 2x}{4}$ 是 $\cos^2 x$ 在 $\mathbb{R}$ 上的一个原函数.

练习 8.6 求出 $\sin^2 x$ 在 $\mathbb{R}$ 上的一个原函数.

例 8.12 我们来求出 $\cos^3 x$ 在 $\mathbb{R}$ 上的一个原函数. 我们在第 1 章中讲到过余弦的三倍角公式

$$\cos 3x = 4\cos^3 x - 3\cos x.$$

由此可得

$$\cos^3 x = \frac{\cos 3x + 3\cos x}{4} = \left(\frac{1}{12}\sin 3x + \frac{3}{4}\sin x\right)'.$$

因此 $\frac{1}{12}\sin 3x + \frac{3}{4}\sin x$ 是 $\cos^3 x$ 在 $\mathbb{R}$ 上的一个原函数.

练习 8.7 求出 $\sin^3 x$ 在 $\mathbb{R}$ 上的一个原函数.

学习完本节的内容, 相信大家对求原函数已经有了一个较为直观的感受: 基本上就是把求导逆过来. 我们在小学的时候, 先学习了乘法, 背了乘法表, 然后再学习除法. 除法就是把乘法逆过来: 因为 $2\times 3=6$, 所以 $6\div 3=2$. 一开始有点别扭, 但慢慢就习惯了. 很快地, 我们就能不假思索地写出 $21\div 7=3, 144\div 18=8$ 这样更复杂的等式. 求原函数也是差不多的情况, 我们首先要记住常见函数的导数, 也就是背出导数表, 然后反着用这个导数表, 记住常见函数的原函数. 结合导数的运算法则 (比如, 和的导数等于导数的和, 差的导数等于导数的差), 就能写出更复杂的函数的原函数了.

例 8.13 写出 $(x+1)^2$ 的一个原函数.

因为

$$(x+1)^2=x^2+2x+1=\left(\frac{x^3}{3}+x^2+x\right)',$$

所以 $\dfrac{x^3}{3}+x^2+x$ 是 $(x+1)^2$ 在 $\mathbb{R}$ 上的一个原函数.

8.2 用变量替换法求原函数

在上一节中, 我们写出了一些简单函数的原函数. 本节我们来研究一些更复杂的函数的原函数.

例 8.14 我们换种方法, 求出 $(x+1)^2$ 的一个原函数.

因为 $(x+1)'=1$, 由复合函数的求导法则可知,

$$(x+1)^2=(x+1)^2\cdot(x+1)'=\left(\frac{(x+1)^3}{3}\right)',$$

所以 $\dfrac{(x+1)^3}{3}$ 是 $(x+1)^2$ 在 $\mathbb{R}$ 上的一个原函数. 这个结果和例 8.13 的结果矛盾吗?

练习 8.8 写出 $(x+1)^{2021}$ 的一个原函数.

例 8.15 写出 $\cos^3 x$ 的一个原函数.

利用 $(\sin x)'=\cos x$, 我们可以把 $\cos^3 x$ 改写为

$$\cos^2 x\cdot(\sin x)'=(1-\sin^2 x)\cdot(\sin x)'.$$

由复合函数的求导法则可知, 上式即

$$\left(\sin x-\frac{\sin^3 x}{3}\right)'.$$

因此, $\sin x-\dfrac{\sin^3 x}{3}$ 是 $\cos^3 x$ 在 $\mathbb{R}$ 上的一个原函数.

我们在第 1 章中讲到过正弦的三倍角公式

$$\sin 3x=3\sin x-4\sin^3 x\Longrightarrow \sin^3 x=\frac{3\sin x-\sin 3x}{4},$$

因此

$$\sin x - \frac{\sin^3 x}{3} = \sin x - \frac{3\sin x - \sin 3x}{12} = \frac{1}{12}\sin 3x + \frac{3}{4}\sin x.$$

因为三角函数有很多恒等式, 所以同一个函数可能有许多不同的形式, 希望大家能记住这一点. 如果你用两种方法求某个函数的原函数, 得到的结果看上去很不一样, 这时就应该想一想, 会不会背后有一个恒等式?

练习 8.9 写出 $\sin^3 x$ 在 $\mathbb{R}$ 上的一个原函数.

我们把上面的两个例子抽象一下: 假设函数 g 在开集 I 上可导, 且 $F' = f$. 令 $u = g(x)$, 则由复合函数求导的链式法则可知,

$$\frac{\mathrm{d}}{\mathrm{d}x}F(u) = F'(u)\cdot u'(x) = f\big(g(x)\big)\cdot g'(x).$$

定理 8.1 (利用变量替换法求原函数) 假设函数 g 在开集 I 上可导, 且 $F' = f$. 令 $u = g(x)$, 则 $F(u) = F\big(g(x)\big)$ 是 $f\big(g(x)\big)\cdot g'(x)$ 在开集 I 上的一个原函数.

变量替换法也叫换元法, 它的本质就是复合函数求导的链式法则. 在大多数时候, 我们并不需要把变量替换的过程写出来.

例 8.16 因为

$$\frac{1}{2x+3} = \frac{1}{2}\cdot\frac{1}{2x+3}\cdot(2x+3)' = \Big(\frac{1}{2}\ln|2x+3|\Big)',$$

所以 $\frac{1}{2}\ln|2x+3|$ 是 $\frac{1}{2x+3}$ 在 $\mathbb{R}\setminus\Big\{-\frac{3}{2}\Big\}$ 上的一个原函数.

例 8.17 因为

$$\frac{x}{x^2+1} = \frac{1}{2}\cdot\frac{1}{x^2+1}\cdot(x^2+1)' = \Big(\frac{1}{2}\ln(x^2+1)\Big)',$$

所以 $\frac{1}{2}\ln(x^2+1)$ 是 $\frac{x}{x^2+1}$ 在 $\mathbb{R}$ 上的一个原函数.

例 8.18 我们来求 $\frac{2\cos x}{\cos x+\sin x}$ 的一个原函数.

因为

$$2\cos x = (\cos x+\sin x) + (\cos x - \sin x) = (\cos x+\sin x) + (\cos x+\sin x)',$$

于是

$$\frac{2\cos x}{\cos x+\sin x} = 1 + \frac{(\cos x+\sin x)'}{\cos x+\sin x} = \big(x+\ln|\cos x+\sin x|\big)',$$

所以 $x+\ln|\cos x+\sin x|$ 是 $\frac{2\cos x}{\cos x+\sin x}$ 的一个原函数. 在本例中, 我们没有提及求导发生的开集 I, 你可以认为 I 是让 $\cos x+\sin x$ 始终大于零或者始终小于零的一个开区间.

练习 8.10 求出 $\dfrac{\sin x}{\cos x+\sin x}$ 的一个原函数.

练习 8.11 求出 $\dfrac{\cos x+2\sin x}{3\cos x+4\sin x}$ 的一个原函数.

例 8.19 设 $a>0$, 我们来求 $\dfrac{1}{x^2+a^2}$ 在 $\mathbb{R}$ 上的一个原函数.

因为

$$\frac{1}{x^2+a^2}=\frac{1}{a^2}\cdot\frac{1}{\left(\dfrac{x}{a}\right)^2+1}=\frac{1}{a}\cdot\frac{1}{\left(\dfrac{x}{a}\right)^2+1}\cdot\left(\frac{x}{a}\right)'=\left(\frac{1}{a}\arctan\frac{x}{a}\right)',$$

所以 $\dfrac{1}{a}\arctan\dfrac{x}{a}$ 是 $\dfrac{1}{x^2+a^2}$ 在 $\mathbb{R}$ 上的一个原函数.

例 8.20 我们来求 $\dfrac{1}{x^2+x+1}$ 在 $\mathbb{R}$ 上的一个原函数. 首先, 分母可以配方,

$$x^2+x+1=\left(x+\frac{1}{2}\right)^2+\frac{3}{4}=\left(x+\frac{1}{2}\right)^2+\left(\frac{\sqrt{3}}{2}\right)^2.$$

于是

$$\begin{aligned}\frac{1}{x^2+x+1}&=\frac{1}{\left(x+\dfrac{1}{2}\right)^2+\left(\dfrac{\sqrt{3}}{2}\right)^2}=\frac{2}{\sqrt{3}}\cdot\frac{1}{\left(\dfrac{2x+1}{\sqrt{3}}\right)^2+1}\cdot\left(\frac{2x+1}{\sqrt{3}}\right)'\\&=\left(\frac{2}{\sqrt{3}}\arctan\frac{2x+1}{\sqrt{3}}\right)',\end{aligned}$$

所以 $\dfrac{2}{\sqrt{3}}\arctan\dfrac{2x+1}{\sqrt{3}}$ 是 $\dfrac{1}{x^2+x+1}$ 在 $\mathbb{R}$ 上的一个原函数.

例 8.21 我们来求 $\dfrac{1}{(1+x^2)^2}$ 在 $\mathbb{R}$ 上的一个原函数.

令 $x=\tan u$, 则 $u=\arctan x, \dfrac{\mathrm{d}u}{\mathrm{d}x}=\dfrac{1}{1+x^2}$. 所以

$$\begin{aligned}\frac{1}{(1+x^2)^2}&=\frac{1}{1+x^2}\cdot\frac{\mathrm{d}u}{\mathrm{d}x}=\frac{1}{1+\tan^2 u}\cdot\frac{\mathrm{d}u}{\mathrm{d}x}=\cos^2 u\cdot\frac{\mathrm{d}u}{\mathrm{d}x}\\&=\frac{1+\cos 2u}{2}\cdot\frac{\mathrm{d}u}{\mathrm{d}x}=\frac{\mathrm{d}}{\mathrm{d}u}\left(\frac{u}{2}+\frac{\sin 2u}{4}\right)\cdot\frac{\mathrm{d}u}{\mathrm{d}x}=\frac{\mathrm{d}}{\mathrm{d}x}\left(\frac{u}{2}+\frac{\sin 2u}{4}\right),\end{aligned}$$

所以

$$\frac{u}{2}+\frac{\sin 2u}{4}=\frac{u}{2}+\frac{\tan u}{2(1+\tan^2 u)}=\frac{\arctan x}{2}+\frac{x}{2(1+x^2)}$$

是 $\dfrac{1}{(1+x^2)^2}$ 在 $\mathbb{R}$ 上的一个原函数.

8.3　用莱布尼兹法则求原函数

回忆一下对函数乘积求导的莱布尼兹法则: 如果 f, g 均可导, 则 fg 也可导, 且

$$(fg)' = f'g + fg'.$$

移项可以得到

$$fg' = (fg)' - f'g.$$

如果 $f'g$ 的原函数比较容易求出, 我们就可以利用上式求得 fg' 的一个原函数. 下面举例说明.

很多书把这种方法称为分部积分法 (这里的积分指的是不定积分或者原函数).

例 8.22　我们来求 $x\mathrm{e}^x$ 在 $\mathbb{R}$ 上的一个原函数.

因为 $(\mathrm{e}^x)' = \mathrm{e}^x$, 所以

$$x\mathrm{e}^x = x(\mathrm{e}^x)' = (x\mathrm{e}^x)' - x'\mathrm{e}^x = \big(x\mathrm{e}^x - \mathrm{e}^x\big)'.$$

因此 $x\mathrm{e}^x - \mathrm{e}^x = (x-1)\mathrm{e}^x$ 是 $x\mathrm{e}^x$ 在 $\mathbb{R}$ 上的一个原函数.

例 8.23　我们再来求 $x^2\mathrm{e}^x$ 在 $\mathbb{R}$ 上的一个原函数.

同样是因为 $(\mathrm{e}^x)' = \mathrm{e}^x$,

$$x^2\mathrm{e}^x = x^2(\mathrm{e}^x)' = (x^2\mathrm{e}^x)' - (x^2)'\mathrm{e}^x = (x^2\mathrm{e}^x)' - 2x\mathrm{e}^x.$$

由例 8.22 的结果可知, $x\mathrm{e}^x = \big(x\mathrm{e}^x - \mathrm{e}^x\big)'$, 因此

$$x^2\mathrm{e}^x = (x^2\mathrm{e}^x)' - 2\big(x\mathrm{e}^x - \mathrm{e}^x\big)' = \big(x^2\mathrm{e}^x - 2x\mathrm{e}^x + 2\mathrm{e}^x\big)'.$$

所以 $x^2\mathrm{e}^x - 2x\mathrm{e}^x + 2\mathrm{e}^x = (x^2 - 2x + 2)\mathrm{e}^x$ 是 $x^2\mathrm{e}^x$ 在 $\mathbb{R}$ 上的一个原函数.

练习 8.12　求出 $x^3\mathrm{e}^x$ 在 $\mathbb{R}$ 上的一个原函数.

练习 8.13　设 n 是一个正整数, 用数学归纳法证明:

$$\big[x^n - nx^{n-1} + n(n-1)x^{n-1} - n(n-1)(n-2)x^{n-2} + \cdots + (-1)^n n!\big]\mathrm{e}^x$$

是 $x^n\mathrm{e}^x$ 在 $\mathbb{R}$ 上的一个原函数.

例 8.24　我们来求 $x\cos x$ 在 $\mathbb{R}$ 上的一个原函数.

因为 $(\sin x)' = \cos x$, 所以

$$x\cos x = x(\sin x)' = (x\sin x)' - x'\sin x = (x\sin x + \cos x)'.$$

因此 $x\sin x + \cos x$ 是 $x\cos x$ 在 $\mathbb{R}$ 上的一个原函数.

练习 8.14　求出 $x\sin x$ 在 $\mathbb{R}$ 上的一个原函数.

例 8.25 我们来求 $\ln x$ 在 $(0,+\infty)$ 上的一个原函数.

因为 $x'=1$, 所以

$$\ln x = x'\cdot\ln x = (x\ln x)' - x(\ln x)' = (x\ln x)' - 1 = (x\ln x - x)'.$$

因此 $x\ln x - x = x(\ln x - 1)$ 是 $\ln x$ 在 $(0,+\infty)$ 上的一个原函数.

例 8.26 我们来求 $\arctan x$ 在 $\mathbb{R}$ 上的一个原函数.

同样因为 $x'=1$, 我们有

$$\begin{aligned}\arctan x &= x'\cdot\arctan x = (x\arctan x)' - x(\arctan x)'\\ &= (x\arctan x)' - \frac{x}{1+x^2} = \Big(x\arctan x - \frac{1}{2}\ln(1+x^2)\Big)'.\end{aligned}$$

因此 $x\arctan x - \dfrac{1}{2}\ln(1+x^2)$ 是 $\arctan x$ 在 $\mathbb{R}$ 上的一个原函数.

练习 8.15 求 $\arcsin x$ 在 $(-1,1)$ 上的一个原函数.

例 8.27 我们来求 $\sqrt{1+x^2}$ 在 $\mathbb{R}$ 上的一个原函数.

因为 $x'=1$, 所以

$$\begin{aligned}\sqrt{1+x^2} &= x'\cdot\sqrt{1+x^2} = \big(x\sqrt{1+x^2}\big)' - x\cdot\big(\sqrt{1+x^2}\big)'\\ &= \big(x\sqrt{1+x^2}\big)' - x\cdot\frac{x}{\sqrt{1+x^2}} = \big(x\sqrt{1+x^2}\big)' - \frac{x^2+1-1}{\sqrt{1+x^2}}\\ &= \big(x\sqrt{1+x^2}\big)' - \sqrt{1+x^2} + \frac{1}{\sqrt{1+x^2}},\end{aligned}$$

移项, 得到

$$2\sqrt{1+x^2} = \Big(x\sqrt{1+x^2} + \ln(\sqrt{1+x^2}+x)\Big)'.$$

因此 $\dfrac{x\sqrt{1+x^2}+\ln(\sqrt{1+x^2}+x)}{2}$ 是 $\sqrt{1+x^2}$ 在 $\mathbb{R}$ 上的一个原函数.

练习 8.16 求 $\sqrt{1-x^2}$ 在 $(-1,1)$ 上的一个原函数.

例 8.28 我们来求 $\mathrm{e}^x\cos x$ 在 $\mathbb{R}$ 上的一个原函数. 因为 $(\sin x)'=\cos x, (\cos x)' = -\sin x$, 所以

$$\begin{aligned}\mathrm{e}^x\cos x &= \mathrm{e}^x(\sin x)' = (\mathrm{e}^x\sin x)' - (\mathrm{e}^x)'\sin x = (\mathrm{e}^x\sin x)' - \mathrm{e}^x\sin x\\ &= (\mathrm{e}^x\sin x)' + \mathrm{e}^x(\cos x)' = (\mathrm{e}^x\sin x)' + (\mathrm{e}^x\cos x)' - (\mathrm{e}^x)'\cos x\\ &= (\mathrm{e}^x\sin x + \mathrm{e}^x\cos x)' - \mathrm{e}^x\cos x,\end{aligned}$$

或者利用 $(\mathrm{e}^x)'=\mathrm{e}^x$, 我们有

$$\mathrm{e}^x\cos x = (\mathrm{e}^x)'\cos x = (\mathrm{e}^x\cos x)' - \mathrm{e}^x(\cos x)' = (\mathrm{e}^x\cos x)' + \mathrm{e}^x\sin x$$

$$= (\mathrm{e}^x\cos x)' + (\mathrm{e}^x)'\sin x = (\mathrm{e}^x\cos x)' + (\mathrm{e}^x\sin x)' - \mathrm{e}^x(\sin x)'$$
$$= (\mathrm{e}^x\sin x + \mathrm{e}^x\cos x)' - \mathrm{e}^x\cos x,$$

移项并除以 2, 得到

$$\mathrm{e}^x\cos x = \left(\mathrm{e}^x\cdot\frac{\sin x+\cos x}{2}\right)'.$$

因此 $\mathrm{e}^x\cdot\dfrac{\sin x+\cos x}{2}$ 是 $\mathrm{e}^x\cos x$ 在 $\mathbb{R}$ 上的一个原函数.

我们也可以换个角度 (也许更容易理解): 先计算 $\mathrm{e}^x\cos x$ 的导数. 由莱布尼兹法则可知,

$$(\mathrm{e}^x\cos x)' = (\mathrm{e}^x)'\cos x + \mathrm{e}^x(\cos x)' = \mathrm{e}^x\cos x - \mathrm{e}^x\sin x.$$

类似地, 计算 $\mathrm{e}^x\sin x$ 的导数, 得到

$$(\mathrm{e}^x\sin x)' = (\mathrm{e}^x)'\sin x + \mathrm{e}^x(\sin x)' = \mathrm{e}^x\sin x + \mathrm{e}^x\cos x.$$

把上面的两个式子相加除以 2 以及相减除以 2, 我们就能分别得到

$$\left(\mathrm{e}^x\cdot\frac{\sin x+\cos x}{2}\right)' = \mathrm{e}^x\cos x,\quad \left(\mathrm{e}^x\cdot\frac{\sin x-\cos x}{2}\right)' = \mathrm{e}^x\sin x.$$

这个方法的缺点在于: 你需要猜到 $\mathrm{e}^x\cos x$ 的原函数由哪些项构成.

练习 8.17 设 a,b 是两个非零实数, 先计算 $(\mathrm{e}^{ax}\cos bx)'$ 和 $(\mathrm{e}^{ax}\sin bx)'$, 再求出 $\mathrm{e}^{ax}\cos bx$ 和 $\mathrm{e}^{ax}\sin bx$ 在 $\mathbb{R}$ 上的一个原函数.

练习 8.18 设 a,b 是两个非零实数, 由

$$\left(\mathrm{e}^{(a+\mathrm{i}b)x}\right)' = (a+\mathrm{i}b)\mathrm{e}^{(a+\mathrm{i}b)x},$$

求出 $\mathrm{e}^{ax}\cos bx$ 和 $\mathrm{e}^{ax}\sin bx$ 在 $\mathbb{R}$ 上的一个原函数.

8.4 有理函数的原函数

这一节我们来研究有理函数的原函数. 我们先来看几个简单的例子.

例 8.29 我们来求 $\dfrac{x^2}{x+1}$ 在 $\mathbb{R}\setminus\{-1\}$ 上的一个原函数. 注意到分子是二次的, 分母是一次的, 我们把 $\dfrac{x^2}{x+1}$ 改写为

$$\frac{(x^2-1)+1}{x+1} = x-1+\frac{1}{x+1} = \left(\frac{x^2}{2}-x+\ln|x+1|\right)',$$

所以 $\dfrac{x^2}{2}-x+\ln|x+1|$ 是 $\dfrac{x^2}{x+1}$ 在 $\mathbb{R}\setminus\{-1\}$ 上的一个原函数.

练习 8.19 求出 $\dfrac{x^3}{x-1}$ 在 $\mathbb{R}\setminus\{1\}$ 上的一个原函数.

例 8.30 我们来求 $\dfrac{1}{x^2-1}$ 在 $\mathbb{R}\setminus\{1,-1\}$ 上的一个原函数. 我们先把分母因式分解:

$$x^2-1=(x-1)(x+1).$$

于是

$$\frac{1}{x^2-1}=\frac{1}{(x-1)(x+1)}=\frac{1}{2}\Big(\frac{1}{x-1}-\frac{1}{x+1}\Big)=\frac{1}{2}\Big(\ln|x-1|-\ln|x+1|\Big)',$$

这里我们使用了一个常见的裂项的技巧. 因此, $\dfrac{1}{2}\Big(\ln|x-1|-\ln|x+1|\Big)$ 是 $\dfrac{1}{x^2-1}$ 在 $\mathbb{R}\setminus\{1,-1\}$ 上的一个原函数.

更一般地, 设 $\dfrac{P(x)}{Q(x)}$ 是一个有理函数, 这里 P,Q 都是非零的多项式. 如果 P 的次数大于或等于 Q 的次数, 由带余除法 (长除法) 可知, 存在多项式 $f(x)$ 和 $r(x)$, 使得

$$P(x)=f(x)Q(x)+r(x)\Longrightarrow\frac{P(x)}{Q(x)}=f(x)+\frac{r(x)}{Q(x)},$$

这里 r 的次数小于 Q 的次数. 因此, 我们只需考虑 P 的次数小于 Q 的次数的情况. 假设 $Q(x)=Q_1(x)Q_2(x)$, 这里 Q_1,Q_2 是两个次数非零的多项式, 且两者没有公共根 (可以是复数), 则我们可设

$$\frac{P(x)}{Q(x)}=\frac{P_1(x)}{Q_1(x)}+\frac{P_2(x)}{Q_2(x)},$$

这里 P_1,P_2 也都是多项式, 且 P_1 的次数小于 Q_1 的次数, P_2 的次数小于 Q_2 的次数. 上述 P_1,P_2 的存在性是由代数学中的贝蜀定理 (Bézout theorem) 保证的, 细节暂时略去. 在实际操作中, 我们在上式两边同时乘以 $Q(x)$, 得到恒等式

$$P(x)=P_1(x)Q_2(x)+P_2(x)Q_1(x),$$

通过比较两边 x 各个幂次的系数, 即可求出 P_1,P_2 的各项系数. 这种方法被称为待定系数法. 我们举例说明.

例 8.31 我们来求 $\dfrac{6x}{x^3-1}$ 在 $\mathbb{R}\setminus\{1\}$ 上的一个原函数. 先把分母进行因式分解:

$$x^3-1=(x-1)(x^2+x+1).$$

因为 x^2+x+1 的判别式小于零, 所以它没有实根, 从而 $x-1$ 和 x^2+x+1 没有公共根. 设

$$\frac{6x}{(x-1)(x^2+x+1)}=\frac{a}{x-1}+\frac{bx+c}{x^2+x+1},$$

这里 a, b, c 均为待定的常数. 上式两边同乘以 x^3-1, 我们得到

$$6x = a(x^2+x+1)+(bx+c)(x-1).$$

比较两边 x^2, x^1, x^0 的系数, 我们得到一个三元一次方程组

$$\begin{cases} a+b=0, \\ a-b+c=6, \\ a-c=0. \end{cases}$$

我们解这个三元一次方程组, 就能得到 $a=c=2, b=-2$. 因此

$$\begin{aligned} \frac{6x}{(x-1)(x^2+x+1)} &= \frac{2}{x-1}+\frac{-2x+2}{x^2+x+1} = \frac{2}{x-1}+\frac{3-(2x+1)}{x^2+x+1} \\ &= \frac{2}{x-1}+\frac{3}{x^2+x+1}-\frac{2x+1}{x^2+x+1} \\ &= \left(2\ln|x-1|+\frac{6}{\sqrt{3}}\arctan\frac{2x+1}{\sqrt{3}}-\ln(x^2+x+1)\right)', \end{aligned}$$

$2\ln|x-1|+\dfrac{6}{\sqrt{3}}\arctan\dfrac{2x+1}{\sqrt{3}}-\ln(x^2+x+1)$ 是 $\dfrac{6x}{x^3-1}$ 在 $\mathbb{R}\setminus\{1\}$ 上的一个原函数.

练习 8.20　求 $\dfrac{6x}{x^3+1}$ 在 $\mathbb{R}\setminus\{-1\}$ 上的一个原函数.

例 8.32　我们来求 $\dfrac{4x^2}{(x-1)(x^2-1)}$ 在 $\mathbb{R}\setminus\{1,-1\}$ 上的一个原函数. 先把分母进行因式分解:

$$(x-1)(x^2-1)=(x-1)^2(x+1).$$

显然, $(x-1)^2$ 和 $x+1$ 没有公共根. 设

$$\frac{4x^2}{(x-1)^2(x+1)} = \frac{ax+b}{(x-1)^2}+\frac{c}{x+1},$$

这里 a, b, c 均为待定的常数. 上式两边同乘以 $(x-1)(x^2-1)$, 我们得到

$$4x^2=(ax+b)(x+1)+c(x-1)^2.$$

比较两边 x^2, x^1, x^0 的系数, 我们得到一个三元一次方程组

$$\begin{cases} a+c=4, \\ a+b-2c=0, \\ b+c=0. \end{cases}$$

我们解这个三元一次方程组, 就能得到 $a=3, b=-1, c=1$. 因此

$$\begin{aligned}\frac{4x^2}{(x-1)^2(x+1)} &= \frac{3x-1}{(x-1)^2}+\frac{1}{x+1}=\frac{3(x-1)+2}{(x-1)^2}+\frac{1}{x+1} \\ &= \frac{3}{x-1}+\frac{2}{(x-1)^2}+\frac{1}{x+1} \\ &= \left(3\ln|x-1|-\frac{2}{x-1}+\ln|x+1|\right)',\end{aligned}$$

$3\ln|x-1|-\dfrac{2}{x-1}+\ln|x+1|$ 是 $\dfrac{4x^2}{(x-1)(x^2-1)}$ 在 $\mathbb{R}\setminus\{1,-1\}$ 上的一个原函数.

(1) 如果设

$$\frac{4x^2}{(x-1)(x^2-1)}=\frac{a}{x-1}+\frac{bx+c}{x^2-1},$$

你会发现满足条件的 a, b, c 不存在. 原因在于, $x-1$ 和 x^2-1 有公共根.

(2) 我们可以直接设

$$\frac{4x^2}{(x-1)^2(x+1)}=\frac{a'}{x-1}+\frac{b'}{(x-1)^2}+\frac{c'}{x+1},$$

这样可以节省一个计算步骤.

第 9 章　黎 曼 积 分

波恩哈德•黎曼 (Bernhard Riemann, 1826—1866, 见图 9.1) 是德国数学家, 他开创了黎曼几何, 为爱因斯坦的广义相对论提供了数学基础. 他还提出了著名的黎曼猜想, 属于百万美元问题之一.

图 9.1　黎曼

假如你欠了别人钱, 现在准备还钱: 你从口袋里掏出一张 10 元纸币还给债主, 又从口袋里掏出一张 5 元纸币还给债主, 接着又从口袋里掏出一张 1 元纸币还给债主……这种还钱 (数钱) 的方式, 差不多就是在做黎曼积分. 黎曼积分是一种简单易懂的积分, 但它有明显的缺点 (可积函数不够广泛, 收敛定理特别难证), 以至于不少数学家认为应该彻底抛弃黎曼积分, 改为直接讲授勒贝格积分 (先把口袋里所有的钱都掏出来, 按面值整理一下再交给债主).

本章的函数都是实值的.

9.1　黎曼积分的定义

本节的函数都是实值且有界的.

定义 9.1　设 $a<b$ 是两个实数, n 是一个正整数.

(1) 闭区间 $[a,b]$ 上的 $n+1$ 个点

$$P:\ a=x_0<x_1<x_2<\cdots<x_{n-1}<x_n=b$$

称为闭区间 $[a,b]$ 的一个分割 (partition). 我们把 $x_0,x_1,x_2,\cdots,x_{n-1},x_n$ 称为分割 P 的分点.

(2) 设 P,Q 都是闭区间 $[a,b]$ 的分割. 如果 P 的分点都是 Q 的分点, 则称 Q 是 P 的一个加细 (refinement), 记为 $P\prec Q$ 或者 $Q\succ P$.

假设 P,Q 都是闭区间 $[a,b]$ 的分割, 我们可以把 P,Q 的分点放在一起, 得到闭区间 $[a,b]$ 的一个新的分割 R. 显然, $P\prec R$ 且 $Q\prec R$. 我们把这个 R 称为 P,Q 的公共加细.

设 P,Q,R 都是闭区间 $[a,b]$ 的分割, 以下 3 条性质是显然的.

- 自反性: $P\prec P$.
- 反对称性: 若 $P\prec Q$ 且 $Q\prec P$, 则 $P=Q$.
- 传递性: 若 $P\prec Q$ 且 $Q\prec R$, 则 $P\prec R$.

因此, 闭区间 $[a,b]$ 的所有分割在 $\prec$ 这个关系下构成一个偏序集, 而且这个偏序集是共尾的 (cofinal): 对任意的两个分割 P,Q, 都存在一个分割 R(如 P,Q 的公共加细) 比 P,Q 都细. 有的作者把共尾的偏序集称为一个网格 (net), 并进一步定义依照网格收敛的极限的概念, 它是数列极限和函数极限的推广.

定义 9.2 设 f 是定义在闭区间 $[a,b]$ 上的一个有界函数,

$$P:\ a=x_0<x_1<x_2<\cdots<x_{n-1}<x_n=b$$

是闭区间 $[a,b]$ 的一个分割. 记

$$M_k=\sup_{x\in[x_{k-1},x_k]}f(x),\quad m_k=\inf_{x\in[x_{k-1},x_k]}f(x).$$

我们把

$$S(f,[a,b],P)=S(f,P)=\sum_{k=1}^{n}M_k(x_k-x_{k-1})$$

称为函数 f 关于分割 P 的达布上和, 把

$$s(f,[a,b],P)=s(f,P)=\sum_{k=1}^{n}m_k(x_k-x_{k-1})$$

称为函数 f 关于分割 P 的达布下和. 达布上和与达布下和统称达布和.

引理 9.1 设 P,Q 都是闭区间 $[a,b]$ 的分割, Q 是 P 的加细, f 是定义在 $[a,b]$ 上的一个有界函数, 则

$$S(f,P)\geqslant S(f,Q),\quad s(f,P)\leqslant s(f,Q).$$

即分割越细, 上和越小, 下和越大.

因为 $S(f,Q)\geqslant s(f,Q)$ 是自然成立的, 所以上述引理可以改写为: 当 $P\prec Q$ 时, 我们有

$$S(f,P)\geqslant S(f,Q)\geqslant s(f,Q)\geqslant s(f,P).$$

对固定的闭区间 $[a,b]$ 和定义在 $[a,b]$ 上的一个固定的有界函数 f, 全体达布下和构成一个有上界的集合 (任何一个达布上和就是它的一个上界), 由实数的确界公理可知, 它有上确界

$$s(f):=\sup_{P}s(f,P),$$

称为 f 在区间 $[a,b]$ 上的达布下积分. 类似地, 全体达布上和构成一个有下界的集合 (任何一个达布下和就是它的一个下界), 它有下确界

$$S(f):=\inf_{P}S(f,P),$$

称为 f 在区间 $[a,b]$ 上的达布上积分. 显然, $S(f) \geqslant s(f)$. 一个问题是: 函数 f 在区间 $[a,b]$ 上的达布上下积分是否相等? 答案是有时候相等, 有时候不相等, 这取决于 f 的情况. 我们来举一个不相等的例子.

例 9.1 (狄利克雷函数)　对任意的闭区间 $[a,b]$, 狄利克雷函数

$$D(x) = \begin{cases} 1, & x \in \mathbb{Q} \cap [a,b], \\ 0, & x \notin \mathbb{Q} \cap [a,b]. \end{cases}$$

设 P 是 $[a,b]$ 的任一分割, 因为每个小区间中既有有理数也有无理数, 所以 $D(x)$ 在每个小区间上的最大值都是 1, 在每个小区间上的最小值都是 0, 于是

$$S(D,P) = b - a, \quad s(D,P) = 0.$$

因此

$$S(D) = \inf_P S(D,P) = b - a, \quad s(D) = \sup_P s(D,P) = 0,$$

达布上积分不等于达布下积分.

约翰·彼得·古斯塔夫·勒热纳·狄利克雷 (Johann Peter Gustav Lejeune Dirichlet, 1805—1859, 见图 9.2) 是德国数学家, 他是解析数论的创始人. 他证明了一条很有趣的定理: 设 a, b 是两个互素的 (最大公因子是 1) 正整数, 则数列 $\{an+b\}_{n\geqslant 1}$ 中含有无穷多个素数. 2021 年的国庆节对应的数字 20211001 刚好是一个素数, 由狄利克雷的这个定理可以推出, 今后还有无数个国庆节对应的数字也是素数, 因为它们都属于数列 $\{1000n+1\}_{n\geqslant 1}$. 是不是很棒?

图 9.2　狄利克雷

定义 9.3　设 f 是定义在闭区间 $[a,b]$ 上的一个有界函数. 如果 f 在区间 $[a,b]$ 上的达布上下积分相等, 即

$$S(f) = s(f).$$

则称函数 f 在区间 $[a,b]$ 上是黎曼可积的 (Riemann integrable), 简称可积的 (integrable), 记为 $f \in \mathcal{R}[a,b]$. 这里 $\mathcal{R}[a,b]$ 表示在区间 $[a,b]$ 上黎曼可积的全体函数构成的集合. 此时, 我们把达布上积分和达布下积分的公共值称为函数 f 在区间 $[a,b]$ 上的黎曼积分 (Riemann integral), 简称积分 (integral), 记为

$$\int_a^b f(x)\mathrm{d}x.$$

我们把 $[a,b]$ 称为积分区间, a 称为积分下限, b 称为积分上限, f 称为被积函数, x 称为积分变量.

注: 达布和是有限和的确界 (或者极限), 因而积分可以看成一种广义的和. 积分号 $\int$ 就是一个拉长的 s(求和 summation 的首字母), 这是莱布尼兹发明的记号, 它非常漂亮. 另外, 记号 $\int_a^b f(x)\mathrm{d}x$ 中的积分变量 x 是一个哑变量, 它可以换成任何一个其他的字母或符号, 最后的积分值也与它无关, 因此

$$\int_a^b f(x)\mathrm{d}x = \int_a^b f(y)\mathrm{d}y = \int_a^b f(t)\mathrm{d}t = \int_a^b f(\clubsuit)\mathrm{d}\clubsuit.$$

为了彻底去掉哑变量的影响, 可以索性写成

$$\int_a^b f \quad 或者 \quad \int_{[a,b]} f,$$

这两个记号已经清楚地包含了积分区间和被积函数这两大要素.

按照上述定义, 狄利克雷函数在区间 $[a,b]$ 上不是可积的.

例 9.2 常值函数 c 在闭区间 $[a,b]$ 上是黎曼可积的. 设

$$P:\ a = x_0 < x_1 < x_2 < \cdots < x_{n-1} < x_n = b$$

是闭区间 $[a,b]$ 的任一分割, 则

$$M_k = m_k = c, \quad k = 1, 2, \cdots, n.$$

于是

$$S(f,P) = s(f,P) = \sum_{k=1}^{n} c \cdot (x_k - x_{k-1}) = c(b-a).$$

所以

$$S(f) = s(f) = c(b-a) \Longrightarrow \int_a^b c = c(b-a).$$

下面我们来讲一个可积性的判定定理, 以后使用起来会更方便一点.

定理 9.1 设 f 是定义在闭区间 $[a,b]$ 上的一个有界函数. 函数 f 在区间 $[a,b]$ 上黎曼可积的一个充分必要条件是: 对任意正数 ϵ, 都存在区间 $[a,b]$ 的一个分割 P, 使得

$$S(f,P) - s(f,P) < \epsilon.$$

证明 充分性: 假设对任意正数 ϵ, 都存在区间 $[a,b]$ 的一个分割 P, 使得

$$S(f,P) - s(f,P) < \epsilon.$$

因为

$$S(f,P) \geqslant S(f) \geqslant s(f) \geqslant s(f,P),$$

所以

$$0 \leqslant S(f) - s(f) \leqslant S(f,P) - s(f,P) < \epsilon.$$

令 $\epsilon \to 0$ 可得,

$$0 \leqslant S(f) - s(f) \leqslant 0.$$

所以 $S(f) = s(f)$, 即函数 f 在区间 $[a,b]$ 上黎曼可积.

必要性: 假设函数 f 在区间 $[a,b]$ 上黎曼可积, 即 $S(f) = s(f)$. 由确界的定义可知, 对任意正数 ϵ, 存在区间 $[a,b]$ 的分割 P, Q, 满足

$$S(f,P) < S(f) + \frac{\epsilon}{2}, \quad s(f,Q) > s(f) - \frac{\epsilon}{2}.$$

取 P, Q 的公共加细 R, 我们有

$$S(f) + \frac{\epsilon}{2} > S(f,P) \geqslant S(f,R) \geqslant s(f,R) \geqslant s(f,Q) > s(f) - \frac{\epsilon}{2} = S(f) - \frac{\epsilon}{2},$$

所以

$$S(f,R) - s(f,R) < \epsilon.$$

□

推论 9.1　设有界函数 f 在区间 $[a,b]$ 上黎曼可积, 则对任意正数 ϵ, 都存在区间 $[a,b]$ 的一个分割 P, 对任取的代表点 $\xi_k \in [x_{k-1}, x_k]$, 都有

$$\left| \sum_{k=1}^{n} f(\xi_k)(x_k - x_{k-1}) - \int_a^b f \right| < \epsilon.$$

如果把分割 P 换成更细的分割, 上面的不等式依然成立.

证明　因为 $\sum\limits_{k=1}^{n} f(\xi_k)(x_k - x_{k-1})$ 和 $\int_a^b f$ 都属于区间 $\big[s(f,P), S(f,P)\big]$.

□

练习 9.1　设有界函数 f 在区间 $[a,b]$ 上黎曼可积, 求证: $|f|$ 在区间 $[a,b]$ 上黎曼可积.

练习 9.2　设有界函数 f 在区间 $[a,b]$ 上黎曼可积, 求证: f^2 在区间 $[a,b]$ 上黎曼可积.

有的书上不假定函数 f 是有界的, 这也是可以的, 但会出现一些复杂的情况, 比如, 函数 f 在一个小区间上的上确界可能是 $+\infty$. 而且不难证明, 在一个闭区间上黎曼可积的函数一定是有界的. 所以, 不如一开始就假定函数 f 是有界的, 这样可以省去不少麻烦.

9.2 黎曼可积函数

本节的函数都是实值且有界的.

下面我们来介绍一些常见的黎曼可积的函数. 到目前为止, 我们只知道常值函数是黎曼可积的. 接下来我们将会证明, 单调函数和连续函数都是黎曼可积的. 单调函数比较简单, 连续函数却相对复杂.

定理 9.2 单调函数是黎曼可积的.

证明 不妨设函数 f 在闭区间 $[a,b]$ 上单调递增,

$$P:\ a=x_0<x_1<x_2<\cdots<x_{n-1}<x_n=b$$

是闭区间 $[a,b]$ 的一个分割, 则

$$M_k=\sup_{x\in[x_{k-1},x_k]}f(x)=f(x_k),\quad m_k=\inf_{x\in[x_{k-1},x_k]}f(x)=f(x_{k-1}).$$

对任意正数 ϵ, 只要所有小区间的长度 x_k-x_{k-1} 都小于 ϵ, 则

$$\begin{aligned}S(f,P)-s(f,P)&=\sum_{k=1}^{n}(M_k-m_k)\cdot(x_k-x_{k-1})\\&=\sum_{k=1}^{n}\big[f(x_k)-f(x_{k-1})\big]\cdot(x_k-x_{k-1})\\&\leqslant\sum_{k=1}^{n}\big[f(x_k)-f(x_{k-1})\big]\cdot\epsilon\\&=\big[f(b)-f(a)\big]\cdot\epsilon.\end{aligned}$$

所以, f 在 $[a,b]$ 上是黎曼可积的. 单调递减的情况是类似的, 留作练习.

□

下面的定理是本节的重头戏, 为了它我们要引入很多新的概念.

定理 9.3 连续函数是黎曼可积的.

这个定理的证明需要用到一致连续的概念, 我们先来介绍一下.

定义 9.4 设函数 f 定义在一个区间 I 上. 如果对任意的正数 ϵ, 都存在正数 δ, 当 $x',x''\in I$ 且 $|x'-x''|<\delta$ 时, 有

$$|f(x')-f(x'')|<\epsilon,$$

则称 f 在 I 上是一致连续的 (uniformly continuous).

一致连续比连续要强, 原因在于上述 δ 不依赖 x' 或者 x''. 比如, $f(x)=x^2$ 在 $\mathbb{R}$ 上是连续的, 但它在 $\mathbb{R}$ 上不是一致连续的. 当区间 I 是一个有界闭区间的时候, 连续和一致连续是等价的. 这个等价性需要用到有限覆盖定理.

定义 9.5　设 X 是 $\mathbb{R}$ 的一个子集, I 是一个集合, $\{U_i\}_{i\in I}$ 是 $\mathbb{R}$ 的一族开集. 若

$$X \subset \bigcup_{i\in I} U_i,$$

则称 $\{U_i\}_{i\in I}$ 是 X 的一个开覆盖 (open covering). 若 J 是 I 的一个子集, 且

$$X \subset \bigcup_{j\in J} U_j,$$

则称 $\{U_j\}_{j\in J}$ 是 $\{U_i\}_{i\in I}$ 的一个子覆盖. 若进一步 J 还是一个有限集, 则称 $\{U_j\}_{j\in J}$ 是 $\{U_i\}_{i\in I}$ 的一个有限子覆盖.

定理 9.4 (有限覆盖定理)　设 $\{U_i\}_{i\in I}$ 是闭区间 $[a,b]$ 的一个开覆盖, 则存在有限子覆盖.

证明　使用反证法. 假设不存在 $\{U_i\}_{i\in I}$ 的有限子覆盖, 我们把区间 $[a,b]$ 等分成两个小区间: $\left[a, \dfrac{a+b}{2}\right]$ 和 $\left[\dfrac{a+b}{2}, b\right]$, 则至少有一个小区间不能被 $\{U_i\}_{i\in I}$ 中的有限个开集覆盖. 我们选取满足条件的一个小区间, 并把它记为 $[a_1,b_1]$.

我们把区间 $[a_1,b_1]$ 也等分成两个小区间: $\left[a_1, \dfrac{a_1+b_1}{2}\right]$ 和 $\left[\dfrac{a_1+b_1}{2}, b_1\right]$, 则至少有一个小区间不能被 $\{U_i\}_{i\in I}$ 中的有限个开集覆盖. 我们同样选取满足条件的一个小区间, 并把它记为 $[a_2,b_2]$.

这样反复操作, 我们就得到了一串长度趋于零的闭区间:

$$[a_1,b_1] \supset [a_2,b_2] \supset [a_3,b_3] \supset \cdots$$

它们中的每一个都不能被 $\{U_i\}_{i\in I}$ 中的有限个开集覆盖. 设 c 是这些闭区间的唯一的公共元素. 因为 $\{U_i\}_{i\in I}$ 是 $[a,b]$ 的开覆盖, 所以存在 $k\in I$, 使得 $c\in U_k$. 又因为 U_k 是开集, 而 $[a_n,b_n]$ 的长度趋于零, 所以当 n 足够大的时候, $[a_n,b_n]$ 会整个落在 U_k 中, 这与 $[a_n,b_n]$ 不能被 $\{U_i\}_{i\in I}$ 中的有限个开集覆盖矛盾.

□

定理 9.5　设函数 f 在闭区间 $[a,b]$ 上连续, 则 f 在 $[a,b]$ 上一致连续.

证明　因为函数 f 在闭区间 $[a,b]$ 上连续, 所以 f 在 $[a,b]$ 的任一点 x 处都是连续的 (在端点处是单侧连续). 对任意正数 ϵ, 都存在正数 δ_x, 当 $|y-x|<2\delta_x$ 时, 就有

$$|f(y)-f(x)| < \frac{\epsilon}{2}.$$

所有的这些开区间

$$(x-\delta_x, x+\delta_x),\quad x\in[a,b]$$

构成了闭区间 $[a,b]$ 的一个开覆盖. 由有限覆盖定理可知, 上述开覆盖存在有限子覆盖, 即存在区间 $[a,b]$ 的一个有限子集 J, 下面的有限个开区间

$$(x-\delta_x, x+\delta_x),\quad x\in J$$

的并就包含了整个区间 $[a,b]$.

令 $\delta=\min\limits_{x\in J}\delta_x$, 并设 $x',x''\in[a,b]$ 且 $|x'-x''|<\delta$. 由 $x'\in[a,b]$ 可知, 存在 $x\in J$ 使得 $x'\in(x-\delta_x,x+\delta_x)$, 结合 $|x'-x''|<\delta\leqslant\delta_x$ 可知 $x''\in(x-2\delta_x,x+2\delta_x)$, 因此

$$|f(x')-f(x'')|\leqslant|f(x')-f(x)|+|f(x)-f(x'')|<\frac{\epsilon}{2}+\frac{\epsilon}{2}=\epsilon.$$

这就证明了 f 在 $[a,b]$ 上是一致连续的.

□

定理 9.3的证明 设函数 f 在闭区间 $[a,b]$ 上连续,

$$P:\ a=x_0<x_1<x_2<\cdots<x_{n-1}<x_n=b$$

是闭区间 $[a,b]$ 的一个分割, 则

$$M_k=\sup_{x\in[x_{k-1},x_k]}f(x)=\max_{x\in[x_{k-1},x_k]}f(x),\quad m_k=\inf_{x\in[x_{k-1},x_k]}f(x)=\min_{x\in[x_{k-1},x_k]}f(x).$$

对任意正数 ϵ, 因为 f 在 $[a,b]$ 上一致连续, 所以存在正数 δ, 只要 $|x'-x''|<\delta$, 就有 $|f(x')-f(x'')|<\epsilon$. 现在我们让分割 P 的所有小区间的长度 x_k-x_{k-1} 都小于 δ, 则

$$M_k-m_k<\epsilon,\quad k=1,2,\cdots,n.$$

于是

$$\begin{aligned}S(f,P)-s(f,P)&=\sum_{k=1}^{n}(M_k-m_k)\cdot(x_k-x_{k-1})\\&<\sum_{k=1}^{n}\epsilon\cdot(x_k-x_{k-1})\\&=\epsilon(b-a).\end{aligned}$$

所以 f 在 $[a,b]$ 上是黎曼可积的.

□

注: 我们把

$$\|P\|=\max\{x_1-x_0,x_2-x_1,\cdots,x_n-x_{n-1}\}$$

称为分割 P 的尺度. 上述两个定理的证明过程表明: 若 f 在 $[a,b]$ 上单调或者连续, 则对任意正数 ϵ, 存在正数 δ, 只要 $\|P\|<\delta$, 就有

$$S(f,P)-s(f,P)<\epsilon.$$

对任选的代表点 $\xi_k\in[x_{k-1},x_k]$, 我们有

$$s(f,P)\leqslant\sum_{k=1}^{n}f(\xi_k)(x_k-x_{k-1})\leqslant S(f,P).$$

又因为

$$s(f,P) \leqslant \int_a^b f \leqslant S(f,P),$$

所以

$$\left|\sum_{k=1}^{n} f(\xi_k)(x_k - x_{k-1}) - \int_a^b f\right| \leqslant S(f,P) - s(f,P) < \epsilon.$$

于是

$$\lim_{\|P\|\to 0} \sum_{k=1}^{n} f(\xi_k)(x_k - x_{k-1}) = \int_a^b f.$$

上述公式可以把某些以求和的形式出现的数列极限转化为积分. 比如, 我们把 $[0,1]$ 等分成 n 份, 取每个小区间的右端点为代表点, 即 $\xi_k = \dfrac{k}{n}$. 每个小区间的长度都是 $\dfrac{1}{n}$, 分割尺度趋于零等价于 $n \to \infty$, 因此

$$\lim_{n\to\infty} \sum_{k=1}^{n} \frac{1}{n+k} = \lim_{n\to\infty} \sum_{k=1}^{n} \frac{1}{1+\dfrac{k}{n}} \cdot \frac{1}{n} = \int_0^1 \frac{1}{1+x}.$$

等我们学了牛顿-莱布尼兹公式之后, 我们就会知道这个积分等于 $\ln 2$.

例 9.3 (曲边梯形的面积) 假设函数 f 在区间 $[a,b]$ 上连续且非负, 则曲线 $y=f(x)$ 与直线 $x=a$、直线 $x=b$ 以及 x 轴围成的曲边梯形 (见图 9.3) 的面积

$$A = \int_a^b f.$$

证明 任取闭区间 $[a,b]$ 的一个分割

$$P:\ a = x_0 < x_1 < x_2 < \cdots < x_{n-1} < x_n = b.$$

因为面积具有可加性, 所以

$$A = A_1 + A_2 + \cdots + A_n,$$

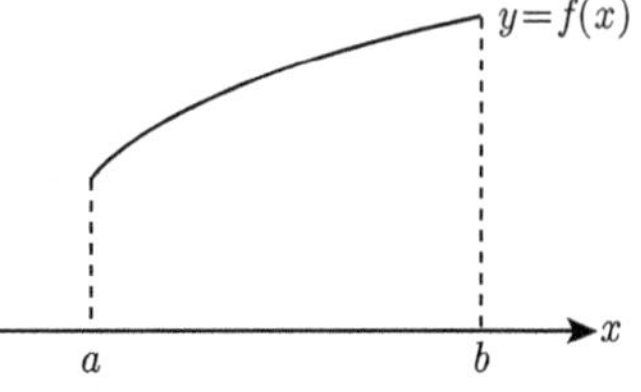

图 9.3 曲线 $y=f(x)$ 与直线 $x=a$、直线 $x=b$ 以及 x 轴围成一个曲边梯形

这里 A_k 表示区间 $[x_{k-1},x_k]$ 上方的面积. 因为 f 连续, 所以 f 在闭区间 $[x_{k-1},x_k]$ 上能取到最小值 m_k 和最大值 M_k. 不妨设

$$m_k = f(\alpha_k), \quad M_k = f(\beta_k), \quad \alpha_k, \beta_k \in [x_{k-1}, x_k].$$

由面积的单调性 (单调性是可加性和非负性的推论), 我们有

$$f(\alpha_k)(x_k - x_{k-1}) \leqslant A_k \leqslant f(\beta_k)(x_k - x_{k-1}),$$

对 k 求和, 得到

$$\sum_{k=1}^{n} f(\alpha_k)(x_k - x_{k-1}) \leqslant A \leqslant \sum_{k=1}^{n} f(\beta_k)(x_k - x_{k-1}).$$

因为

$$\lim_{\|P\|\to 0} \sum_{k=1}^{n} f(\alpha_k)(x_k - x_{k-1}) = \lim_{\|P\|\to 0} \sum_{k=1}^{n} f(\beta_k)(x_k - x_{k-1}) = \int_a^b f,$$

由夹逼定理可知,

$$A = \int_a^b f.$$

由类似的推理可知, 很多具有可加性和非负性的几何量 (如体积) 和物理量 (如密度不均匀的细杆的质量) 都可以表示为一个连续函数在某个闭区间上的积分.

□

例 9.4 求 $\lim\limits_{n\to\infty}\left(1 - \frac{1}{2} + \frac{1}{3} - \frac{1}{4} + \cdots + \frac{1}{2n-1} - \frac{1}{2n}\right)$.

我们在小学的时候也许做过这样的题:

$$\frac{1 - \frac{1}{2} + \frac{1}{3} - \frac{1}{4} + \frac{1}{5} - \frac{1}{6}}{\frac{1}{4} + \frac{1}{5} + \frac{1}{6}} = ?$$

通常的做法是这样的: 分子分母都乘以 60, 得到

$$\frac{60 - 30 + 20 - 15 + 12 - 10}{15 + 12 + 10} = \frac{37}{37} = 1.$$

答案恰好是 1, 这是一个巧合吗? 我们换一种方法: 分子

$$\begin{aligned} 1 - \frac{1}{2} + \frac{1}{3} - \frac{1}{4} + \frac{1}{5} - \frac{1}{6} &= 1 + \frac{1}{2} + \frac{1}{3} + \frac{1}{4} + \frac{1}{5} + \frac{1}{6} - 2\left(\frac{1}{2} + \frac{1}{4} + \frac{1}{6}\right) \\ &= 1 + \frac{1}{2} + \frac{1}{3} + \frac{1}{4} + \frac{1}{5} + \frac{1}{6} - \left(1 + \frac{1}{2} + \frac{1}{3}\right) \\ &= \frac{1}{4} + \frac{1}{5} + \frac{1}{6}, \end{aligned}$$

刚好等于分母! 更一般地, 对任意正整数 n, 都有

$$1 - \frac{1}{2} + \frac{1}{3} - \frac{1}{4} + \cdots + \frac{1}{2n-1} - \frac{1}{2n} = \frac{1}{n+1} + \frac{1}{n+2} + \cdots + \frac{1}{2n},$$

因此

$$\begin{aligned} &\lim_{n\to\infty}\left(1 - \frac{1}{2} + \frac{1}{3} - \frac{1}{4} + \cdots + \frac{1}{2n-1} - \frac{1}{2n}\right) \\ =&\lim_{n\to\infty}\left(\frac{1}{n+1} + \frac{1}{n+2} + \cdots + \frac{1}{2n}\right) = \ln 2. \end{aligned}$$

练习 9.3　把 $\lim_{n\to\infty}\sum_{k=1}^{n}\frac{n}{n^2+k^2}$ 用积分表示出来.

解决了单调函数和连续函数的可积性问题, 我们还需要关注一个情况: 有时候我们的函数仅在一个开区间上连续, 但函数在端点的情况不清楚, 下面的定理和推论表明, 改变函数在有限个点处的值, 不会改变它的可积性, 也不会改变积分的值.

定理 9.6　设函数 f 在闭区间 $[a,b]$ 上黎曼可积, 函数 g 和 f 仅在一点处的值不相同, 则 g 在 $[a,b]$ 上也是黎曼可积的, 且

$$\int_a^b g=\int_a^b f.$$

定理的证明留给读者.

推论 9.2　设函数 f 在闭区间 $[a,b]$ 上黎曼可积, 函数 g 和 f 仅在有限多个点处的值不相同, 则 g 在 $[a,b]$ 上也是黎曼可积的, 且

$$\int_a^b g=\int_a^b f.$$

下面我们来看一下黎曼可积函数的运算. 最简单的一个问题: 两个黎曼可积函数的和还是黎曼可积的吗? 答案是肯定的.

定理 9.7　设函数 f,g 都在闭区间 $[a,b]$ 上黎曼可积, 则 $f+g$ 也在 $[a,b]$ 上黎曼可积, 且

$$\int_a^b (f+g)=\int_a^b f+\int_a^b g.$$

证明　(1) 先证 $f+g$ 的可积性. 因为 f,g 都在闭区间 $[a,b]$ 上黎曼可积, 所以对任意正数 ϵ, 存在 $[a,b]$ 的分割 P,Q, 使得

$$S(f,P)-s(f,P)<\frac{\epsilon}{2},\quad S(g,Q)-s(g,Q)<\frac{\epsilon}{2}.$$

取 P,Q 的公共加细 R, 则

$$S(f,R)-s(f,R)<\frac{\epsilon}{2},\quad S(g,R)-s(g,R)<\frac{\epsilon}{2}.$$

因为

$$S(f,R)+S(g,R)\geqslant S(f+g,R)\geqslant s(f+g,R)\geqslant s(f,R)+s(g,R),$$

所以中间两项的差不超过边上两项的差, 即

$$\begin{aligned}S(f+g,R)-s(f+g,R)&\leqslant \big[S(f,R)+S(g,R)\big]-\big[s(f,R)+s(g,R)\big]\\&=S(f,R)-s(f,R)+S(g,R)-s(g,R)\end{aligned}$$

$$< \frac{\epsilon}{2} + \frac{\epsilon}{2} = \epsilon,$$

从而 $f+g$ 在 $[a,b]$ 上是黎曼可积的.

(2) 再证积分值的关系: 对区间 $[a,b]$ 的任一分割 P, 我们有

$$S(f,P) + S(g,P) \geqslant S(f+g,P) \geqslant S(f+g),$$

因此

$$S(f) + S(g) = \inf_P \Big(S(f,P) + S(g,P) \Big) \geqslant S(f+g).$$

上式中的等号看着有点可疑, 其实是对的, 希望读者能想清楚为什么. 类似可得

$$s(f) + s(g) = \sup_P \Big(s(f,P) + s(g,P) \Big) \leqslant s(f+g).$$

因为 f,g 都在闭区间 $[a,b]$ 上黎曼可积, 所以

$$S(f) = s(f), \quad S(g) = s(g).$$

从而上面的不等式都是等式. 特别地, 我们有

$$\int_a^b (f+g) = S(f+g) = S(f) + S(g) = \int_a^b f + \int_a^b g.$$

□

定理 9.8 设函数 f 在闭区间 $[a,b]$ 上黎曼可积, k 是一个实数, 则 kf 也在 $[a,b]$ 上黎曼可积, 且

$$\int_a^b kf = k \int_a^b f.$$

证明特别简单, 留给读者完成. 上面两个定理表明, 映射

$$\int : \mathcal{R}[a,b] \longrightarrow \mathbb{R},$$

$$f \mapsto \int_a^b f$$

是线性的 (或者说它是一个线性泛函). 把上面两个定理结合起来, 马上就有下面的推论.

推论 9.3 设函数 f,g 都在闭区间 $[a,b]$ 上黎曼可积, 则 $f-g$ 也在 $[a,b]$ 上黎曼可积, 且

$$\int_a^b (f-g) = \int_a^b f - \int_a^b g.$$

定理 9.9 设函数 f,g 都在闭区间 $[a,b]$ 上黎曼可积, 则它们的乘积 fg 也在 $[a,b]$ 上黎曼可积.

证明 因为 f,g 都在 $[a,b]$ 上黎曼可积, 所以 $f+g, f-g$ 也在 $[a,b]$ 上黎曼可积. 由上一节的一个习题可知, $(f+g)^2, (f-g)^2$ 也在 $[a,b]$ 上黎曼可积. 因此

$$fg = \frac{(f+g)^2 - (f-g)^2}{4}$$

也在 $[a,b]$ 上黎曼可积.

□

下面的定理是显然的.

定理 9.10 设非负函数 f 在闭区间 $[a,b]$ 上黎曼可积, 则 $\int_a^b f \geqslant 0$.

证明 设

$$P:\ a = x_0 < x_1 < x_2 < \cdots < x_{n-1} < x_n = b$$

是闭区间 $[a,b]$ 的一个分割. 因为 f 是非负的, 所以

$$m_k = \inf_{x \in [x_{k-1}, x_k]} f(x) \geqslant 0.$$

于是

$$s(f,P) = \sum_{k=1}^{n} m_k \cdot (x_k - x_{k-1}) \geqslant 0.$$

因此

$$\int_a^b f = s(f) \geqslant s(f,P) \geqslant 0.$$

□

推论 9.4 设函数 f,g 都在闭区间 $[a,b]$ 上黎曼可积, 且对任意 $x \in [a,b]$, 都有 $f(x) \leqslant g(x)$, 则

$$\int_a^b f \leqslant \int_a^b g.$$

推论 9.5 设函数 f 在闭区间 $[a,b]$ 上黎曼可积, 则

$$\left|\int_a^b f\right| \leqslant \int_a^b |f|.$$

结合连续函数的介值定理, 不难得到下面的积分中值定理.

定理 9.11 (积分中值定理) 设 f 是闭区间 $[a,b]$ 上的连续函数, 则存在 $\xi \in [a,b]$, 使得

$$\int_a^b f = f(\xi) \cdot (b-a).$$

证明 设 f 在 $[a,b]$ 上的最大值和最小值分别为 $M=f(x_1)$ 和 $m=f(x_2)$, 则

$$m \leqslant f(x) \leqslant M, \quad \forall x \in [a,b].$$

因此

$$m(b-a)=\int_a^b m \leqslant \int_a^b f \leqslant \int_a^b M = M(b-a),$$

于是 $\dfrac{1}{b-a}\displaystyle\int_a^b f \in [m,M]$. 由介值定理可知, 存在 x_1, x_2 之间的 (包括 x_1, x_2) 某个数 ξ, 使得

$$\frac{1}{b-a}\int_a^b f = f(\xi).$$

□

最后还要说一下积分关于积分区间的限制以及可加性.

定理 9.12 设函数 f 在闭区间 $[a,b]$ 上黎曼可积, 且 $[c,d]\subset[a,b]$, 则 f 在 $[c,d]$ 上也是黎曼可积的.

这个定理的证明请读者自行给出.

定理 9.13 (积分关于积分区间的可加性) 设 $a<b<c$ 是 3 个实数, f 是定义在 $[a,c]$ 上的一个有界函数. 若 f 在 $[a,b]$ 上黎曼可积, 在 $[b,c]$ 也黎曼可积, 则 f 在 $[a,c]$ 上黎曼可积, 且

$$\int_a^c f = \int_a^b f + \int_b^c f.$$

严格地讲, f 作为定义在 $[a,c]$ 上的一个函数, 上面定理的条件应该表述为: f 在 $[a,b]$ 上的限制这个新的函数在 $[a,b]$ 上黎曼可积, f 在 $[b,c]$ 上的限制这个新的函数在 $[b,c]$ 上也黎曼可积. 但这么说会显得有点啰唆.

证明 (1) 先证可积性. 因为涉及 3 个区间, 所以下面的记号会略显复杂 (虽然它们所表达的事实都异常简单), 特别是每个达布和都要指明它对应哪个区间.

因为 f 在 $[a,b]$ 上黎曼可积, 在 $[b,c]$ 也黎曼可积, 所以对任意的正数 ϵ, 存在 $[a,b]$ 的一个分割

$$P:\ a=x_0<x_1<x_2<\cdots<x_{n-1}<x_n=b$$

以及 $[b,c]$ 的一个分割

$$Q:\ b=y_0<y_1<y_2<\cdots<y_{m-1}<y_m=c,$$

使得

$$S(f,[a,b],P)-s(f,[a,b],P)<\frac{\epsilon}{2},\quad S(f,[b,c],Q)-s(f,[b,c],Q)<\frac{\epsilon}{2},$$

我们把 P,Q 的所有分点放在一起, 得到 $[a,c]$ 的一个分割 R, 则

$$S(f,[a,c],R)=S(f,[a,b],P)+S(f,[b,c],Q),$$

且

$$s(f,[a,c],R)=s(f,[a,b],P)+s(f,[b,c],Q).$$

因此

$$\begin{aligned}&S(f,[a,c],R)-s(f,[a,c],R)\\=&S(f,[a,b],P)-s(f,[a,b],P)+S(f,[b,c],Q)-s(f,[b,c],Q)\\<&\frac{\epsilon}{2}+\frac{\epsilon}{2}=\epsilon.\end{aligned}$$

(2) 再证明积分值的关系. 由

$$S(f,[a,c])\leqslant S(f,[a,c],R)=S(f,[a,b],P)+S(f,[b,c],Q)$$

可得

$$S(f,[a,c])\leqslant S(f,[a,b])+S(f,[b,c]).$$

类似由

$$s(f,[a,b],P)+s(f,[b,c],Q)=s(f,[a,c],R)\leqslant s(f,[a,c])$$

可得

$$s(f,[a,b])+s(f,[b,c])\leqslant s(f,[a,c]).$$

因为 f 在 $[a,b]$ 上黎曼可积, 在 $[b,c]$ 上也黎曼可积, 所以

$$S(f,[a,b])=s(f,[a,b]),\quad S(f,[b,c])=s(f,[b,c]).$$

于是

$$S(f,[a,c])\leqslant s(f,[a,c])\Longrightarrow S(f,[a,c])=s(f,[a,c]).$$

因此上面的不等式都是等式. 特别地,

$$\int_a^c f=S(f,[a,c])=S(f,[a,b])+S(f,[b,c])=\int_a^b f+\int_b^c f.$$

□

注: 将上述定理中的等式移项, 我们就可得到

$$\int_a^c f-\int_a^b f=\int_b^c f,$$

这个式子会在下节中用到.

9.3 变上限积分与微积分基本定理

本节的函数都是实值且有界的.

设有界函数 f 在闭区间 $[a,b]$ 上黎曼可积, 则对任意 $x\in(a,b]$, f 在 $[a,x]$ 上也黎曼可积, 即 $\int_a^x f$ 有定义. 我们补充规定 $\int_a^a f=0$. 当 $a<b$ 时, 我们规定 $\int_b^a f=-\int_a^b f$.

定义 9.6 设有界函数 f 在闭区间 $[a,b]$ 上黎曼可积, 我们把

$$\int_a^x f,\quad x\in[a,b]$$

称为变上限积分, 它是积分上限 x 的一个函数.

定理 9.14 设有界函数 f 在闭区间 $[a,b]$ 上黎曼可积, 则 $G(x)=\int_a^x f$ 是 $[a,b]$ 上的连续函数.

证明 设 x_0 是区间 $[a,b]$ 中的任意一点, 则

$$G(x)-G(x_0)=\int_a^x f-\int_a^{x_0} f=\int_{x_0}^x f.$$

因为 f 是有界的, 所以存在正数 M, 使得

$$|f(x)|\leqslant M,\quad \forall x\in[a,b].$$

当 $x>x_0$ 时,

$$\left|G(x)-G(x_0)\right|=\left|\int_{x_0}^x f\right|\leqslant\int_{x_0}^x M=M(x-x_0).$$

所以 G 在 x_0 处右连续. 当 $x<x_0$ 时,

$$\left|G(x_0)-G(x)\right|=\left|\int_x^{x_0} f\right|\leqslant\int_x^{x_0} M=M(x_0-x).$$

所以 G 在 x_0 处左连续. 因此, G 在 x_0 处连续.

如果 x_0 是 a 或者 b, 则只需证单侧连续.

□

定理 9.15 (微积分基本定理) 设 f 是闭区间 $[a,b]$ 上的连续函数, 则

$$\left(\int_a^x f\right)'=f(x),\quad \forall x\in(a,b).$$

注: 有的教材把这个定理称为微积分第一基本定理, 也有的教材不给它任何名字, 只把它当作求变上限积分导数的一个普通结果. 但这个定理的意义非比寻常, 参见下一个评注. 另外, 定理的条件可以减弱为 f 在闭区间 $[a,b]$ 上黎曼可积且 f 仅在 x 一点处连续, 结论要变成在 x 这一点处可导, 且证明过程会变复杂.

证明 由导数的定义,

$$\left(\int_a^x f\right)' = \lim_{h\to 0}\frac{\displaystyle\int_a^{x+h} f - \int_a^x f}{h} = \lim_{h\to 0}\frac{\displaystyle\int_x^{x+h} f}{h}$$

$$= \lim_{h\to 0}\frac{f(\xi)\cdot h}{h} = \lim_{h\to 0} f(\xi) = f(x).$$

第三个等号用到了积分中值定理, ξ 是 $x, x+h$ 之间 (可以是端点) 的某个点. 最后一个等号用到了 f 的连续性.

□

注: 上面的微积分基本定理表明, 连续函数的原函数一定是存在的 (但有可能不是我们所熟悉的函数). 比如 $\mathrm{e}^{-x^2}, \dfrac{\sin x}{x}, \sqrt{1-x^4}, \sqrt{\sin x}$ 的原函数都不是初等函数, 证明过程比较复杂, 感兴趣的读者可以去网上搜索一下刘维尔定理. 说起 $\sqrt{\sin x}$ 的原函数, 作者还有一段难忘的经历: 上大一的时候, 班上有位同学告诉我们, 她的一位在美国念书的高中同学班上的一位同学, 已经把 $\sqrt{\sin x}$ 的原函数找到了 (而且是个初等函数). 为了不被别人比下去, 我们全班都开始求 $\sqrt{\sin x}$ 的原函数, 变量替换、分部积分, 能想到的各种手段都用上了, 课下大家还热烈地讨论这个问题, 但努力了好几天都一筹莫展. 一个礼拜之后, 大家都很默契地不吱声了, 好像这件事没发生过一样, 可能是觉得没解出来很没面子. 好多年后, 作者突然回忆起这件小事, 于是在 www.wolframalpha.com 上输入了 int sqrt(sin x) 并回车, 返回的结果 (见图 9.4) 表明, $\sqrt{\sin x}$ 的原函数是一个第二类椭圆积分, 不是初等函数! 这才明白, 我们当初做的都是无用功.

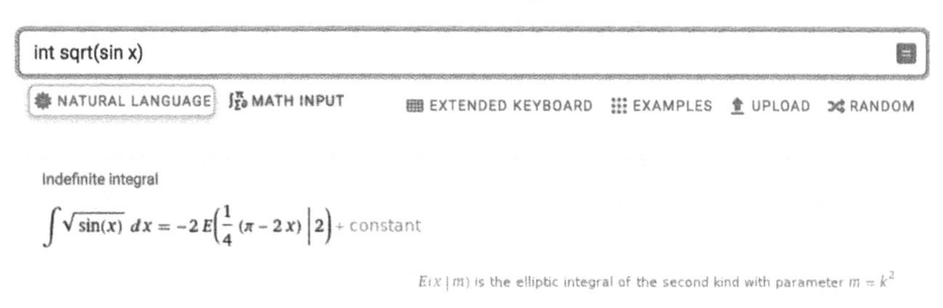

图 9.4 $\sqrt{\sin x}$ 的原函数

例 9.5 设函数 f 在 $[a,b]$ 上连续, 在 (a,b) 内可导, 且 f' 在 (a,b) 内单调递增. 求证:

$$\int_a^b f \geqslant f\left(\frac{a+b}{2}\right)\cdot(b-a).$$

证明 令 $F(x) = \displaystyle\int_a^x f - f\left(\frac{a+x}{2}\right)\cdot(x-a)$, 则 $F(a)=0$. 当 $x\in(a,b)$ 时,

$$
\begin{aligned}
F'(x) &= f(x) - f'\Big(\frac{a+x}{2}\Big) \cdot \frac{1}{2} \cdot (x-a) - f\Big(\frac{a+x}{2}\Big) \cdot 1 \\
&= f(x) - f\Big(\frac{a+x}{2}\Big) - f'\Big(\frac{a+x}{2}\Big) \cdot \frac{x-a}{2} \\
&= f'(\xi)\Big(x - \frac{a+x}{2}\Big) - f'\Big(\frac{a+x}{2}\Big) \cdot \frac{x-a}{2} \\
&= \Big[f'(\xi) - f'\Big(\frac{a+x}{2}\Big)\Big] \cdot \frac{x-a}{2} \geqslant 0,
\end{aligned}
$$

这里 ξ 是开区间 $\Big(\dfrac{a+x}{2}, x\Big)$ 中的某个数. 所以 $F(x)$ 在 $[a,b]$ 上单调递增, 于是 $F(b) \geqslant F(a) = 0$, 即

$$
\int_a^b f - f\Big(\frac{a+b}{2}\Big) \cdot (b-a) \geqslant 0.
$$

□

定理 9.16 (牛顿-莱布尼兹公式) 设 f, F 都是闭区间 $[a,b]$ 上的连续函数, 且 F 是 f 在开区间 (a,b) 上的一个原函数, 则

$$
\int_a^b f = F(b) - F(a).
$$

注: 我们经常把上式等号右边的差记为 $F|_a^b$ 或者 $F(x)|_a^b$. 有的教材把牛顿-莱布尼兹公式称为微积分基本定理或者微积分第二基本定理. 在多元微积分中, 有 3 个特别经典的定理, 即格林公式、斯托克斯公式和高斯公式, 但它们都是用牛顿-莱布尼兹公式推出来的.

证明 记 $G(x) = \displaystyle\int_a^x f$, 则 $G(x)$ 是闭区间 $[a,b]$ 上的连续函数, 且

$$
G'(x) = f(x), \quad \forall x \in (a,b).
$$

因此

$$
\big(F(x) - G(x)\big)' = f(x) - f(x) = 0, \quad \forall x \in (a,b).
$$

由拉格朗日中值定理的推论可知, $F(x) - G(x)$ 在 $[a,b]$ 上是一个常值函数. 因此

$$
F(a) - G(a) = F(b) - G(b),
$$

即

$$
F(a) - 0 = F(b) - \int_a^b f,
$$

移项即得

$$
\int_a^b f = F(b) - F(a).
$$

□

利用牛顿-莱布尼兹公式, 我们可以轻松计算出许多黎曼积分的值. 从现在开始, 我们时不时地要把积分中的积分变量也写上, 因为我们常见的很多函数都是带一个 x 的, 如果不写 x 的话很难把函数描述清楚.

例 9.6　因为 $(\mathrm{e}^x)' = \mathrm{e}^x$, 所以

$$\int_0^1 \mathrm{e}^x \,\mathrm{d}x = \mathrm{e}^x\Big|_0^1 = \mathrm{e}^1 - \mathrm{e}^0 = \mathrm{e} - 1.$$

我们也可以把 $\mathrm{d}x$ 去掉, 写成如下更简洁的形式:

$$\int_0^1 \mathrm{e}^x = \mathrm{e}^x\Big|_0^1 = \mathrm{e}^1 - \mathrm{e}^0 = \mathrm{e} - 1.$$

甚至写成不带 x 的形式:

$$\int_0^1 \exp = \exp\Big|_0^1 = \exp(1) - \exp(0) = \mathrm{e} - 1.$$

例 9.7　因为 $(\ln x)' = \dfrac{1}{x}$, 所以对任意正数 $a < b$, 我们有

$$\int_a^b \frac{1}{x}\,\mathrm{d}x = \ln x\Big|_a^b = \ln b - \ln a = \ln\frac{b}{a}.$$

我们也可以把 $\mathrm{d}x$ 去掉, 写成如下更简洁的形式:

$$\int_a^b \frac{1}{x} = \ln x\Big|_a^b = \ln b - \ln a = \ln\frac{b}{a}.$$

特别地, 当 $t > 1$ 时, 我们有

$$\int_1^t \frac{1}{x} = \ln t - \ln 1 = \ln t,$$

它代表了曲线 $y = \dfrac{1}{x}$, 直线 $x = 1, x = t$ 以及 x 轴围成的曲边梯形的面积 (见图 9.5). 有的教材把 $\displaystyle\int_1^t \frac{1}{x}$ 作为 $\ln t$ 的定义.

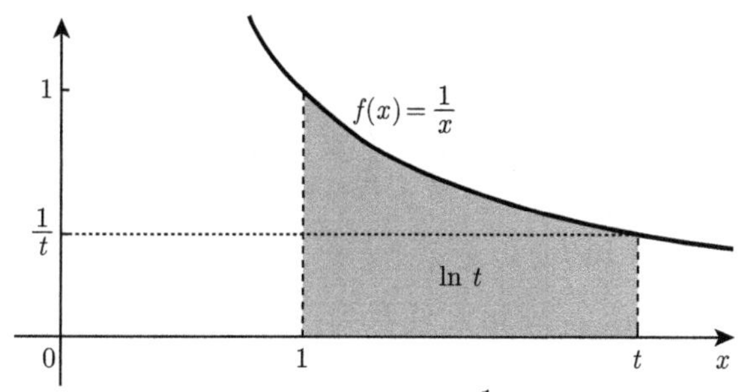

图 9.5　$\ln t$ 的几何含义: 反比例函数 $\dfrac{1}{x}$ 图像下方的阴影面积

例 9.8 因为 $(-\cos x)' = \sin x$, 所以

$$\int_0^{\pi} \sin x \, \mathrm{d}x = -\cos x\Big|_0^{\pi} = -\cos \pi + \cos 0 = 2.$$

我们也可以把 $\mathrm{d}x$ 去掉, 写成如下更简洁的形式:

$$\int_0^{\pi} \sin x = -\cos x\Big|_0^{\pi} = -\cos \pi + \cos 0 = 2.$$

甚至写成不带 x 的形式:

$$\int_0^{\pi} \sin = -\cos\Big|_0^{\pi} = -\cos \pi + \cos 0 = 2.$$

例 9.9 设 n 是一个正整数, 则

$$\int_0^1 x^n \, \mathrm{d}x = \frac{x^{n+1}}{n+1}\Big|_0^1 = \frac{1}{n+1}.$$

我们也可以把 $\mathrm{d}x$ 去掉, 写成如下更简洁的形式:

$$\int_0^1 x^n = \frac{x^{n+1}}{n+1}\Big|_0^1 = \frac{1}{n+1}.$$

把上面的式子改写成不带 x 的形式并不容易, 除非这么办: 令 $p_n(x) = x^n$, 则

$$\int_0^1 p_n = \frac{p_{n+1}}{n+1}\Big|_0^1 = \frac{p_{n+1}(1)}{n+1} - \frac{p_{n+1}(0)}{n+1} = \frac{1}{n+1}.$$

总体来说, 我们在做抽象推导的时候, 倾向于不加积分变量; 在做具体计算时, 可以加积分变量, 也可以不加积分变量. 大家可以都试试, 找到更适合自己的书写习惯.

例 9.10 我们曾经提到过

$$1 - \frac{1}{2} + \frac{1}{3} - \frac{1}{4} + \cdots = \ln 2.$$

下面我们来证明一下这个结果. 记

$$a_n = 1 - \frac{1}{2} + \frac{1}{3} - \frac{1}{4} + \cdots + \frac{(-1)^{n-1}}{n},$$

我们的目标是证明 $\lim\limits_{n\to\infty} a_n = \ln 2$.

(1) 我们先来证明 $\lim\limits_{n\to\infty} a_{2n+1} = \ln 2$. 注意到

$$a_{2n+1} = \int_0^1 \left(1 - x + x^2 - x^3 + \cdots + x^{2n}\right) = \int_0^1 \frac{1 + x^{2n+1}}{1+x}$$

$$= \int_0^1 \frac{1}{1+x} + \int_0^1 \frac{x^{2n+1}}{1+x}.$$

因为

$$\int_0^1 \frac{1}{1+x} = \ln(1+x)\Big|_0^1 = \ln 2,$$

而

$$0 \leqslant \int_0^1 \frac{x^{2n+1}}{1+x} \leqslant \int_0^1 x^{2n+1} = \frac{1}{2n+2},$$

所以

$$\ln 2 \leqslant a_{2n+1} \leqslant \ln 2 + \frac{1}{2n+2}, \quad \forall n \in \mathbb{N}^+.$$

由夹逼定理可知, $\lim\limits_{n\to\infty} a_{2n+1} = \ln 2$.

(2) 因为 $a_{2n} = a_{2n+1} - \dfrac{1}{2n+1}$, 所以

$$\lim_{n\to\infty} a_{2n} = \lim_{n\to\infty} \left(a_{2n+1} - \frac{1}{2n+1}\right) = \ln 2 - 0 = \ln 2.$$

综合上面的两个结果, 我们就得到了 $\lim\limits_{n\to\infty} a_n = \ln 2$.

练习 9.4 仿照上例的方法, 证明:

$$1 - \frac{1}{3} + \frac{1}{5} - \frac{1}{7} + \cdots = \frac{\pi}{4}.$$

例 9.11 由二倍角公式可知 $\cos^2 x = \dfrac{1+\cos 2x}{2}$, 所以

$$\int_0^{\frac{\pi}{2}} \cos^2 x = \int_0^{\frac{\pi}{2}} \frac{1+\cos 2x}{2} = \left(\frac{x}{2} + \frac{\sin 2x}{4}\right)\Big|_0^{\frac{\pi}{2}} = \frac{\pi}{4}.$$

类似地,

$$\int_0^{\frac{\pi}{2}} \sin^2 x = \int_0^{\frac{\pi}{2}} \frac{1-\cos 2x}{2} = \left(\frac{x}{2} - \frac{\sin 2x}{4}\right)\Big|_0^{\frac{\pi}{2}} = \frac{\pi}{4}.$$

练习 9.5 利用三倍角公式 $\cos 3x = 4\cos^3 x - 3\cos x$ 求出 $\cos^3 x$ 的一个原函数, 并计算 $\displaystyle\int_0^{\frac{\pi}{2}} \cos^3 x$.

9.4 积分的变量替换

在本节中, 除了做抽象推理的几个场景, 我们都把积分变量写上了.

算过几个积分之后不难发现, 只有当我们很容易就能找到被积函数的原函数的时候, 牛顿-莱布尼兹公式才特别好用. 有些积分虽然看上去简单, 但被积函数的原函数却不容易看出来, 比如

$$\int_0^1 \sqrt{1-x^2}\,\mathrm{d}x,$$

你知道 $\sqrt{1-x^2}$ 的原函数是什么吗? 恐怕没有几个人能轻松地回答上来. 下面我们就介绍一种变量替换法 (也叫换元法或者坐标变换), 它可以帮我们解决上面的困难.

定理 9.17 (变量替换公式) 设 $a<b, \alpha<\beta$ 均为实数, f 是闭区间 $[a,b]$ 上的连续函数,

$$\varphi : [\alpha,\beta] \longrightarrow [a,b]$$

是一个严格单调的连续函数, φ' 在 (α,β) 上处处非零且连续, $(f\circ\varphi)\cdot\varphi'$ 在 α 处的右极限和在 β 处的左极限都存在, 则

$$\int_a^b f = \int_\alpha^\beta (f\circ\varphi)\cdot|\varphi'|.$$

如果加上积分变量, 就是

$$\int_a^b f(x)\,\mathrm{d}x = \int_\alpha^\beta f\big(\varphi(t)\big)\cdot|\varphi'(t)|\,\mathrm{d}t.$$

注: 不同的教材对上述定理中条件的叙述有可能是不同的, 但为的都是使变量替换公式能够成立, 并且适用于大家将会遇到的各种例子. 我们的条件虽然看上去很烦琐, 甚至略显苛刻, 其实是很容易满足的. 另外, 由 φ' 在 (α,β) 上处处非零且连续, 可以推出 φ' 处处大于零或者处处小于零, 这又可以推出 φ 的严格单调性.

证明 因为 $(f\circ\varphi)\cdot\varphi'$ 在 α 处的右极限和在 β 处的左极限都存在, 我们可以补充定义函数 $(f\circ\varphi)\cdot\varphi'$ 在 α,β 两处的值, 使它在闭区间 $[\alpha,\beta]$ 上连续, 这样 $(f\circ\varphi)\cdot\varphi'$ 就在 $[\alpha,\beta]$ 上黎曼可积了, 等号右侧的积分也就有意义了. 以下我们就假设 $(f\circ\varphi)\cdot\varphi'$ 在闭区间 $[\alpha,\beta]$ 上连续.

(1) 先看 φ' 处处大于零的情况, 此时可以把绝对值符号去掉, 且

$$\varphi(\alpha)=a, \quad \varphi(\beta)=b.$$

令

$$F(t)=\int_a^{\varphi(t)} f, \quad t\in[\alpha,\beta],$$

则

$$F(\alpha)=\int_a^{\varphi(\alpha)} f=\int_a^a f=0, \quad F(\beta)=\int_a^{\varphi(\beta)} f=\int_a^b f,$$

且 $F(t)$ 在闭区间 $[\alpha,\beta]$ 上连续. 由复合函数的求导法则可得,

$$F'(t)=\left(\int_a^x f\right)'\bigg|_{x=\varphi(t)}\cdot\varphi'(t)=f\big(\varphi(t)\big)\cdot\varphi'(t),\quad t\in(\alpha,\beta),$$

因此 F 是 $(f\circ\varphi)\cdot\varphi'$ 在开区间 (α,β) 上的原函数. 由牛顿-莱布尼兹公式可知,

$$\int_\alpha^\beta(f\circ\varphi)\cdot\varphi'=F(\beta)-F(\alpha)=\int_a^b f-0=\int_a^b f.$$

(2) 再看 φ' 处处小于零的情况. 此时

$$\varphi(\alpha)=b,\quad \varphi(\beta)=a.$$

于是

$$F(\alpha)=\int_a^{\varphi(\alpha)}f=\int_a^b f,\quad F(\beta)=\int_a^{\varphi(\beta)}f=\int_a^a f=0,$$

所以

$$\int_\alpha^\beta(f\circ\varphi)\cdot\varphi'=F(\beta)-F(\alpha)=0-\int_a^b f=-\int_a^b f.$$

两边乘以 -1 就得到所要的结果了.

□

例 9.12 回到本节开头的问题, 我们来计算

$$\int_0^1\sqrt{1-x^2}\,\mathrm{d}x.$$

我们知道 $\sin:\left[0,\frac{\pi}{2}\right]\to[0,1]$ 是一个严格单增的连续函数, 且 $\sin'=\cos$ 在 $\left(0,\frac{\pi}{2}\right)$ 上始终大于零且连续. 因此

$$\int_0^1\sqrt{1-x^2}\,\mathrm{d}x=\int_0^{\frac{\pi}{2}}\sqrt{1-\sin^2 t}\cdot\cos t\,\mathrm{d}t=\int_0^{\frac{\pi}{2}}\cos^2 t\,\mathrm{d}t=\frac{\pi}{4}.$$

更多的时候, 我们习惯于这么写: 令

$$x=x(t)=\sin t,\quad t\in\left[0,\frac{\pi}{2}\right],$$

则

$$x'(t)=\cos t,\quad t\in\left(0,\frac{\pi}{2}\right).$$

由变量替换公式可知,

$$\int_0^1\sqrt{1-x^2}\,\mathrm{d}x=\int_0^{\frac{\pi}{2}}\sqrt{1-x^2(t)}\cdot x'(t)\,\mathrm{d}t$$

$$=\int_0^{\frac{\pi}{2}}\sqrt{1-\sin^2 t}\cdot\cos t\,\mathrm{d}t=\int_0^{\frac{\pi}{2}}\cos^2 t\,\mathrm{d}t=\frac{\pi}{4}.$$

随着我们越来越熟练, 我们还会省去更多的步骤和细节.

例 9.13 下面我们来计算

$$\int_0^{\frac{\pi}{2}}\cos^5 x\,\mathrm{d}x.$$

理论上, 我们可以把 $\cos^5 x$ 表示为 $\cos 5x,\cos 3x,\cos x$ 的一个线性组合, 但这个公式大家肯定比较陌生, 所以我们改用变量替换法.

因为 $\sin:\left[0,\frac{\pi}{2}\right]\to[0,1]$ 是一个严格单增的连续函数, 且 $\sin'=\cos$ 在 $\left(0,\frac{\pi}{2}\right)$ 上始终大于零且连续. 因此

$$\begin{aligned}\int_0^{\frac{\pi}{2}}\cos^5 x\,\mathrm{d}x&=\int_0^{\frac{\pi}{2}}\left(1-\sin^2 x\right)^2\cdot\cos x\,\mathrm{d}x\\&=\int_0^1(1-t^2)^2\,\mathrm{d}t=\int_0^1(1-2t^2+t^4)\,\mathrm{d}t\\&=1-\frac{2}{3}+\frac{1}{5}=\frac{8}{15}.\end{aligned}$$

答案算出来了, 但有没有感觉有点奇怪? 上述第二个等号, 我们要反过来看 (从下往上看): 令 $t=\sin x$, 由变量替换公式可得

$$\int_0^1(1-t^2)^2\,\mathrm{d}t=\int_0^{\frac{\pi}{2}}\left(1-\sin^2 x\right)^2\cdot\cos x\,\mathrm{d}x.$$

换句话说, 我们是从 t 变到 x. 如果你坚持要从 x 变到 t, 那就得令

$$x=\arcsin t,\quad t\in[0,1],$$

从而 $\sin x=t,\cos x=\sqrt{1-t^2}$ 且

$$x'(t)=\frac{1}{\sqrt{1-t^2}},\quad t\in(0,1).$$

当 $t\to1^-$ 的时候, $x'(t)$ 其实是无界的. 但幸运的是,

$$\cos^5 x\cdot x'(t)=\left(\sqrt{1-t^2}\right)^5\cdot\frac{1}{\sqrt{1-t^2}}=(1-t^2)^2$$

在 $t\to1^-$ 的时候是有极限的, 因此变量替换公式所需要的所有条件都是满足的. 于是

$$\begin{aligned}\int_0^{\frac{\pi}{2}}\cos^5 x\,\mathrm{d}x&=\int_0^1\left[\cos x(t)\right]^5\cdot x'(t)\,\mathrm{d}t=\int_0^1\left(\sqrt{1-t^2}\right)^5\cdot\frac{1}{\sqrt{1-t^2}}\,\mathrm{d}t\\&=\int_0^1(1-t^2)^2\,\mathrm{d}t=\frac{8}{15}.\end{aligned}$$

练习 9.6　把等式 $2\cos x = \mathrm{e}^{\mathrm{i}x} + \mathrm{e}^{-\mathrm{i}x}$ 两边都取 5 次方, 证明:

$$16\cos^5 x = \cos 5x + 5\cos 3x + 10\cos x.$$

利用这个结果求出 $\cos^5 x$ 的一个原函数并再次计算 $\displaystyle\int_0^{\frac{\pi}{2}} \cos^5 x\,\mathrm{d}x$.

下一节我们将利用分部积分法推导出

$$I_n = \int_0^{\frac{\pi}{2}} \cos^n x\,\mathrm{d}x, \quad n \in \mathbb{N}$$

的一个递归关系, 从而得到 I_n 的显式公式.

引理 9.2　设函数 f 在 $[0,1]$ 上连续, 则

$$\int_0^{\pi} x f(\sin x)\,\mathrm{d}x = \frac{\pi}{2}\int_0^{\pi} f(\sin x)\,\mathrm{d}x.$$

证明　令 $x = \pi - t, t \in [0,\pi]$, 则 $x'(t) = -1$, 因此

$$\begin{aligned}\int_0^{\pi} x f(\sin x)\,\mathrm{d}x &= \int_0^{\pi} (\pi - t) f(\sin(\pi - t)) \cdot |-1|\,\mathrm{d}t = \int_0^{\pi} (\pi - t) f(\sin t)\,\mathrm{d}t \\ &= \int_0^{\pi} (\pi - x) f(\sin x)\,\mathrm{d}x = \int_0^{\pi} \pi f(\sin x)\,\mathrm{d}x - \int_0^{\pi} x f(\sin x)\,\mathrm{d}x,\end{aligned}$$

第三个等号是哑变量 (积分变量) 的改名. 移项并除以 2 就得到了

$$\int_0^{\pi} x f(\sin x)\,\mathrm{d}x = \frac{\pi}{2}\int_0^{\pi} f(\sin x)\,\mathrm{d}x.$$

□

例 9.14　我们来计算

$$I = \int_0^{\pi} \frac{x\sin x}{1+\cos^2 x}\,\mathrm{d}x.$$

因为 $1+\cos^2 x = 2 - \sin^2 x$, 所以我们可以利用上面的引理,

$$I = \frac{\pi}{2}\int_0^{\pi} \frac{\sin x}{1+\cos^2 x}\,\mathrm{d}x.$$

令 $t = \cos x$, 得

$$I = \frac{\pi}{2}\int_{-1}^{1} \frac{\mathrm{d}t}{1+t^2} = \frac{\pi}{2} \cdot \arctan t\Big|_{-1}^{1} = \frac{\pi}{2} \cdot \frac{\pi}{2} = \frac{\pi^2}{4}.$$

引理 9.3　设 $a < b$, 函数 f 在 $[a,b]$ 上连续, 则

$$\int_a^b f(x)\,\mathrm{d}x = \int_a^b f(a+b-x)\,\mathrm{d}x.$$

证明 令 $x=a+b-t, t\in[a,b]$, 则 $x'(t)=-1$, 因此

$$\begin{aligned}\int_a^b f(x)\,\mathrm{d}x &= \int_a^b f(a+b-t)\cdot|-1|\,\mathrm{d}t = \int_a^b f(a+b-t)\,\mathrm{d}t\\ &= \int_a^b f(a+b-x)\,\mathrm{d}x.\end{aligned}$$

最后一个等号是哑变量的改名.

□

例 9.15 设 $a<b$, 函数 f 在 $[a,b]$ 上连续, 且

$$f(x)+f(a+b-x)=2f\Big(\frac{a+b}{2}\Big),\quad \forall x\in[a,b],$$

则

$$\begin{aligned}2\int_a^b f(x)\,\mathrm{d}x &= \int_a^b f(x)\,\mathrm{d}x + \int_a^b f(a+b-x)\,\mathrm{d}x\\ &= \int_a^b \Big[f(x)+f(a+b-x)\Big]\,\mathrm{d}x = \int_a^b 2f\Big(\frac{a+b}{2}\Big)\,\mathrm{d}x\\ &= 2(b-a)f\Big(\frac{a+b}{2}\Big),\end{aligned}$$

两边同时除以 2, 就得到

$$\int_a^b f(x)\,\mathrm{d}x = (b-a)f\Big(\frac{a+b}{2}\Big).$$

这个结果可以视作等差数列求和公式的连续版本.

下面的引理也是常用的结论.

引理 9.4 设函数 f 在 $[0,1]$ 上连续, 则

$$\int_0^{\pi} f(\sin x)\,\mathrm{d}x = 2\int_0^{\frac{\pi}{2}} f(\sin x)\,\mathrm{d}x = 2\int_0^{\frac{\pi}{2}} f(\cos x)\,\mathrm{d}x.$$

证明 (1) 首先, 利用积分关于积分区间的可加性,

$$\int_0^{\pi} f(\sin x)\,\mathrm{d}x = \int_0^{\frac{\pi}{2}} f(\sin x)\,\mathrm{d}x + \int_{\frac{\pi}{2}}^{\pi} f(\sin x)\,\mathrm{d}x.$$

我们保持等号右边第一个积分不动, 对第二个积分做变量替换: 令

$$x=\pi-t,\quad t\in\Big[0,\frac{\pi}{2}\Big],$$

则 $x'(t)=-1$, 因此

$$\int_{\frac{\pi}{2}}^{\pi} f(\sin x)\,\mathrm{d}x = \int_0^{\frac{\pi}{2}} f\big(\sin(\pi-t)\big)\cdot|-1|\,\mathrm{d}t = \int_0^{\frac{\pi}{2}} f(\sin t)\,\mathrm{d}t = \int_0^{\frac{\pi}{2}} f(\sin x)\,\mathrm{d}x,$$

最后一个等号是哑变量的改名. 因此

$$\int_0^{\pi} f(\sin x)\,\mathrm{d}x == 2\int_0^{\frac{\pi}{2}} f(\sin x)\,\mathrm{d}x.$$

(2) 令 $x=\dfrac{\pi}{2}-t, t\in\left[0,\dfrac{\pi}{2}\right]$, 则 $x'(t)=-1$, 因此

$$\int_0^{\frac{\pi}{2}} f(\sin x)\,\mathrm{d}x = \int_0^{\frac{\pi}{2}} f\left[\sin\left(\frac{\pi}{2}-t\right)\right]\cdot|-1|\,\mathrm{d}t = \int_0^{\frac{\pi}{2}} f(\cos t)\,\mathrm{d}t = \int_0^{\frac{\pi}{2}} f(\cos x)\,\mathrm{d}x,$$

最后一个等号是哑变量的改名.

□

例 9.16　作为上述引理的一个应用, 我们有

$$\int_0^{\pi} \sin^5 x\,\mathrm{d}x = 2\int_0^{\frac{\pi}{2}} \cos^5 x\,\mathrm{d}x = 2\cdot\frac{8}{15} = \frac{16}{15}.$$

9.5　分部积分

上一节我们讲了积分的变量替换公式, 这一节我们来讲一下求积分的另一种很有效的方法: 分部积分 (integration by parts). 注意, 是分部而不是分布或分步 (虽然完成分部积分的过程确实需要好几个步骤), 部是部分的意思.

回忆一下对函数乘积求导的莱布尼兹法则: 若 f,g 均可导, 则 fg 也可导, 且

$$(fg)'=f'g+fg'.$$

现在假设 f,g 均在闭区间 $[a,b]$ 上连续, f',g' 在开区间 (a,b) 上连续, 且 $f'g,fg'$ 在 a 处的右极限和在 b 处的左极限都存在, 则我们可以补充定义 $f'g,fg'$ 在 a,b 两点处的值, 使得 $f'g,fg'$ 都在 $[a,b]$ 上连续, 这样下面出现的所有积分就都有意义了.

结合牛顿-莱布尼兹公式可知,

$$\int_a^b f'g+\int_a^b fg'=\int_a^b (fg)'=fg\big|_a^b.$$

移项得到

$$\int_a^b fg'=fg\big|_a^b-\int_a^b f'g.$$

这就是分部积分公式. 我们总结如下.

定理 9.18 (分部积分公式) 设 f,g 均在闭区间 $[a,b]$ 上连续, f',g' 在开区间 (a,b) 上连续, 且 $f'g,fg'$ 在 a 处的右极限和在 b 处的左极限都存在, 则

$$\int_a^b fg' = fg\Big|_a^b - \int_a^b f'g.$$

我们来看几个简单的例子.

例 9.17 因为 $x'=1,(\mathrm{e}^x)'=\mathrm{e}^x$, 所以

$$\begin{aligned}\int_a^b x\mathrm{e}^x &= \int_a^b x(\mathrm{e}^x)' = x\mathrm{e}^x\Big|_a^b - \int_a^b x'\cdot\mathrm{e}^x = x\mathrm{e}^x\Big|_a^b - \int_a^b \mathrm{e}^x\\ &= b\mathrm{e}^b - a\mathrm{e}^a - (\mathrm{e}^b-\mathrm{e}^a) = (b-1)\mathrm{e}^b-(a-1)\mathrm{e}^a.\end{aligned}$$

如果你能一眼看出 $(x-1)\mathrm{e}^x$ 是 $x\mathrm{e}^x$ 的一个原函数, 则用牛顿-莱布尼兹公式会更快:

$$\int_a^b x\mathrm{e}^x = (x-1)\mathrm{e}^x\Big|_a^b = (b-1)\mathrm{e}^b-(a-1)\mathrm{e}^a.$$

当 $a=0,b=1$ 的时候, 我们得到

$$\int_0^1 x\mathrm{e}^x = 1.$$

练习 9.7 利用分部积分求 $\displaystyle\int_0^1 x^2\mathrm{e}^x$.

例 9.18 因为 $x'=1,(\sin x)'=\cos x$, 所以

$$\int_0^\pi x\cos x = \int_0^\pi x(\sin x)' = x\sin x\Big|_0^\pi - \int_0^\pi x'\cdot\sin x = 0-\int_0^\pi \sin x = -2.$$

如果能 (大概率是不能) 一眼看出 $x\sin x+\cos x$ 是 $x\cos x$ 的一个原函数, 则用牛顿-莱布尼兹公式会更快:

$$\int_0^\pi x\cos x = (x\sin x+\cos x)\Big|_0^\pi = (-1)-1=-2.$$

练习 9.8 利用分部积分求 $\displaystyle\int_0^\pi x\sin x$.

练习 9.9 利用分部积分求 $\displaystyle\int_0^\pi x^2\cos x$.

例 9.19 因为

$$(\arctan x)' = \frac{1}{1+x^2},\quad x'=1,$$

所以

$$\int_0^1 \arctan x = \int_0^1 \arctan x\cdot x' = \arctan x\cdot x\Big|_0^1 - \int_0^1 (\arctan x)'\cdot x$$

$$= \frac{\pi}{4} - \int_0^1 \frac{1}{1+x^2} \cdot x = \frac{\pi}{4} - \frac{1}{2}\ln(1+x^2)\Big|_0^1 = \frac{\pi}{4} - \frac{\ln 2}{2}.$$

要用肉眼找到 $\arctan x$ 的一个原函数是很困难的. 事实上, 求原函数也有分部积分法, 就是上一章的利用莱布尼兹法则求原函数, 其过程极其相似.

例 9.20 设 n 是一个自然数, 我们来求

$$I_n = \int_0^{\frac{\pi}{2}} \cos^n x$$

的值. 显然,

$$I_0 = \int_0^{\frac{\pi}{2}} 1 = \frac{\pi}{2}, \quad I_1 = \int_0^{\frac{\pi}{2}} \cos x = 1.$$

当 $n \geqslant 2$ 时, 由 $(\sin x)' = \cos x$ 可知

$$\begin{aligned}
I_n &= \int_0^{\frac{\pi}{2}} \cos^{n-1} x \cdot \cos x = \cos^{n-1} x \cdot \sin x\Big|_0^{\frac{\pi}{2}} - \int_0^{\frac{\pi}{2}} \sin x \cdot \left(\cos^{n-1} x\right)' \\
&= 0 - \int_0^{\frac{\pi}{2}} \sin x \cdot (n-1)\cos^{n-2} x \cdot (-\sin x) \\
&= (n-1)\int_0^{\frac{\pi}{2}} (1-\cos^2 x) \cdot \cos^{n-2} x \\
&= (n-1)I_{n-2} - (n-1)I_n,
\end{aligned}$$

移项并整理得到

$$I_n = \frac{n-1}{n} I_{n-2}, \quad \forall n \geqslant 2.$$

这是一个二阶递归关系, 结合初值 I_0, I_1, 我们就能得到所有 I_n 的值. 比如

$$I_5 = \frac{4}{5} \cdot \frac{2}{3} \cdot I_1 = \frac{8}{15},$$

这和上节中的结论是一致的. 更一般地, 对任意正整数 n, 我们有

$$I_{2n} = \frac{(2n-1)\times(2n-3)\times\cdots\times 3\times 1}{2n\times(2n-2)\times\cdots\times 4\times 2} \cdot \frac{\pi}{2},$$

以及

$$I_{2n-1} = \frac{(2n-2)\times(2n-4)\times\cdots\times 4\times 2}{(2n-1)\times(2n-3)\times\cdots\times 5\times 3}.$$

我们不要求大家记住这两个公式, 但希望大家记住上面的二阶递归关系, 最好还能掌握它的推导过程, 掌握的标准就是合上书自己还能写出所有的细节. 作者刚上大一的时候, 在学校

主楼后面的东机房参加期中考试, 除了十几道选择题外, 还有几道大题, 其中一题就是求上述 I_n 的值. 作者最终没能将上述分部积分以及移项的过程完整地写出来, 至今想来仍然觉得十分遗憾.

练习 9.10 设 n 是一个自然数, 求 $\int_0^{\frac{\pi}{2}} \sin^n x$ 的值.

练习 9.11 设 n 是一个自然数, 求 $\int_0^{\pi} x\sin^n x$ 的值.

9.6 积分区间无界的广义积分

黎曼积分 $\int_a^b f$ 要求积分区间 $[a,b]$ 是一个有界闭区间, 同时被积函数 f 是有界的. 如果突破这两个限制, 我们就得到了广义积分. 广义积分有两种: 一种是积分区间无界, 即积分上限或者积分下限中包含无穷; 另一种是被积函数无界. 我们先来考虑第一种.

定义 9.7 假设 a 是一个实数, 有界函数 f 在 $[a,+\infty)$ 上有定义, 且对任意实数 $A>a$, f 都在 $[a,A]$ 上黎曼可积. 如果极限 $\lim\limits_{A\to+\infty}\int_a^A f$ 存在, 则称 f 在 $[a,+\infty)$ 上的广义积分存在 (或收敛), 并把极限值记为 $\int_a^{+\infty} f$, 称为 f 在 $[a,+\infty)$ 上的广义积分. 如果极限 $\lim\limits_{A\to+\infty}\int_a^A f$ 不存在, 则称 f 在 $[a,+\infty)$ 上的广义积分不存在 (或发散).

例 9.21 设 a 是一个正数. 函数 $\frac{1}{x^2}$ 在 $[a,+\infty)$ 上连续, 因此对任意大于 a 的实数 A, 函数 $\frac{1}{x^2}$ 都在 $[a,A]$ 上黎曼可积. 因为

$$\int_a^A \frac{1}{x^2} = \left.\frac{-1}{x}\right|_a^A = \frac{1}{a}-\frac{1}{A},$$

所以

$$\lim_{A\to+\infty}\int_a^A \frac{1}{x^2} = \frac{1}{a}-0=\frac{1}{a}.$$

于是

$$\int_a^{+\infty}\frac{1}{x^2}=\frac{1}{a}.$$

特别地,

$$\int_1^{+\infty}\frac{1}{x^2}=1.$$

例 9.22 更一般地, 设 a 是一个正数, $p>1$. 函数 $\frac{1}{x^p}$ 在 $[a,+\infty)$ 上连续, 因此对任

意大于 a 的实数 A, 函数 $\dfrac{1}{x^p}$ 都在 $[a,A]$ 上黎曼可积. 因为

$$\int_a^A \frac{1}{x^p} = \int_a^A x^{-p} = \frac{x^{1-p}}{1-p}\Big|_a^A = \frac{A^{1-p}-a^{1-p}}{1-p},$$

所以

$$\lim_{A\to+\infty}\int_a^A \frac{1}{x^p} = \frac{0-a^{1-p}}{1-p} = \frac{a^{1-p}}{p-1}.$$

于是, 当 $p>1$ 时,

$$\int_a^{+\infty} \frac{1}{x^p} = \frac{a^{1-p}}{p-1}.$$

特别地,

$$\int_1^{+\infty} \frac{1}{x^p} = \frac{1}{p-1}.$$

练习 9.12　求证: 当 $p\leqslant 1$ 时, 广义积分 $\displaystyle\int_1^{+\infty}\frac{1}{x^p}$ 发散.

定义 9.8　假设 b 是一个实数, 函数 f 在 $(-\infty,b]$ 上有定义, 且对任意实数 $B<b$, f 都在 $[B,b]$ 上黎曼可积. 如果极限 $\displaystyle\lim_{B\to-\infty}\int_B^b f$ 存在, 则称 f 在 $(-\infty,b]$ 上的广义积分存在 (或收敛), 并把极限值记为 $\displaystyle\int_{-\infty}^b f$, 称为 f 在 $(-\infty,b]$ 上的广义积分. 如果极限 $\displaystyle\lim_{B\to-\infty}\int_B^b f$ 不存在, 则称 f 在 $(-\infty,b]$ 上的广义积分不存在 (或发散).

定义 9.9　设有界函数 f 在 $\mathbb{R}$ 上有定义, 且 f 在任何一个闭区间上都黎曼可积. 如果存在某个实数 a, 使得广义积分 $\displaystyle\int_{-\infty}^a f$ 和 $\displaystyle\int_a^{+\infty} f$ 都收敛, 则称 f 在 $\mathbb{R}$ 上的广义积分收敛, 并把

$$\int_{-\infty}^a f + \int_a^{+\infty} f$$

称为 f 在 $\mathbb{R}$ 上的广义积分, 记为 $\displaystyle\int_{\mathbb{R}} f$ 或者 $\displaystyle\int_{-\infty}^{+\infty} f$.

注: 不难证明, f 在 $\mathbb{R}$ 上的广义积分是否收敛, 以及积分值等于多少, 与上述 a 的选取无关. 我们一般就取 $a=0$.

例 9.23　函数 $\dfrac{1}{1+x^2}$ 在 $\mathbb{R}$ 上连续, 因此它在任何一个闭区间上都黎曼可积. 因为

$$\int_0^A \frac{1}{1+x^2} = \arctan x\Big|_0^A = \arctan A,$$

所以

$$\int_0^{+\infty} \frac{1}{1+x^2} = \lim_{A\to+\infty}\int_0^A \frac{1}{1+x^2} = \frac{\pi}{2}.$$

而

$$\int_B^0 \frac{1}{1+x^2} = \arctan x\Big|_B^0 = -\arctan B,$$

所以

$$\int_{-\infty}^0 \frac{1}{1+x^2} = \lim_{B\to-\infty}\int_B^0 \frac{1}{1+x^2} = \frac{\pi}{2}.$$

于是

$$\int_{\mathbb{R}} \frac{1}{1+x^2} = \int_{-\infty}^0 \frac{1}{1+x^2} + \int_0^{+\infty} \frac{1}{1+x^2} = \pi.$$

9.7 被积函数无界的广义积分

本节我们来考虑第二种广义积分, 即被积函数无界的广义积分, 俗称瑕积分.

定义 9.10 设 $a<b$ 是两个实数, 函数 f 在 $(a,b]$ 上有定义, 且当 $x\to a^+$ 时, $f(x)$ 趋于无穷, 则称 a 是函数 f 的一个瑕点.

定义 9.11 设 $a<b$ 是两个实数, 函数 f 在 $(a,b]$ 上有定义, a 是函数 f 的一个瑕点, 且对任意实数 $c\in(a,b)$, 函数 f 都在 $[c,b]$ 上黎曼可积. 如果极限 $\lim\limits_{c\to a^+}\int_c^b f$ 存在, 则称 f 在 $[a,b]$ 上的瑕积分存在 (或收敛), 并把极限值记为 $\int_a^b f$, 称为 f 在 $[a,b]$ 上的瑕积分. 如果极限 $\lim\limits_{c\to a^+}\int_c^b f$ 不存在, 则称 f 在 $[a,b]$ 上的瑕积分不存在 (或发散).

类似地可定义 b 为瑕点时函数 f 在 $[a,b]$ 上的瑕积分, 请读者写出这个定义.

例 9.24 函数 $\frac{1}{\sqrt{x}}$ 在 $(0,1]$ 上连续, 因此对任意实数 $c\in(0,1)$, $\frac{1}{\sqrt{x}}$ 都在 $[c,1]$ 上黎曼可积. 因为

$$\int_c^1 \frac{1}{\sqrt{x}} = 2\sqrt{x}\Big|_c^1 = 2-2\sqrt{c},$$

所以

$$\lim_{c\to0^+}\int_c^1 \frac{1}{\sqrt{x}} = 2-0 = 2.$$

于是瑕积分

$$\int_0^1 \frac{1}{\sqrt{x}} = 2.$$

例 9.25　更一般地, 当 $0<p<1$ 时, 函数 $\dfrac{1}{x^p}$ 在 $(0,1]$ 上连续, 因此对任意实数 $c\in(0,1)$, $\dfrac{1}{x^p}$ 都在 $[c,1]$ 上黎曼可积. 因为

$$\int_c^1 \frac{1}{x^p} = \int_c^1 x^{-p} = \frac{x^{1-p}}{1-p}\bigg|_c^1 = \frac{1-c^{1-p}}{1-p},$$

所以

$$\lim_{c\to 0^+}\int_c^1 \frac{1}{x^p} = \frac{1}{1-p}.$$

于是, 当 $0<p<1$ 时, 瑕积分

$$\int_0^1 \frac{1}{x^p} = \frac{1}{1-p}.$$

练习 9.13　求证: 当 $p\geqslant 1$ 时, 瑕积分 $\displaystyle\int_0^1 \frac{1}{x^p}$ 发散.

例 9.26　函数 $\dfrac{1}{\sqrt{1-x^2}}$ 在 $[0,1)$ 上连续, 因此对任意实数 $c\in(0,1)$, 函数 $\dfrac{1}{\sqrt{1-x^2}}$ 都在 $[0,c]$ 上黎曼可积. 因为

$$\int_0^c \frac{1}{\sqrt{1-x^2}} = \arcsin x\Big|_0^c = \arcsin c,$$

所以

$$\lim_{c\to 1^-}\int_0^c \frac{1}{\sqrt{1-x^2}} = \frac{\pi}{2}.$$

于是瑕积分

$$\int_0^1 \frac{1}{\sqrt{1-x^2}} = \frac{\pi}{2}.$$

9.8　积分计算举例

本节我们再介绍几个积分 (包括广义积分) 计算的例子, 有的例题可能乍看很难, 但细细研究后会发现, 其实也没那么难.

例 9.27　我们来计算

$$I = \int_0^{\frac{\pi}{2}} \frac{\sqrt{\cos x}}{\sqrt{\cos x}+\sqrt{\sin x}}.$$

这题是几年前印度理工学院的入学考试试题, 我们来看看难度到底如何. 被积函数的原函数显然不好求, 所以我们需要另寻他法. 所谓的他法无非就是变量替换和分部积分, 这题用分

部积分也不合适, 因为被积函数看着不像 fg' 的样子, 所以我们来试试变量替换. 被积函数中既有 $\cos x$, 又有 $\sin x$, 熟知诱导公式的我们应该不难想到如下的变量替换: 令

$$x=\frac{\pi}{2}-t, \quad t\in\left[0,\frac{\pi}{2}\right],$$

则

$$x'(t)=-1, \quad t\in\left(0,\frac{\pi}{2}\right).$$

由变量替换公式可得

$$\begin{aligned}I&=\int_0^{\frac{\pi}{2}}\frac{\sqrt{\cos x}}{\sqrt{\cos x}+\sqrt{\sin x}}=\int_0^{\frac{\pi}{2}}\frac{\sqrt{\cos\left(\frac{\pi}{2}-t\right)}}{\sqrt{\cos\left(\frac{\pi}{2}-t\right)}+\sqrt{\sin\left(\frac{\pi}{2}-t\right)}}\cdot|-1|\\&=\int_0^{\frac{\pi}{2}}\frac{\sqrt{\sin t}}{\sqrt{\sin t}+\sqrt{\cos t}}=\int_0^{\frac{\pi}{2}}\frac{\sqrt{\sin x}}{\sqrt{\sin x}+\sqrt{\cos x}}.\end{aligned}$$

第二个等号用了积分的变量替换公式, 最后一个等号是哑变量改名. 因此

$$2I=\int_0^{\frac{\pi}{2}}\frac{\sqrt{\cos x}}{\sqrt{\cos x}+\sqrt{\sin x}}+\int_0^{\frac{\pi}{2}}\frac{\sqrt{\sin x}}{\sqrt{\sin x}+\sqrt{\cos x}}=\int_0^{\frac{\pi}{2}}1=\frac{\pi}{2},$$

所以 $I=\dfrac{\pi}{4}$.

例 9.28 广义积分也有变量替换公式, 我们来举个例子. 设 a 是一个正数, 我们想要计算广义积分

$$I=\int_0^{+\infty}\frac{1}{(1+x^2)(1+x^a)}.$$

我们先考虑

$$I_A=\int_{\frac{1}{A}}^{A}\frac{1}{(1+x^2)(1+x^a)}.$$

做变量替换:

$$x=\frac{1}{t}, \quad t\in\left[\frac{1}{A},A\right],$$

则

$$x'(t)=\frac{-1}{t^2}, \quad t\in\left(\frac{1}{A},A\right).$$

由变量替换公式可知,

$$I_A=\int_{\frac{1}{A}}^{A}\frac{1}{\left(1+\frac{1}{t^2}\right)\left(1+\frac{1}{t^a}\right)}\cdot\left|\frac{-1}{t^2}\right|=\int_{\frac{1}{A}}^{A}\frac{t^a}{(t^2+1)(t^a+1)}=\int_{\frac{1}{A}}^{A}\frac{x^a}{(x^2+1)(x^a+1)}.$$

最后一个等号是哑变量的改名. 因此,

$$2I_A = \int_{\frac{1}{A}}^{A} \frac{1}{(1+x^2)(1+x^a)} + \int_{\frac{1}{A}}^{A} \frac{x^a}{(x^2+1)(x^a+1)}$$

$$= \int_{\frac{1}{A}}^{A} \frac{1}{1+x^2} = \arctan x\Big|_{\frac{1}{A}}^{A} = \arctan A - \arctan\frac{1}{A}.$$

于是 $\lim\limits_{A\to+\infty} I_A = \dfrac{\pi}{4}$. 最后, 注意到函数 $\dfrac{1}{(1+x^2)(1+x^a)}$ 是有界的 (总是介于 0 和 1 之间), 因此当 $A\to+\infty$ 时, 它在区间 $\left[0, \dfrac{1}{A}\right]$ 上的积分会趋于零.

$$I = \lim_{A\to+\infty}\int_0^A \frac{1}{(1+x^2)(1+x^a)}$$

$$= \lim_{A\to+\infty}\left(\int_0^{\frac{1}{A}} \frac{1}{(1+x^2)(1+x^a)} + \int_{\frac{1}{A}}^{A} \frac{1}{(1+x^2)(1+x^a)}\right)$$

$$= 0 + \frac{\pi}{4} = \frac{\pi}{4}.$$

是不是很奇怪? 这个广义积分竟然与正数 a 无关!

当我们很熟练的时候, 我们一般会这么写: 令

$$x = \frac{1}{t}, \quad t\in(0,+\infty),$$

则

$$x'(t) = \frac{-1}{t^2}, \quad t\in(0,+\infty).$$

由变量替换公式可知,

$$I = \int_0^{+\infty} \frac{1}{\left(1+\dfrac{1}{t^2}\right)\left(1+\dfrac{1}{t^a}\right)}\cdot\left|\frac{-1}{t^2}\right| = \int_0^{+\infty}\frac{t^a}{(t^2+1)(t^a+1)} = \int_0^{+\infty}\frac{x^a}{(x^2+1)(x^a+1)}.$$

最后一个等号是哑变量的改名. 因此,

$$2I = \int_0^{+\infty} \frac{1}{(1+x^2)(1+x^a)} + \int_0^{+\infty} \frac{x^a}{(x^2+1)(x^a+1)}$$

$$= \int_0^{+\infty} \frac{1}{1+x^2} = \arctan x\Big|_0^{+\infty} = \frac{\pi}{2} - 0 = \frac{\pi}{2}.$$

这里 $\arctan(+\infty)$ 应该理解为 $\lim\limits_{x\to+\infty}\arctan x$. 所以

$$I = \int_0^{+\infty} \frac{1}{(1+x^2)(1+x^a)} = \frac{\pi}{4}.$$

例 9.29 我们来计算广义积分

$$I=\int_0^{+\infty}\frac{1}{1+x^4}.$$

令

$$x=\frac{1}{t},\quad t\in(0,+\infty),$$

则

$$x'(t)=\frac{-1}{t^2},\quad t\in(0,+\infty).$$

由变量替换公式可知,

$$I=\int_0^{+\infty}\frac{1}{1+\frac{1}{t^4}}\cdot\left|\frac{-1}{t^2}\right|=\int_0^{+\infty}\frac{t^2}{t^4+1}=\int_0^{+\infty}\frac{x^2}{x^4+1}.$$

最后一个等号是哑变量的改名. 因此,

$$2I=\int_0^{+\infty}\frac{1}{1+x^4}+\int_0^{+\infty}\frac{x^2}{x^4+1}=\int_0^{+\infty}\frac{x^2+1}{x^4+1}.$$

这个积分又该如何计算呢? 上下同时除以 x^2, 得到

$$2I=\int_0^{+\infty}\frac{1+\frac{1}{x^2}}{x^2+\frac{1}{x^2}}=\int_0^{+\infty}\frac{\left(x-\frac{1}{x}\right)'}{\left(x-\frac{1}{x}\right)^2+2}.$$

令 $u=x-\frac{1}{x}$, 则当 $x\in(0,+\infty)$ 时, $u\in(-\infty,+\infty)$. 由变量替换公式 (反着用) 可知,

$$2I=\int_{-\infty}^{+\infty}\frac{1}{u^2+2}=\frac{1}{\sqrt{2}}\arctan\frac{u}{\sqrt{2}}\Big|_{-\infty}^{+\infty}=\frac{\pi}{\sqrt{2}}.$$

所以

$$\int_0^{+\infty}\frac{1}{1+x^4}=I=\frac{\pi}{2\sqrt{2}}.$$

注: 学了复变函数之后, 我们可以利用围道积分证明: 对正整数 $n\geqslant 2$,

$$\int_0^{+\infty}\frac{1}{1+x^n}=\frac{\frac{\pi}{n}}{\sin\frac{\pi}{n}}.$$

例 9.30　广义积分也有分部积分公式, 我们来举个简单的例子. 我们想要计算广义积分

$$I=\int_0^{+\infty} x\mathrm{e}^{-x}.$$

我们先考虑

$$I_A=\int_0^{A} x\mathrm{e}^{-x}.$$

因为 $x'=1, (\mathrm{e}^{-x})'=-\mathrm{e}^{-x}$, 所以

$$\begin{aligned}I_A&=\int_0^A x\mathrm{e}^{-x}=-\int_0^A x(\mathrm{e}^{-x})'=-x\mathrm{e}^{-x}\big|_0^A+\int_0^A x'\mathrm{e}^{-x}\\&=-A\mathrm{e}^{-A}+\int_0^A \mathrm{e}^{-x}=-A\mathrm{e}^{-A}-\mathrm{e}^{-x}\big|_0^A=-A\mathrm{e}^{-A}-\mathrm{e}^{-A}+1.\end{aligned}$$

令 $A\to+\infty$ 得 $I=1$.

等以后我们熟练了, 一般就这么写:

$$\begin{aligned}I&=\int_0^{+\infty} x\mathrm{e}^{-x}=-\int_0^{+\infty} x(\mathrm{e}^{-x})'=-x\mathrm{e}^{-x}\big|_0^{+\infty}+\int_0^{+\infty} x'\mathrm{e}^{-x}\\&=0+\int_0^{+\infty}\mathrm{e}^{-x}=-\mathrm{e}^{-x}\big|_0^{+\infty}=1.\end{aligned}$$

练习 9.14　用分部积分法计算瑕积分 $\displaystyle\int_0^1 \ln x$.

例 9.31 (Γ 函数)　设 s 是一个正数, 可以证明广义积分

$$\int_0^{+\infty} x^{s-1}\mathrm{e}^{-x}$$

是收敛的. 特别注意, 当 $s<1$ 时, 0 是函数 $x^{s-1}\mathrm{e}^{-x}$ 的一个瑕点. 我们把上述积分记为 $\Gamma(s)$, 称为 Γ 函数 (Gamma function).

由分部积分公式可知,

$$\begin{aligned}\Gamma(s+1)&=\int_0^{+\infty} x^s\mathrm{e}^{-x}=-\int_0^{+\infty} x^s(\mathrm{e}^{-x})'=-x^s\mathrm{e}^{-x}\big|_0^{+\infty}+\int_0^{+\infty}(x^s)'\mathrm{e}^{-x}\\&=0+\int_0^{+\infty} sx^{s-1}\mathrm{e}^{-x}=s\Gamma(s).\end{aligned}$$

因为 $\Gamma(1)=1$, 所以 $\Gamma(2)=1\cdot\Gamma(1)=1$, 这就是上例中的积分. 更一般地, 对任意正整数 n, 我们有 $\Gamma(n)=(n-1)!$.

练习 9.15 求 $\int_0^{+\infty} x^{2021}\mathrm{e}^{-x^2}$ 的值.

练习 9.16 已知 $\Gamma\left(\frac{1}{2}\right)=\sqrt{\pi}$, 求 $\Gamma\left(n+\frac{1}{2}\right)$ 的值.

练习 9.17 求 $\int_0^{+\infty} x^{2022}\mathrm{e}^{-x^2}$ 的值.

练习 9.18 求证: $\Gamma\left(\frac{1}{2}\right)=\int_{-\infty}^{+\infty}\mathrm{e}^{-x^2}$.

9.9 积分形式的琴生不等式

这一节, 我们来介绍一下积分形式的琴生不等式. 先证明一个引理.

引理 9.5 设 f 在 $[a,b]$ 上连续, 在 (a,b) 内可导且导数单调递增, 则对任意 $x_0\in(a,b)$, 我们有

$$f(x)\geqslant f(x_0)+f'(x_0)(x-x_0),\quad \forall x\in[a,b].$$

注: 这个引理的几何含义是: 凸函数的图像位于其任一点处的切线上方 (见图 9.6).

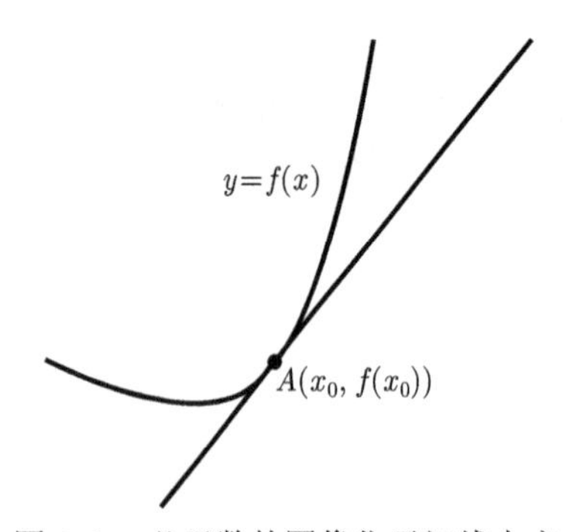

图 9.6 凸函数的图像位于切线上方

证明 (1) 当 $x=x_0$ 时, 不等式显然成立.

(2) 当 $x>x_0$ 时, 由拉格朗日中值定理可知,

$$f(x)-f(x_0)=f'(\xi)(x-x_0)\geqslant f'(x_0)(x-x_0).$$

这里 $\xi\in(x_0,x)$, 所以 $f'(\xi)\geqslant f'(x_0)$.

(3) 当 $x<x_0$ 时, 由拉格朗日中值定理,

$$f(x)-f(x_0)=f'(\xi)(x-x_0)\geqslant f'(x_0)(x-x_0).$$

这里 $\xi\in(x,x_0)$, 所以 $f'(\xi)\leqslant f'(x_0)$.

□

定理 9.19 设函数 φ 在 $[a,b]$ 上连续, 函数 f 在 $\varphi([a,b])$ 上连续, 且 f 在 $\varphi([a,b])$ 内部有单调递增的导数, 则

$$\frac{1}{b-a}\int_a^b f\circ\varphi\geqslant f\left(\frac{1}{b-a}\int_a^b\varphi\right).$$

证明 若 φ 为常值函数, 结论显然成立. 若 φ 不是常值函数, 则 $\varphi([a,b])$ 是一个闭区间. 记

$$m=\frac{1}{b-a}\int_a^b\varphi,$$

则 m 是 $\varphi([a,b])$ 内部的一点. 由上述引理, 我们有

$$f(\varphi(x))\geqslant f(m)+f'(m)\big(\varphi(x)-m\big),\quad \forall x\in[a,b].$$

因此

$$\begin{aligned}\int_a^b f(\varphi(x)) &\geqslant \int_a^b \Big[f(m)+f'(m)\big(\varphi(x)-m\big)\Big]\\&=(b-a)f(m)+f'(m)\int_a^b\big(\varphi(x)-m\big)\\&=(b-a)f(m)+f'(m)\cdot 0=(b-a)f(m).\end{aligned}$$

□

注： 取 $f(x)=x^2$, 我们就得到了下面的特例: 设函数 φ 在 $[a,b]$ 上连续, 则

$$\frac{1}{b-a}\int_a^b\varphi^2 \geqslant \Big(\frac{1}{b-a}\int_a^b\varphi\Big)^2.$$

两边都乘以 $(b-a)^2$, 得到

$$(b-a)\int_a^b\varphi^2 \geqslant \Big(\int_a^b\varphi\Big)^2.$$

这个不等式也可以由积分形式的柯西不等式得到.

当 $\varphi(x)=\dfrac{1}{x}$ 时, 我们得到

$$(b-a)\int_a^b\frac{1}{x^2} \geqslant \Big(\int_a^b\frac{1}{x}\Big)^2.$$

利用牛顿-莱布尼兹公式, 上式即

$$(b-a)\cdot\frac{-1}{x}\Big|_a^b \geqslant \big(\ln x\,\big|_a^b\,\big)^2,$$

也就是

$$(b-a)\cdot\Big(\frac{1}{a}-\frac{1}{b}\Big) \geqslant \big(\ln b-\ln a\big)^2 \Longrightarrow \frac{b-a}{\ln b-\ln a}\geqslant\sqrt{ab}.$$

我们把 $\dfrac{b-a}{\ln b-\ln a}$ 称为 a,b 的对数平均.

最后, 设 k 是一个正整数, 令 $a=k, b=k+1$, 则有

$$\frac{1}{k(k+1)} \geqslant \Big(\ln\frac{k+1}{k}\Big)^2 \Longrightarrow \frac{1}{\sqrt{k(k+1)}}\geqslant\ln\frac{k+1}{k}.$$

我们之前用导数的方法得到过这个不等式.

例 9.32 设函数 f 在 $[0,1]$ 上连续且在 $(0,1)$ 上有单增的导数, 则对任意正数 m, 我们有

$$\int_0^1 f(x^m)\geqslant f\Big(\int_0^1 x^m\Big)=f\Big(\frac{1}{m+1}\Big).$$

9.10 曲线的长度

作为积分的应用, 我们来说一下曲线的长度. 为简单起见, 我们只考虑平面中的参数曲线, 三维空间中参数曲线的情况是类似的. 我们先定义平面参数曲线.

定义 9.12 设 $a<b$ 是两个实数, 我们把映射

$$\boldsymbol{r}:[a,b]\longrightarrow\mathbb{R}^2$$

$$t\mapsto\boldsymbol{r}(t)=\big(x(t),y(t)\big)$$

称为一条平面参数曲线. 这里 $x(t),y(t)$ 都是 $[a,b]$ 上的连续函数. 如果 $x'(t),y'(t)$ 在 (a,b) 内都存在且连续, $x'(t),y'(t)$ 在 a,b 处的单侧极限存在 (于是可以认为 $x'(t),y'(t)$ 在 $[a,b]$ 上连续), 并且 $x'(t)^2+y'(t)^2$ 在 (a,b) 内处处大于零, 则称 $\boldsymbol{r}$ 是光滑的 (smooth). 如果 $\boldsymbol{r}(a)=\boldsymbol{r}(b)$, 则称 $\boldsymbol{r}$ 是闭的 (closed). 如果 $\boldsymbol{r}$ 限制在 $[a,b)$ 以及 $(a,b]$ 上都是单射, 则称 $\boldsymbol{r}$ 是简单的 (simple).

例 9.33 平面参数曲线

$$\boldsymbol{r}:[0,2\pi]\longrightarrow\mathbb{R}^2$$

$$t\mapsto\boldsymbol{r}(t)=(\cos t,\sin t)$$

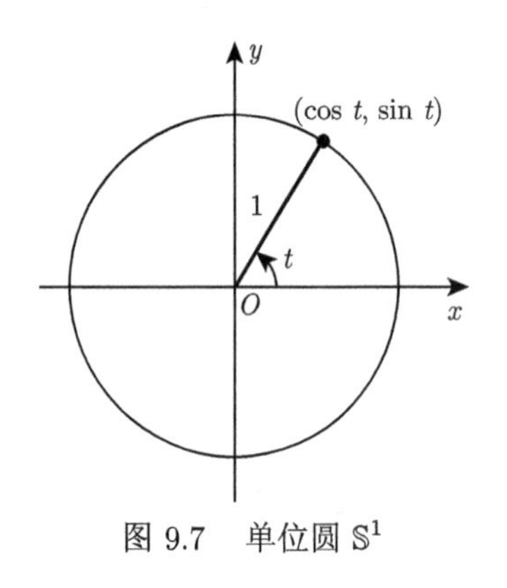

图 9.7 单位圆 $\mathbb{S}^1$

满足 $\boldsymbol{r}(0)=\boldsymbol{r}(2\pi)=(1,0)$, 因而它是一条闭曲线. 因为 $\cos^2t+\sin^2t=1$, 所以 $\boldsymbol{r}$ 的像落在单位圆

$$\mathbb{S}^1=\{(x,y)\mid x^2+y^2=1\}$$

上 (见图 9.7). 那单位圆 $\mathbb{S}^1$ 是否被映满了呢?

显然 $\boldsymbol{r}(0)=(1,0),\boldsymbol{r}(\pi)=(-1,0)$. 现在任取单位圆 $\mathbb{S}^1$ 上半部分的一点 (x,y), 此时 $y>0,x\in(-1,1)$. 因为 $\cos t$ 在 $[0,\pi]$ 上严格单调递减且取遍 $[-1,1]$ 内的所有值, 所以存在唯一的 $t\in(0,\pi)$ 使得 $\cos t=x$, 于是

$$y=\sqrt{1-x^2}=\sqrt{1-\cos^2t}=\sin t.$$

任取单位圆 $\mathbb{S}^1$ 下半部分的一点 (x,y), 此时 $y<0,x\in(-1,1)$. 因为 $\cos t$ 在 $[\pi,2\pi]$ 上严格单调递增且取遍 $[-1,1]$ 内的所有值, 所以存在唯一的 $t\in(\pi,2\pi)$ 使得 $\cos t=x$, 于是

$$y=-\sqrt{1-x^2}=-\sqrt{1-\cos^2t}=-|\sin t|=\sin t.$$

因此, 单位圆 $\mathbb{S}^1$ 确实被映满了, $\boldsymbol{r}$ 的像就是单位圆 $\mathbb{S}^1$. 如果 $\boldsymbol{r}(t_1)=\boldsymbol{r}(t_2)$ 且 $t_1,t_2\in[0,2\pi)$ 或者 $t_1,t_2\in(0,2\pi]$, 不难证明 $t_1=t_2$. 所以, $\boldsymbol{r}$ 是一条简单闭曲线.

平面参数曲线

$$\boldsymbol{s}:[0,4\pi]\longrightarrow\mathbb{R}^2$$

$$t \mapsto \boldsymbol{s}(t) = (\cos t, \sin t)$$

的像也是单位圆 $\mathbb{S}^1$, 但我们认为 $\boldsymbol{r}$ 和 $\boldsymbol{s}$ 是两条不同的参数曲线 (作为映射, 它们的定义域是不同的).

给定平面参数曲线

$$\boldsymbol{r} : [a,b] \longrightarrow \mathbb{R}^2$$

$$t \mapsto \boldsymbol{r}(t) = (x(t), y(t)).$$

我们取区间 $[a,b]$ 的一个分割

$$P:\ a = t_0 < t_1 < t_2 < \cdots < t_{n-1} < t_n = b,$$

并记 $M_k = (x(t_k), y(t_k)), k = 0, 1, 2, \cdots, n$. 依次用线段连接这些点, 就得到了平面参数曲线 $\boldsymbol{r}$ 的一条内接折线 $M_0M_1M_2\cdots M_n$. 我们把

$$l_P = \sum_{k=1}^{n} |M_{k-1}M_k|$$

称为内接折线 $M_0M_1M_2\cdots M_n$ 的长度. 如果分割 Q 是分割 P 的一个加细, 由三角形不等式可知 $l_Q \geqslant l_P$. 因此, 分割越细, 内接折线的长度越长. 这个长度会不会有一个上界呢?

定义 9.13　如果平面参数曲线 $\boldsymbol{r}$ 的所有内接折线的长度有上界, 我们就称 $\boldsymbol{r}$ 是可求长的, 并把 $\boldsymbol{r}$ 的所有内接折线长度的上确界称为 $\boldsymbol{r}$ 的长度, 记为 $l(\boldsymbol{r})$.

因为参数曲线的长度是一个上确界, 一般来说, 它是很难计算的 (除非它是一条线段). 但对于光滑的参数曲线, 我们有如下的积分计算公式.

定理 9.20　假设平面参数曲线

$$\boldsymbol{r} : [a,b] \longrightarrow \mathbb{R}^2$$

$$t \mapsto \boldsymbol{r}(t) = (x(t), y(t))$$

是光滑的, 则它的长度

$$l(\boldsymbol{r}) = \int_a^b \sqrt{x'(t)^2 + y'(t)^2}.$$

证明　记 $I = \displaystyle\int_a^b \sqrt{x'(t)^2 + y'(t)^2}$. 因为函数 $\sqrt{x'(t)^2 + y'(t)^2}$ 在区间 $[a,b]$ 上黎曼可积, 所以对任意正数 ϵ, 存在区间 $[a,b]$ 的一个分割

$$P:\ a = t_0 < t_1 < t_2 < \cdots < t_{n-1} < t_n = b,$$

对任取的代表点 $\xi_k \in [t_{k-1}, t_k]$, 都有

$$\left| \sum_{k=1}^{n} \sqrt{x'(\xi_k)^2 + y'(\xi_k)^2}(t_k - t_{k-1}) - I \right| < \epsilon.$$

如果把分割 P 换成更细的分割, 上面的不等式依然成立. 记

$$M_k = \big(x(t_k), y(t_k)\big), \quad k = 0, 1, 2, \cdots, n.$$

内接折线 $M_0M_1M_2\cdots M_n$ 的长度

$$l_P = \sum_{k=1}^{n} |M_{k-1}M_k| = \sum_{k=1}^{n} \sqrt{\big(x(t_k) - x(t_{k-1})\big)^2 + \big(y(t_k) - y(t_{k-1})\big)^2}.$$

由拉格朗日中值定理可知, 存在 $\xi_k, \eta_k \in (t_{k-1}, t_k)$, 使得

$$x(t_k) - x(t_{k-1}) = x'(\xi_k)(t_k - t_{k-1}), \quad y(t_k) - y(t_{k-1}) = y'(\eta_k)(t_k - t_{k-1}).$$

因此

$$l_P = \sum_{k=1}^{n} \sqrt{x'(\xi_k)^2 + y'(\eta_k)^2} \cdot (t_k - t_{k-1}).$$

因为 $y'(t)$ 在 $[a, b]$ 上连续, 所以它在 $[a, b]$ 上一致连续. 于是对任意正数 ϵ, 存在正数 δ, 只要 $|\eta - \xi| < \delta$, 就有

$$|y'(\eta) - y'(\xi)| < \frac{\epsilon}{b - a}.$$

如果需要, 我们可以给分割 P 添加一些分点, 得到一个新的分割 (仍记为 P), 让新的分割 P 的所有小区间的长度都小于这个 δ, 于是

$$\begin{aligned}
&\left| l_P - \sum_{k=1}^{n} \sqrt{x'(\xi_k)^2 + y'(\xi_k)^2} \cdot (t_k - t_{k-1}) \right| \\
=&\left| \sum_{k=1}^{n} \sqrt{x'(\xi_k)^2 + y'(\eta_k)^2} \cdot (t_k - t_{k-1}) - \sum_{k=1}^{n} \sqrt{x'(\xi_k)^2 + y'(\xi_k)^2} \cdot (t_k - t_{k-1}) \right| \\
\leqslant& \sum_{k=1}^{n} \left| \sqrt{x'(\xi_k)^2 + y'(\eta_k)^2} - \sqrt{x'(\xi_k)^2 + y'(\xi_k)^2} \right| \cdot (t_k - t_{k-1}) \\
\leqslant& \sum_{k=1}^{n} \left| y'(\eta_k) - y'(\xi_k) \right| \cdot (t_k - t_{k-1}) < \sum_{k=1}^{n} \frac{\epsilon}{b - a} \cdot (t_k - t_{k-1}) = \epsilon
\end{aligned}$$

上面的第二个不等号用到了三角形不等式 (三角形的两边之差不超过第三边). 因此,

$$\begin{aligned}
|l_P - I| \leqslant& \left| l_P - \sum_{k=1}^{n} \sqrt{x'(\xi_k)^2 + y'(\xi_k)^2} \cdot (t_k - t_{k-1}) \right| \\
&+ \left| \sum_{k=1}^{n} \sqrt{x'(\xi_k)^2 + y'(\xi_k)^2} \cdot (t_k - t_{k-1}) - I \right| \\
<& \epsilon + \epsilon = 2\epsilon.
\end{aligned}$$

如果把分割 P 换成更细的分割, 上述不等式依然成立. 即对任意分割 $Q \succ P$, 我们有

$$\left|l_Q - I\right| < 2\epsilon.$$

去掉绝对值就是

$$I - 2\epsilon < l_Q < I + 2\epsilon,$$

由上确界的定义可知,

$$I - 2\epsilon < l_Q \leqslant \sup_{Q \succ P} l_Q \leqslant I + 2\epsilon,$$

所以

$$\left|\sup_{Q \succ P} l_Q - I\right| \leqslant 2\epsilon.$$

因为 ϵ 是任意的正数, 所以 $\sup\limits_{Q \succ P} l_Q = I$. 又因为 $\sup\limits_{Q \succ P} l_Q = l(\boldsymbol{r})$(请你想一想这是为什么), 所以

$$l(\boldsymbol{r}) = I = \int_a^b \sqrt{x'(t)^2 + y'(t)^2}.$$

□

例 9.34 (圆的周长)　设 a 是一个正数. 平面参数曲线

$$\boldsymbol{r} : [0, 2\pi] \longrightarrow \mathbb{R}^2$$

$$t \mapsto \boldsymbol{r}(t) = (a\cos t, a\sin t)$$

是光滑的, 它的像是半径为 a 的圆, 它的长度 (圆的周长) 为

$$\int_0^{2\pi} \sqrt{(-a\sin t)^2 + (a\cos t)^2} = \int_0^{2\pi} a = 2\pi a.$$

例 9.35　平面参数曲线

$$\boldsymbol{r} : [0, 1] \longrightarrow \mathbb{R}^2$$

$$t \mapsto \boldsymbol{r}(t) = (t, t^2)$$

是光滑的, 它的像是抛物线 $y = x^2$ 的一段. 它的长度

$$l(\boldsymbol{r}) = \int_0^1 \sqrt{1^2 + (2t)^2} = \int_0^1 \sqrt{1 + 4t^2} = \frac{2\sqrt{5} + \ln(2 + \sqrt{5})}{4}.$$

最后这个积分并不好算, 除非你能记得 $\sqrt{1 + 4t^2}$ 的原函数. 你也可以用变量替换法或者分部积分法计算这个积分, 我们把细节留给各位读者.

例 9.36 (摆线) 设 a 是一个正数. 摆线

$$\boldsymbol{r}:\mathbb{R}\longrightarrow\mathbb{R}^2$$
$$t\mapsto \boldsymbol{r}(\theta)=\big(a(\theta-\sin\theta),a(1-\cos\theta)\big)$$

的像是半径为 a 的圆沿一条直线运动时圆上一个定点所形成的轨迹 (见图 9.8), 因而摆线也叫旋轮线.

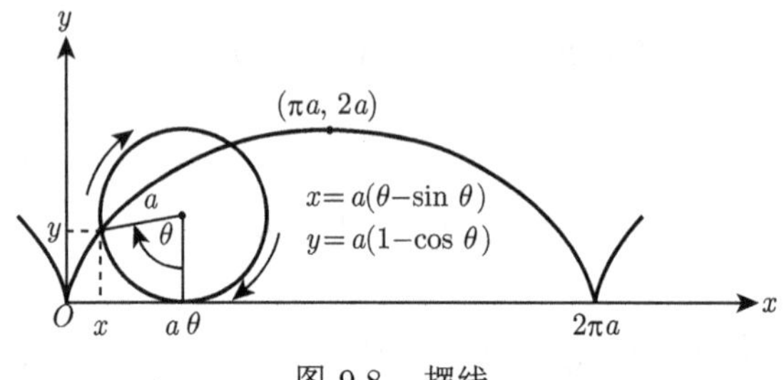

图 9.8 摆线

如果限制 $\theta\in[0,2\pi]$, 我们就得到了摆线的一拱 (圆滚动一圈), 一拱的长度为

$$\int_0^{2\pi}\sqrt{a^2(1-\cos\theta)^2+a^2\sin^2\theta}=a\int_0^{2\pi}\sqrt{2-2\cos\theta}=a\int_0^{2\pi}2\sin\frac{\theta}{2}=8a.$$

摆线又叫最速降线. 意大利物理学家伽利略 • 伽利雷 (Galileo Galilei, 1564—1642, 见图 9.9) 在 1630 年提出了如下的问题: 设 A 和 B 是铅直 (竖直) 平面上不在同一铅直线上的两点, 在所有连接 A 和 B 的平面曲线中, 求出一条曲线, 使仅受重力作用且初速度为零的质点从 A 点到 B 点沿这条曲线运动时所需时间最短. 这就是著名的最速降线问题.

伽利略

雅各布 · 伯努利

图 9.9 伽利略和雅各布 • 伯努利

瑞士数学家约翰 • 伯努利 (Johann Bernoulli, 1667—1748, 见图 9.9) 于 1696 年解决了这个问题, 答案就是一条上下颠倒的摆线 (见图 9.10).

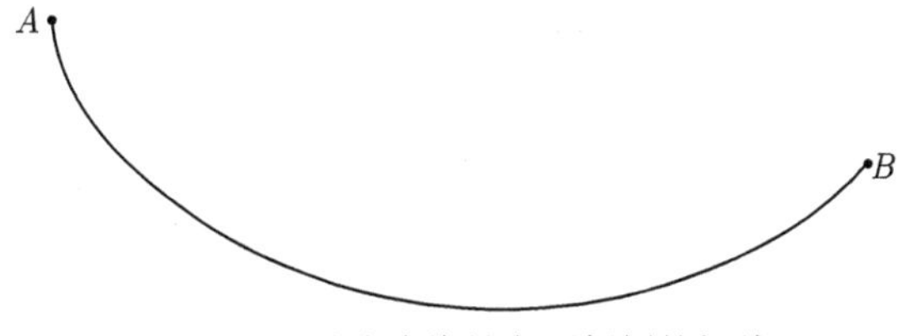

图 9.10 最速降线是上下颠倒的摆线

约翰·伯努利向全欧洲的数学家发起挑战, 让他们也来解一下这个难题. 其实约翰·伯努利的本意是想测试一下他的哥哥雅各布·伯努利 (Jacob Bernoulli, 1654—1705) 能不能解出这个问题. 约翰·伯努利比雅各布·伯努利小 13 岁, 他的很多数学知识都是雅各布·伯努利教他的, 因此约翰·伯努利很嫉妒他的哥哥, 一心想要超过哥哥. 最终约翰·伯努利收到了 4 份解答, 分别来自牛顿、莱布尼兹、洛必达还有雅各布·伯努利. 据说刚从造币厂下班的牛顿看到约翰·伯努利的挑战书后, 熬了一个通宵就把问题解出来了, 然后匿名寄回了解答. 约翰·伯努利也公布了自己的解答, 他的解答非常巧妙, 类比了物理中光的折射. 但雅各布·伯努利的解答最为深刻, 蕴含了变分法的萌芽.

例 9.37 (椭圆的周长) 设 $a > b > 0$. 平面参数曲线

$$\boldsymbol{r} : \left[0, \frac{\pi}{2}\right] \longrightarrow \mathbb{R}^2$$

$$t \mapsto \boldsymbol{r}(t) = (a\cos t, b\sin t)$$

是光滑的, 它的像是 1/4 的椭圆 (见图 9.11), 它的长度

$$\begin{aligned} l &= \int_0^{\frac{\pi}{2}} \sqrt{(-a\sin t)^2 + (b\cos t)^2} = \int_0^{\frac{\pi}{2}} \sqrt{a^2\sin^2 t + b^2\cos^2 t} \\ &= \int_0^{\frac{\pi}{2}} \sqrt{a^2(1-\cos^2 t) + b^2\cos^2 t} = \int_0^{\frac{\pi}{2}} \sqrt{a^2 - (a^2 - b^2)\cos^2 t}. \end{aligned}$$

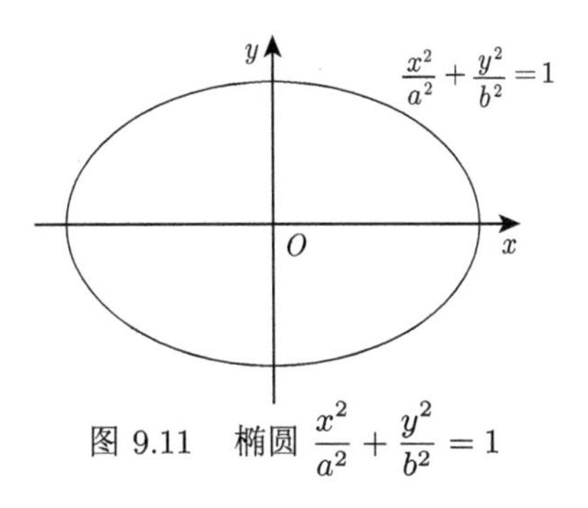

图 9.11 椭圆 $\dfrac{x^2}{a^2} + \dfrac{y^2}{b^2} = 1$

因为 $a^2 - b^2 = c^2 = a^2e^2$, 这里 $e = \dfrac{c}{a} \in (0, 1)$ 是椭圆的离心率, 所以

$$l = a\int_0^{\frac{\pi}{2}} \sqrt{1 - e^2\cos^2 t}.$$

这个积分被称为椭圆积分, 被积函数 $\sqrt{1-e^2\cos^2 t}$ 的原函数不是初等函数 (理由很复杂). 那我们是不是就束手无策了呢? 也不是. 只要我们跳出初等函数的框框, 我们还是能够往下走的. 友情提示: 下面的推理有点超出本书的范围, 但结果都是正确的. 我们先把被积函数 $\sqrt{1-e^2\cos^2 t}$ 泰勒展开为

$$1+\frac{1}{2}(-e^2\cos^2 t)+\frac{\frac{1}{2}\left(\frac{1}{2}-1\right)}{2!}(-e^2\cos^2 t)^2+\frac{\frac{1}{2}\left(\frac{1}{2}-1\right)\left(\frac{1}{2}-1\right)}{3!}(-e^2\cos^2 t)^3+\cdots,$$

然后逐项积分并利用前几节关于 $\int_0^{\frac{\pi}{2}}\cos^{2n} t$ 的结果, 可得

$$\begin{aligned}
l&=a\Big[\int_0^{\frac{\pi}{2}}1-\frac{e^2}{2}\int_0^{\frac{\pi}{2}}\cos^2 t-\frac{1\cdot e^4}{2\cdot 4}\int_0^{\frac{\pi}{2}}\cos^4 t-\frac{1\cdot 3\cdot e^6}{2\cdot 4\cdot 6}\int_0^{\frac{\pi}{2}}\cos^6 t-\cdots\Big]\\
&=a\Big[\frac{\pi}{2}-\frac{e^2}{2}\cdot\frac{1}{2}\cdot\frac{\pi}{2}-\frac{1\cdot e^4}{2\cdot 4}\cdot\frac{3}{4}\cdot\frac{1}{2}\cdot\frac{\pi}{2}-\frac{1\cdot 3\cdot e^6}{2\cdot 4\cdot 6}\cdot\frac{5}{6}\cdot\frac{3}{4}\cdot\frac{1}{2}\cdot\frac{\pi}{2}-\cdots\Big]\\
&=\frac{\pi a}{2}\Big[1-\Big(\frac{1}{2}\Big)^2\cdot e^2-\Big(\frac{1\cdot 3}{2\cdot 4}\Big)^2\cdot\frac{e^4}{3}-\Big(\frac{1\cdot 3\cdot 5}{2\cdot 4\cdot 6}\Big)^2\cdot\frac{e^6}{5}-\cdots\Big].
\end{aligned}$$

上面算的是 1/4 椭圆的长度, 所以整个椭圆的周长是

$$2\pi a\Big[1-\Big(\frac{1}{2}\Big)^2\cdot e^2-\Big(\frac{1\cdot 3}{2\cdot 4}\Big)^2\cdot\frac{e^4}{3}-\Big(\frac{1\cdot 3\cdot 5}{2\cdot 4\cdot 6}\Big)^2\cdot\frac{e^6}{5}-\cdots\Big],$$

这是一个无穷级数, 除了第一项 $2\pi a$, 后面的每一项都是负的.

第 10 章　简单的微分方程

在介绍微分方程之前, 我们先来说一说一般的方程. 方程 (equation) 的本意是等式, 也就是 $A=B$, 比如, 爱因斯坦的质能方程

$$E=mc^2.$$

数学中的方程总是含有一些未知的量, 比如我们在小学的时候解方程就是求未知数 x. 我们最熟悉的方程是代数方程, 比如,

$$2x-10=0,$$

这是一个一次方程, 它的解是 $x=5$. 又如,

$$x^2-5x+6=0,$$

这是一个二次方程, 它的解有两个, 分别是 2 和 3. 二次方程

$$ax^2+bx+c=0(a\neq 0)$$

有求根公式

$$x=\frac{-b\pm\sqrt{b^2-4ac}}{2a},$$

所以我们都会解.

三次方程估计大家就不太熟悉了, 因为它的求根公式比较复杂, 比如, 三次方程

$$x^3=px+q$$

的一个根是

$$x_1=\sqrt[3]{\frac{q}{2}+\sqrt{\frac{q^2}{4}-\frac{p^3}{27}}}+\sqrt[3]{\frac{q}{2}-\sqrt{\frac{q^2}{4}-\frac{p^3}{27}}},$$

另外两个根是

$$x_2=w\cdot\sqrt[3]{\frac{q}{2}+\sqrt{\frac{q^2}{4}-\frac{p^3}{27}}}+w^2\cdot\sqrt[3]{\frac{q}{2}-\sqrt{\frac{q^2}{4}-\frac{p^3}{27}}}$$

和

$$x_3=w^2\cdot\sqrt[3]{\frac{q}{2}+\sqrt{\frac{q^2}{4}-\frac{p^3}{27}}}+w\cdot\sqrt[3]{\frac{q}{2}-\sqrt{\frac{q^2}{4}-\frac{p^3}{27}}},$$

这里 $w=-\frac{1}{2}+\frac{\sqrt{3}}{2}\mathrm{i}$ 是三次单位根. 这就是著名的卡丹公式. 吉罗拉莫・卡丹 (Girolamo Cardano, 1501—1576, 见图 10.1) 是意大利数学家, 虽然三次方程的求根公式以他的名字命名, 但这个公式并不是他最先发现的. 卡丹的老师名叫塔塔利亚 (Tartaglia, 1500—1557). 塔塔利亚也是意大利人, 本名尼科罗・方塔纳 (Niccolò Fontana), 12 岁时被法国士兵用剑刺伤了颌部和舌头, 导致说话结巴, 所以得了塔塔利亚这个绰号, 其意思是口吃者. 塔塔利亚聪明过人, 自学成才. 他在一次求解三次方程的比赛中大获全胜, 名声大噪. 卡丹慕名而来, 想要跟随塔塔利亚学习三次方程的解法. 塔塔利亚一开始是拒绝的, 后来收下卡丹为徒, 但要求卡丹立下誓言: 绝对不能把三次方程的解法外传! 后来卡丹把塔塔利亚的解法写进自己的书中发表, 塔塔利亚知道后痛斥卡丹背信弃义.

卡丹

塔塔利亚

图 10.1 卡丹和塔塔利亚

卡丹公式比较复杂, 外面有三次根号, 里边还有二次根号, 中学里不讲, 因为它太难了, 大学里也不讲, 因为它太简单了 (毕竟它属于初等数学, 大学阶段要学的是高等数学). 四次方程也有求根公式, 但更加复杂. 五次方程则没有求根公式, 这是挪威数学家尼尔斯・阿贝尔 (Niels Abel, 1802—1829) 证明的, 但过程比较复杂, 感兴趣的读者可以去找一下相关的参考书, 如冯承天的《从求解多项式方程到阿贝尔不可能性定理: 细说五次方程无求根公式》. 人类求解代数方程的历史是一段美丽的传奇, 是数学史上浓墨重彩的一笔.

我们还见过一类方程, 称为函数方程, 比如,

$$f(x+y)=f(x)+f(y),\quad \forall x,y\in\mathbb{R}.$$

这里未知的是一个函数 f. 求一个未知的函数当然比求一个未知的数要困难. 对任意常数 C, 显然 $f(x)=Cx$ 满足上述方程. 但有没有其他形式的解呢? 如果假设 f 单调或者 f 在某点连续, 则没有其他解. 但如果不加任何额外的条件, 还真有其他形式的解! 我们可以用无限维向量空间的理论来证明其他形式解的存在性, 但没法把它们显式地写下来.

关于代数方程和函数方程的泛泛而谈就此结束, 下面开始介绍微分方程. 本章中的函数可以是复值的, 常数可以是复数.

10.1　微分方程的概念

定义 10.1　微分方程就是含有某个未知函数的导数或者高阶导数的方程. 若方程中出现的最高阶导数是 n 阶的, 我们就称这个方程是一个 n 阶微分方程. 设

$$f(x,y,y',y'',\cdots,y^{(n)})=0,\quad \forall x\in I$$

是一个 n 阶微分方程, 这里 I 是一个开集. 假如 f 是 $y,y',y'',\cdots,y^{(n)}$ 的线性函数, 则称这个方程是线性的, 否则就称它是非线性的.

定义 10.2　设

$$f(x,y,y',y'',\cdots,y^{(n)})=0,\quad \forall x\in I$$

是开集 I 上的一个 n 阶微分方程. 若定义在 I 上的复值函数 $y(x)$ 满足上述等式, 则称 $y(x)$ 是上述微分方程的一个解.

例 10.1　微分方程

$$y'(x)=y(x),\quad \forall x\in\mathbb{R}$$

是一阶线性的. 对任意常数 C, 显然 $y=C\mathrm{e}^x$ 满足上述方程, 还有其他解吗?

注: 当我们写下一个微分方程的时候, 应该明确指出使这个等式 (方程) 成立的自变量 x 的范围 I, 一般 I 是某个开集. 但很多书上经常省略这个范围, 比如, 上例中的方程就会被简写为 $y'=y$. 这么写当然节省了很多笔墨, 一般也没啥大的问题, 但有时候会引起误解.

例 10.2　微分方程

$$y'(x)=1+y^2(x),\quad \forall x\in\left(-\frac{\pi}{2},\frac{\pi}{2}\right)$$

是一阶非线性的. 你能找到方程的一个解吗?

例 10.3　微分方程

$$y''(x)-5y'(x)+6y(x)=0,\quad \forall x\in\mathbb{R}$$

是二阶线性的. 你能找到方程的解吗?

我们可以把上述方程简写为 $y''-5y'+6y=0$, 但我们要时刻记住使这个等式成立的自变量 x 的范围. 你想要缩小自变量 x 的范围, 考虑方程

$$y''(x)-5y'(x)+6y(x)=0,\quad \forall x\in(-1,1)$$

也是可以的.

10.2 可分离变量的一阶微分方程

我们先来考虑可分离变量的一阶微分方程:

$$f(y)y' = g(x),$$

这里 f, g 都是连续的函数. 假设 F 是 f 的一个原函数, G 是 g 的一个原函数, 由复合函数的求导法则, 上式即

$$\big[F(y)\big]' = G'(x),$$

因此

$$F(y) = G(x) + C,$$

这里 C 是一个任意的常数.

例 10.4 我们来求解一阶微分方程

$$\frac{y'}{1+y^2} = 2x.$$

不难发现, $\arctan y$ 是 $\dfrac{1}{1+y^2}$ 的一个原函数, x^2 是 $2x$ 的一个原函数, 因此上述微分方程可以改写为

$$\big[\arctan y\big]' = (x^2)',$$

于是

$$\arctan y = x^2 + C,$$

这里 C 是一个任意的常数. 所以

$$y = \tan(x^2 + C).$$

练习 10.1 求解微分方程

$$y' = \frac{y}{x}, \quad \forall x \neq 0.$$

10.3 一阶齐次微分方程

本节我们来考虑一阶齐次微分方程, 即形如

$$y' = f\Big(\frac{y}{x}\Big)$$

的一阶微分方程. 这里 f 是一个连续的函数. 令 $u = \dfrac{y}{x}$, 则 $y = xu$, 因此 $y' = u + xu'$. 原方程可以改写为

$$u + xu' = f(u),$$

移项, 得到

$$xu' = f(u) - u,$$

分离变量, 得到

$$\frac{u'}{f(u) - u} = \frac{1}{x}.$$

理论上, 这样的方程我们是会解的.

例 10.5　我们来求解一阶微分方程

$$y' = \frac{x+y}{x-y}.$$

上下都除以 x, 我们得到

$$y' = \frac{1+\dfrac{y}{x}}{1-\dfrac{y}{x}},$$

因此这是一个齐次的一阶微分方程. 令 $u = \dfrac{y}{x}$, 则 $y = xu$, 因此 $y' = u + xu'$. 原方程可以改写为

$$u + xu' = \frac{1+u}{1-u},$$

移项, 得到

$$xu' = \frac{1+u}{1-u} - u = \frac{1+u^2}{1-u},$$

分离变量, 得到

$$\frac{(1-u)u'}{1+u^2} = \frac{1}{x},$$

即

$$\left[\arctan u - \frac{1}{2}\ln(1+u^2)\right]' = \left[\ln|x|\right]',$$

因此

$$\arctan u - \frac{1}{2}\ln(1+u^2) = \ln|x| + C,$$

这里 C 是一个任意的常数. 把 $u = \dfrac{y}{x}$ 代入上式, 我们得到

$$\arctan\frac{y}{x} = \frac{1}{2}\ln(x^2+y^2) + C.$$

注: 在极坐标系下, $x = r\cos\theta, y = r\sin\theta$, 所以

$$\frac{y}{x} = \tan\theta \Longrightarrow \arctan\frac{y}{x} = \theta + k\pi, k \in \mathbb{Z}.$$

于是上面例题中的曲线可以改写为

$$\theta = \ln r + C \Longrightarrow \mathrm{e}^{\theta} = \mathrm{e}^{C} r.$$

这是一条对数螺线. 对数螺线也叫等角螺线, 它在极坐标系下的方程是

$$r = a\mathrm{e}^{b\theta},$$

这里 a, b 是两个正数. 自然界有很多对数螺线, 如鹦鹉螺的贝壳 (见图 10.2)、旋涡星系的旋臂、温带气旋等.

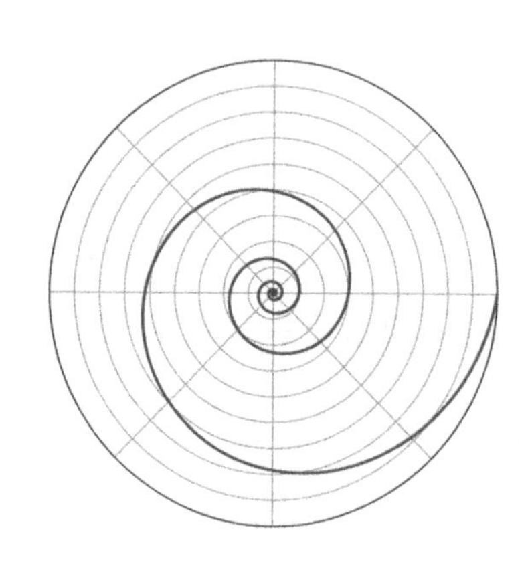

图 10.2　对数螺线和鹦鹉螺的贝壳

练习 10.2　求解微分方程

$$y' = \frac{x-y}{x+y}.$$

练习 10.3　求解微分方程

$$y' = \frac{x+y+3}{x-y+1}.$$

10.4　一阶线性微分方程与积分因子法

我们把形如

$$y' + p(x)y = q(x)$$

的方程称为一阶线性微分方程, 这里 $y = y(x)$ 可以是复值的. 这是最简单的一种微分方程. 在求解这个方程之前, 我们先来解决一个特例.

引理 10.1　微分方程

$$y'(x) = y(x), \quad \forall x \in \mathbb{R}$$

的解是 $y = C\mathrm{e}^{x}$, 这里 C 是一个任意的常数.

证明　我们只需证明 $\dfrac{y}{\mathrm{e}^x}$ 是一个常数, 对它求导,

$$\left(\frac{y}{\mathrm{e}^x}\right)' = \frac{y'\cdot \mathrm{e}^x - y\cdot(\mathrm{e}^x)'}{(\mathrm{e}^x)^2} = \frac{y\cdot \mathrm{e}^x - y\cdot \mathrm{e}^x}{\mathrm{e}^{2x}} = 0, \quad \forall x\in\mathbb{R}.$$

所以 $\dfrac{y}{\mathrm{e}^x}$ 是一个常数.

□

类似的推理可得下面的结论.

引理 10.2　设 k 是一个非零复数, 则微分方程

$$y'(x) = ky(x), \quad \forall x\in\mathbb{R}$$

的解是 $y = C\mathrm{e}^{kx}$, 这里 C 是一个任意的常数.

例 10.6　考虑如下的微分方程:

$$y' = \mathrm{i}y, \quad \forall x\in\mathbb{R},$$

这里 i 是虚数单位. 由上面的引理, 方程的解是

$$y = C\mathrm{e}^{\mathrm{i}x},$$

这里 C 是一个任意的常数. 根据欧拉公式, 我们也可以把解写成

$$y = C(\cos x + \mathrm{i}\sin x).$$

下面我们开始求解一阶线性微分方程

$$y' + p(x)y = q(x), \quad \forall x\in I,$$

这里 $p(x), q(x)$ 是两个连续的函数. 我们没办法说出开集 I 的具体样子, 因为我们暂时不知道 $p(x), q(x)$ 的具体形式.

我们所采用的方法称为积分因子法. 具体步骤如下: 首先, 我们找到 $p(x)$ 的一个原函数 $P(x)$, 它总是存在的, 而且还有无数个, 我们取一个最简单的就行. 现在我们在方程的两边同时乘以 $\mathrm{e}^{P(x)}$, 得到

$$\mathrm{e}^{P(x)}y' + \mathrm{e}^{P(x)}p(x)y = \mathrm{e}^{P(x)}q(x),$$

由莱布尼兹法则, 上式即

$$\left(\mathrm{e}^{P(x)}y\right)' = \mathrm{e}^{P(x)}q(x),$$

所以

$$\mathrm{e}^{P(x)}y = \int_a^x \mathrm{e}^{P(t)}q(t) + C,$$

这里 a 是 I 中任取的一点 (与 x 属于同一个开区间), C 是一个任意的常数. 因此

$$y = \mathrm{e}^{-P(x)}\left(\int_a^x \mathrm{e}^{P(t)}q(t) + C\right).$$

不难看出, 整个求解过程中起关键作用的就是 $\mathrm{e}^{P(x)}$, 我们把它称为积分因子.

我们用积分因子法重新审视前面引理中出现的一阶线性微分方程

$$y' = ky.$$

我们先把方程改写为 $y' - ky = 0$, 然后两边乘以积分因子 e^{-kx}, 得到 $\mathrm{e}^{-kx}y' - \mathrm{e}^{-kx}ky = 0$, 即 $\left(\mathrm{e}^{-kx}y\right)' = 0$, 因此

$$\mathrm{e}^{-kx}y = C \Longrightarrow y = C\mathrm{e}^{kx},$$

这里 C 是一个任意的常数.

例 10.7 我们来求解微分方程

$$y' + \frac{y}{x} = x^2, \quad \forall x \neq 0.$$

(1) 当 $x > 0$ 时, $P(x) = \ln x$ 是 $p(x) = \dfrac{1}{x}$ 的一个原函数, 方程两边乘以 $\mathrm{e}^{P(x)} = \mathrm{e}^{\ln x} = x$, 得到

$$xy' + y = x^3, \quad \forall x > 0.$$

上式即

$$(xy)' = x^3, \quad \forall x > 0,$$

所以

$$xy = \frac{x^4}{4} + C_1, \quad \forall x > 0,$$

这里 C_1 是一个任意的常数. 因此

$$y = \frac{x^3}{4} + \frac{C_1}{x}, \quad \forall x > 0.$$

(2) 当 $x < 0$ 时, $P(x) = \ln(-x)$ 是 $p(x) = \dfrac{1}{x}$ 的一个原函数, 方程两边乘以 $\mathrm{e}^{P(x)} = \mathrm{e}^{\ln(-x)} = -x$, 得到

$$-xy' - y = -x^3, \quad \forall x < 0.$$

两边再乘以 -1 得到

$$xy' + y = x^3, \quad \forall x < 0.$$

这个等式和 (1) 中完全一样, 不同的只是 x 的范围, 因此我们可以得到

$$y = \frac{x^3}{4} + \frac{C_2}{x}, \quad \forall x < 0,$$

这里 C_2 也是一个任意的常数, 但它和 C_1 没有任何关系.

练习 10.4　求解微分方程

$$y' + \frac{2y}{x} = x^2, \quad \forall x \neq 0.$$

练习 10.5　求解微分方程

$$y' - \frac{y}{x} = x^2, \quad \forall x \neq 0.$$

10.5　二阶线性常系数齐次微分方程

这节我们来讲一下二阶线性常系数齐次微分方程, 即形如

$$y'' + py' + qy = 0, \quad \forall x \in \mathbb{R}$$

的微分方程, 这里 $y = y(x)$ 可以是复值的. 方程中的系数 p, q 都是常数. 齐次的意思就是等号右边是零, 如果等号右边是一个非零的函数, 我们就称这个线性方程是非齐次的.

求解此类微分方程有一种很成熟的方法, 称为特征根法, 下面我们来介绍一下. 首先, 写下一个二次方程

$$r^2 + pr + q = 0,$$

称为微分方程 $y'' + py' + qy = 0$ 对应的特征方程. 这个特征方程当然和原来的微分方程有本质的不同, 但它们拥有相同的系数. 设 r_1, r_2 是上述特征方程的两根 (可能不是实数), 我们把它们称为微分方程 $y'' + py' + qy = 0$ 的特征根. 由韦达定理可知,

$$r_1 + r_2 = -p, \quad r_1 r_2 = q.$$

因此原微分方程可以改写为

$$y'' - (r_1 + r_2)y' + r_1 r_2 y = 0.$$

移项得到

$$y'' - r_2 y' = r_1 y' - r_1 r_2 y,$$

即

$$(y' - r_2 y)' = r_1 (y' - r_2 y).$$

由上节的引理可知,

$$y' - r_2 y = C_1 \mathrm{e}^{r_1 x},$$

这里 C_1 是一个任意的常数. 我们也可以换一种移项方式, 得到

$$y'' - r_1 y' = r_2 y' - r_1 r_2 y,$$

即

$$(y' - r_1 y)' = r_2 (y' - r_1 y).$$

由上节的引理可知,

$$y' - r_1 y = C_2 \mathrm{e}^{r_2 x},$$

这里 C_2 也是一个任意的常数.

(1) 如果 $r_1 \neq r_2$, 我们就得到了两个等式:

$$y' - r_2 y = C_1 \mathrm{e}^{r_1 x}, \quad y' - r_1 y = C_2 \mathrm{e}^{r_2 x},$$

将它们做差, 得到

$$(r_1 - r_2) y = C_1 \mathrm{e}^{r_1 x} - C_2 \mathrm{e}^{r_2 x},$$

因此

$$y = \frac{C_1}{r_1 - r_2} \mathrm{e}^{r_1 x} + \frac{C_2}{r_2 - r_1} \mathrm{e}^{r_2 x}.$$

(2) 如果 $r_1 = r_2$, 我们就只有一个等式:

$$y' - r_1 y = C_1 \mathrm{e}^{r_1 x}.$$

这个时候该如何是好呢? 也有办法! 这是一个一阶线性微分方程, 我们可以用上节介绍的积分因子法来求解. 两边乘以积分因子 $\mathrm{e}^{-r_1 x}$, 得到

$$\mathrm{e}^{-r_1 x} y' - r_1 \mathrm{e}^{-r_1 x} y = C_1,$$

即 $(\mathrm{e}^{-r_1 x} y)' = C_1$, 因此

$$\mathrm{e}^{-r_1 x} y = C_1 x + C_2,$$

这里 C_2 也是一个任意的常数. 于是

$$y = (C_1 x + C_2) \mathrm{e}^{r_1 x}.$$

我们把上面的结果总结成一个定理.

定理 10.1 设 r_1, r_2 是二阶线性常系数齐次微分方程

$$y'' + py' + qy = 0, \quad \forall x \in \mathbb{R}$$

的两个特征根.

(1) 若 $r_1 \neq r_2$, 则 $y = C_1 \mathrm{e}^{r_1 x} + C_2 \mathrm{e}^{r_2 x}$, 这里 C_1, C_2 是两个任意的常数.

(2) 若 $r_1 = r_2$, 则 $y = (C_1 x + C_2) \mathrm{e}^{r_1 x}$, 这里 C_1, C_2 是两个任意的常数.

注: 上述特征根法也可以用来求解数列的二阶递归方程. 假设数列 $\{a_n\}_{n \geqslant 0}$ 满足二阶线性常系数齐次递归方程

$$a_{n+1} + p a_n + q a_{n-1} = 0, \quad \forall n \geqslant 1,$$

这里 p, q 都是常数且 $q \neq 0$. 此类递归方程十分常见, 在线性代数中求某些很整齐的 n 阶行列式的时候, 也会出现类似的递归关系.

我们仍然把二次方程 $r^2+pr+q=0$ 称为这个二阶递归方程对应的特征方程, 把 $r^2+pr+q=0$ 的两个根 r_1, r_2 称为这个二阶递归方程的特征根. 由韦达定理可知,

$$r_1+r_2=-p, \quad r_1r_2=q.$$

因为 $q\neq 0$, 所以 r_1, r_2 都不等于零. 我们把二阶递归方程改写为

$$a_{n+1}-(r_1+r_2)a_n+r_1r_2a_{n-1}=0, \quad \forall n\geqslant 1.$$

移项之后就得到了

$$a_{n+1}-r_2a_n=r_1(a_n-r_2a_{n-1}), \quad a_{n+1}-r_1a_n=r_2(a_n-r_1a_{n-1}).$$

(1) 如果 $r_1\neq r_2$, 我们就得到了两个等比数列 (一阶递归). 大家应该都很熟悉等比数列, 不难得到

$$a_{n+1}-r_2a_n=r_1^n(a_1-r_2a_0), \quad a_{n+1}-r_1a_n=r_2^n(a_1-r_1a_0).$$

两式相减得到

$$(r_1-r_2)a_n=r_1^n(a_1-r_2a_0)-r_2^n(a_1-r_1a_0),$$

所以

$$a_n=\frac{a_1-r_2a_0}{r_1-r_2}r_1^n+\frac{a_1-r_1a_0}{r_2-r_1}r_2^n.$$

(2) 如果 $r_1=r_2$, 则我们只有一个等比数列:

$$a_{n+1}-r_2a_n=r_1(a_n-r_2a_{n-1}), \quad \forall n\geqslant 1.$$

这个时候我们还能把 a_n 求出来吗? 先由上式得到

$$a_n-r_1a_{n-1}=r_1^{n-1}(a_1-r_1a_0), \quad \forall n\geqslant 1.$$

两边同时除以 r_1^n, 得到

$$\frac{a_n}{r_1^n}-\frac{a_{n-1}}{r_1^{n-1}}=\frac{a_1}{r_1}-a_0, \quad \forall n\geqslant 1.$$

我们得到了一个等差数列, 真是意外的惊喜! 由等差数列的知识不难得到

$$\frac{a_n}{r_1^n}=a_0+\left(\frac{a_1}{r_1}-a_0\right)n,$$

因此

$$a_n=a_0r_1^n+\left(\frac{a_1}{r_1}-a_0\right)nr_1^n.$$

我们发现, 求解二阶线性常系数递归和求解二阶线性常系数微分方程的过程几乎完全一样, 都叫特征根法, 这是离散数学和连续数学的一个有趣对比.

我们来看几个简单的例子.

例 10.8 二阶线性常系数齐次微分方程

$$y'' - 5y' + 6y = 0, \quad \forall x \in \mathbb{R}$$

的特征方程是 $r^2 - 5r + 6 = 0$, 因此两个特征根是 3 和 2. 根据上面的定理, 方程的解是

$$y = C_1 \mathrm{e}^{3x} + C_2 \mathrm{e}^{2x},$$

这里 C_1, C_2 是两个任意的常数.

例 10.9 二阶线性常系数齐次微分方程

$$y'' + y = 0, \quad \forall x \in \mathbb{R}$$

的特征方程是 $r^2 + 1 = 0$, 因此两个特征根是 i 和 $-\mathrm{i}$. 根据上面的定理, 方程的解是

$$y = C_1 \mathrm{e}^{\mathrm{i}x} + C_2 \mathrm{e}^{-\mathrm{i}x},$$

这里 C_1, C_2 是两个任意的常数 (可以是复数). 根据欧拉公式, 我们可以把解改写成

$$\begin{aligned} y &= C_1(\cos x + \mathrm{i}\sin x) + C_2(\cos x - \mathrm{i}\sin x) \\ &= (C_1 + C_2)\cos x + (\mathrm{i}C_1 - \mathrm{i}C_2)\sin x. \end{aligned}$$

因为 $D_1 = C_1 + C_2$ 和 $D_2 = \mathrm{i}C_1 - \mathrm{i}C_2$ 仍可以表示两个任意的常数, 所以我们经常说方程的解是

$$y = D_1 \cos x + D_2 \sin x,$$

这里 D_1, D_2 是两个任意的常数. 我们可以调整 C_1, C_2 的值 (让它俩互为共轭), 使得 D_1, D_2 都是实数.

练习 10.6 求解二阶线性常系数齐次微分方程

$$y'' - 4y' + 13y = 0, \quad \forall x \in \mathbb{R}.$$

10.6 二阶线性常系数非齐次微分方程

本节我们来讲一下二阶线性常系数非齐次微分方程, 即形如

$$y'' + py' + qy = f(x), \quad \forall x \in \mathbb{R}$$

的微分方程, 这里 $y = y(x)$ 可以是复值的. 方程中的系数 p, q 都是常数, $f(x)$ 是一个非零的函数.

我们仍把二次方程 $r^2 + pr + q = 0$ 称为微分方程 $y'' + py' + qy = f(x)$ 对应的特征方程, 把特征方程的两个根 r_1, r_2 称为微分方程 $y'' + py' + qy = f(x)$ 的特征根. 严格地说,

$r^2+pr+q=0$ 是非齐次方程 $y''+py'+qy=f(x)$ 对应的齐次方程 $y''+py'+qy=0$ 的特征方程, r_1,r_2 是非齐次方程 $y''+py'+qy=f(x)$ 对应的齐次方程 $y''+py'+qy=0$ 的特征根.

为简单起见, 我们将只考虑 $f(x)$ 是一个多项式乘以一个指数函数的情形. 下面我们开始求解

$$y''+py'+qy=P_n(x)\mathrm{e}^{kx},\quad \forall x\in\mathbb{R},$$

这里 $P_n(x)$ 是一个 n 次多项式, k 是一个常数 (可以是零). 首先, 利用韦达定理, 把方程改写为

$$y''-(r_1+r_2)y'+r_1r_2y=P_n(x)\mathrm{e}^{kx}.$$

略作调整, 得到

$$(y'-r_2y)'-r_1(y'-r_2y)=P_n(x)\mathrm{e}^{kx}.$$

两边乘以积分因子 e^{-r_1x}, 得到

$$\mathrm{e}^{-r_1x}(y'-r_2y)'-r_1\mathrm{e}^{-r_1x}(y'-r_2y)=P_n(x)\mathrm{e}^{(k-r_1)x},$$

即

$$\Big(\mathrm{e}^{-r_1x}(y'-r_2y)\Big)'=P_n(x)\mathrm{e}^{(k-r_1)x}.$$

类似可得

$$\Big(\mathrm{e}^{-r_2x}(y'-r_1y)\Big)'=P_n(x)\mathrm{e}^{(k-r_2)x}.$$

接下来, 事情就变得很微妙了. 我们当然要继续求原函数, 但原函数的样子强烈地依赖 $k-r_1,k-r_2,r_1-r_2$ 这 3 个数是否为零. 我们先考虑最简单的情况, 即 $k-r_1,k-r_2,r_1-r_2$ 这 3 个数均非零, 也即 k,r_1,r_2 两两不等的情况. 此时, 根据原函数的理论 (如分部积分法) 可得

$$\mathrm{e}^{-r_1x}(y'-r_2y)=Q_n(x)\mathrm{e}^{(k-r_1)x}+C_1,$$

这里 $Q_n(x)$ 是一个 n 次多项式, C_1 是一个常数. 化简得到

$$y'-r_2y=Q_n(x)\mathrm{e}^{kx}+C_1\mathrm{e}^{r_1x},$$

两边乘以积分因子 e^{-r_2x}, 得

$$\mathrm{e}^{-r_2x}y'-r_2\mathrm{e}^{-r_2x}y=Q_n(x)\mathrm{e}^{(k-r_2)x}+C_1\mathrm{e}^{(r_1-r_2)x},$$

即

$$(\mathrm{e}^{-r_2x}y)'=Q_n(x)\mathrm{e}^{(k-r_2)x}+C_1\mathrm{e}^{(r_1-r_2)x}.$$

再次根据原函数的理论可得

$$\mathrm{e}^{-r_2x}y=R_n(x)\mathrm{e}^{(k-r_2)x}+\frac{C_1}{r_1-r_2}\mathrm{e}^{(r_1-r_2)x}+C_2,$$

这里 $R_n(x)$ 还是一个 n 次多项式, C_2 是一个常数. 再次化简得到

$$y = R_n(x)\mathrm{e}^{kx} + \frac{C_1}{r_1 - r_2}\mathrm{e}^{r_1 x} + C_2\mathrm{e}^{r_2 x}.$$

因为 $\dfrac{C_1}{r_1 - r_2}$ 仍可以表示一个任意的常数, 所以我们经常把最后的结果写成

$$y = R_n(x)\mathrm{e}^{kx} + C_1\mathrm{e}^{r_1 x} + C_2\mathrm{e}^{r_2 x}.$$

在等号的右边, $R_n(x)\mathrm{e}^{kx}$ 是非齐次方程的一个特殊的解, 简称特解 (particular solution), $C_1\mathrm{e}^{r_1 x} + C_2\mathrm{e}^{r_2 x}$ 则是对应齐次方程的解. 所以我们经常说, 非齐次方程的解等于它的一个特解加上对应齐次方程的解. 如果 r_1, r_2, k 中有两个数相等或者 3 个数都相等, 则情况会变得复杂一些, 我们把相应的结果总结在下面的定理中, 并通过几个例子来说明更具体的情况. 希望读者能自己推导一遍, 毕竟“纸上得来终觉浅, 绝知此事要躬行”!

定理 10.2 设 $P_n(x)$ 是一个 n 次多项式, k 是一个常数, r_1, r_2 是二阶线性常系数非齐次微分方程

$$y'' + py' + qy = P_n(x)\mathrm{e}^{kx}, \quad \forall x \in \mathbb{R}$$

的两个特征根.

(1) 若 k, r_1, r_2 两两不等, 则非齐次方程的解是

$$y = Q_n(x)\mathrm{e}^{kx} + C_1\mathrm{e}^{r_1 x} + C_2\mathrm{e}^{r_2 x},$$

这里 $Q_n(x)$ 是一个 n 次多项式, C_1, C_2 是两个任意的常数.

(2) 若 $k \neq r_1 = r_2$, 则非齐次方程的解是

$$y = Q_n(x)\mathrm{e}^{kx} + (C_1 x + C_2)\mathrm{e}^{r_1 x},$$

这里 $Q_n(x)$ 是一个 n 次多项式, C_1, C_2 是两个任意的常数.

(3) 若 $k = r_1 \neq r_2$, 则非齐次方程的解是

$$y = xQ_n(x)\mathrm{e}^{r_1 x} + C_1\mathrm{e}^{r_1 x} + C_2\mathrm{e}^{r_2 x},$$

这里 $Q_n(x)$ 是一个 n 次的多项式, C_1, C_2 是两个任意的常数.

(4) 若 $k = r_1 = r_2$, 则非齐次方程的解是

$$y = x^2 Q_n(x)\mathrm{e}^{r_1 x} + (C_1 x + C_2)\mathrm{e}^{r_1 x},$$

这里 $Q_n(x)$ 是一个 n 次的多项式, C_1, C_2 是两个任意的常数.

上述定理中的 r_1, r_2, k 不一定是实数, 它们也可以是虚数, 结论仍然成立. 我们始终将 y 视作一个实变量的复值函数, 上述常数 C_1, C_2 也应该理解为任意的复数.

上面列举了 4 种情况, 如果按照 r_1, r_2, k 是否为虚数再细分, 情况就更多了. 因此, 很多人学到这里都是很崩溃的. 但实际上不需要记那么多的东西, 实际操作的过程要简单得多, 只要你会求特征根, 会分组, 会积分因子法就够了. 我们来举个例子说明这一点.

例 10.10 (积分因子法大显身手)　我们来求解二阶线性常系数非齐次微分方程

$$y'' - 6y' + 9y = x^4 \mathrm{e}^{3x}, \quad \forall x \in \mathbb{R}.$$

不难看出两个特征根都是 3, 因此 $k = r_1 = r_2$. 按上面定理的描述, 这应该是最复杂的一种情况了. 果真如此吗? 首先我们把方程改写成

$$(y' - 3y)' - 3(y' - 3y) = x^4 \mathrm{e}^{3x}.$$

两边乘以积分因子 e^{-3x}, 得到

$$\mathrm{e}^{-3x}(y' - 3y)' - 3\mathrm{e}^{-3x}(y' - 3y) = x^4,$$

即

$$\left(\mathrm{e}^{-3x}(y' - 3y)\right)' = x^4.$$

积分一次 (我们经常把求原函数的过程称为求不定积分), 得到

$$\mathrm{e}^{-3x}(y' - 3y) = \frac{x^5}{5} + C_1,$$

这里 C_1 是一个任意常数. 这时先别忙着在两边乘以 e^{3x}, 注意到上式即

$$(\mathrm{e}^{-3x} y)' = \frac{x^5}{5} + C_1.$$

再积分一次, 得到

$$\mathrm{e}^{-3x} y = \frac{x^6}{30} + C_1 x + C_2,$$

这里 C_2 也是一个任意常数. 最后在等式两边乘以 e^{3x}, 得到

$$y = \left(\frac{x^6}{30} + C_1 x + C_2\right)\mathrm{e}^{3x},$$

这就完成了微分方程的求解.

注: 许多教材喜欢用待定系数法确定特解 $Q(x)\mathrm{e}^{kx}$, 比如, 对于上例中的方程, 可先假设

$$Q(x) = a_6 x^6 + a_5 x^5 + a_4 x^4 + a_2 x^3 + a_2 x^2,$$

然后代入微分方程, 通过比较系数解一个五元一次方程组, 确定 a_2, a_3, a_4, a_5, a_6 的值, 显然计算量很大, 特别容易出错. 经验不足的初学者甚至会假设

$$Q(x) = a_6 x^6 + a_5 x^5 + a_4 x^4 + a_2 x^3 + a_2 x^2 + a_1 x + a_0,$$

代入微分方程并比较系数后发现, 竟然没有任何关于 a_0, a_1 的限制条件, 此时他 (她) 可能会不知所措, 是不是设错了? 到底哪里出了问题? 其实没设错, 也没出任何问题, 没有限制条件就表明 a_0, a_1 可以取任何值. 因为我们只需要一个特解, 令 $a_0 = a_1 = 0$ 得到的就是最简单的特解.

下面的几个叠加原理是显然的, 而且都很重要.

定理 10.3 (线性微分方程的叠加原理 I) 设 y_1, y_2 都是线性齐次微分方程

$$y'' + p(x)y' + q(x)y = 0$$

的解, 则对任意常数 a, b, 线性组合 $ay_1 + by_2$ 都是方程

$$y'' + p(x)y' + q(x)y = 0$$

的解.

定理 10.4 (线性微分方程的叠加原理 II) 设 y_1, y_2 都是线性非齐次微分方程

$$y'' + p(x)y' + q(x)y = f(x)$$

的解, 则 $y_1 - y_2$ 是线性齐次微分方程

$$y'' + p(x)y' + q(x)y = 0$$

的一个解.

这个定理告诉我们, 如果我们想要求出线性非齐次微分方程

$$y'' + p(x)y' + q(x)y = f(x)$$

的通解, 且相应的齐次微分方程

$$y'' + p(x)y' + q(x)y = 0$$

是知道的或者容易求得的 (比如 p, q 均为常数的时候), 则我们只需要求出非齐次微分方程

$$y'' + p(x)y' + q(x)y = f(x)$$

的一个特解 y^* 即可. 根据定理 10.2, 我们已经知道当 p, q 均为常数时特解 y^* 是什么样子, 于是我们可以先用待定系数法设出这个特解, 再代入原方程求出这个特解.

定理 10.5 (线性微分方程的叠加原理 III) 设 y_1 是线性微分方程

$$y'' + p(x)y' + q(x)y = f_1(x)$$

的一个解, y_2 是线性微分方程

$$y'' + p(x)y' + q(x)y = f_2(x)$$

的一个解, 则 $y_1 + y_2$ 是线性微分方程

$$y'' + p(x)y' + q(x)y = f_1(x) + f_2(x)$$

的一个解.

这个定理告诉我们, 如果线性非齐次微分方程

$$y''+p(x)y'+q(x)y=f(x)$$

的非齐次项 $f(x)$ 比较复杂, 我们可以将其分解为一些简单项的和, 然后分别求这些简单的非齐次微分方程的特解. 这是一种分而治之的策略.

例 10.11　我们来求解二阶线性常系数非齐次微分方程

$$y''-5y'+6y=\cos x,\quad \forall x\in\mathbb{R}.$$

显然, 特征方程是 $r^2-5r+6=0$, 因此两个特征根是 3 和 2. 我们把方程改写成

$$(y'-2y)'-3(y'-2y)=\cos x,\quad (y'-3y)'-2(y'-3y)=\cos x.$$

乘以相应的积分因子之后, 得到

$$\left(\mathrm{e}^{-3x}(y'-2y)\right)'=\mathrm{e}^{-3x}\cos x,\quad \left(\mathrm{e}^{-2x}(y'-3y)\right)'=\mathrm{e}^{-2x}\cos x.$$

回忆一个关于原函数的结果: 当 a,b 均为非零实数的时候, 我们有

$$\left(\mathrm{e}^{ax}\cdot\frac{a\cos bx+b\sin bx}{a^2+b^2}\right)'=\mathrm{e}^{ax}\cos bx,$$

因此,

$$\mathrm{e}^{-3x}(y'-2y)=\mathrm{e}^{-3x}\cdot\frac{-3\cos x+\sin x}{10}+C_1,\ \mathrm{e}^{-2x}(y'-3y)=\mathrm{e}^{-2x}\cdot\frac{-2\cos x+\sin x}{5}+C_2,$$

这里 C_1,C_2 是两个任意的常数. 因此

$$y'-2y=\frac{\sin x-3\cos x}{10}+C_1\mathrm{e}^{3x},\quad y'-3y=\frac{\sin x-2\cos x}{5}+C_2\mathrm{e}^{2x},$$

两式相减, 得到

$$y=\frac{\cos x-\sin x}{10}+C_1\mathrm{e}^{3x}-C_2\mathrm{e}^{2x}.$$

上面的做法有些烦琐, 特别是求原函数那一步. 本题的关键其实在于求得特解 $\frac{\cos x-\sin x}{10}$. 为了求得这个特解, 我们也可以这么做: 由 $\cos x$ 的定义可知, 非齐次项 $\cos x=\frac{1}{2}\mathrm{e}^{\mathrm{i}x}+\frac{1}{2}\mathrm{e}^{-\mathrm{i}x}$ 是两个指数函数的线性组合. 利用线性微分方程的叠加原理, 我们可以先求出线性微分方程

$$y''-5y'+6y=\frac{1}{2}\mathrm{e}^{\mathrm{i}x}$$

的一个特解 y_1 和

$$y''-5y'+6y=\frac{1}{2}\mathrm{e}^{-\mathrm{i}x}$$

的一个特解 y_2, 再相加得到原方程的一个特解. 因为 $\mathrm{i}, -\mathrm{i}$ 和特征根 $3, 2$ 都不相等, 所以可设

$$y_1 = a\mathrm{e}^{\mathrm{i}x}, \quad y_2 = b\mathrm{e}^{-\mathrm{i}x},$$

这里 a, b 是待定的常数. 于是

$$y_1 + y_2 = a\mathrm{e}^{\mathrm{i}x} + b\mathrm{e}^{-\mathrm{i}x} = (a+b)\cos x + (\mathrm{i}a - \mathrm{i}b)\sin x$$

就是原方程的一个特解, 因此我们可以设原方程的一个特解是

$$y^* = A\cos x + B\sin x,$$

然后代入原方程求出 A, B 的值. 这么算能快很多, 前提是你对线性微分方程解的结构 (其实就是前面的几条叠加定理) 以及欧拉公式都很清楚. 不然的话, 采用我们介绍的第一种方法可能更加稳妥.

练习 10.7 求解二阶线性常系数非齐次微分方程

$$y'' - 4y' + 4y = \cos x, \quad \forall x \in \mathbb{R}.$$

例 10.12 求解二阶线性常系数非齐次微分方程

$$y'' - 4y' + 13y = \mathrm{e}^{2x}\cos 3x, \quad \forall x \in \mathbb{R}.$$

显然, 特征方程是 $r^2 - 4r + 13 = 0$, 因此两个特征根是 $2 + 3\mathrm{i}$ 和 $2 - 3\mathrm{i}$. 由 $\cos x$ 的定义可知, 非齐次项

$$\mathrm{e}^{2x}\cos 3x = \mathrm{e}^{2x} \cdot \frac{\mathrm{e}^{\mathrm{i}3x} + \mathrm{e}^{-\mathrm{i}3x}}{2} = \frac{1}{2}\mathrm{e}^{(2+3\mathrm{i})x} + \frac{1}{2}\mathrm{e}^{(2-3\mathrm{i})x}$$

是两个指数函数的线性组合. 利用线性微分方程的叠加原理, 我们可以先求出线性微分方程

$$y'' - 4y' + 13y = \frac{1}{2}\mathrm{e}^{(2+3\mathrm{i})x}$$

的一个特解 y_1 和

$$y'' - 4y' + 13y = \frac{1}{2}\mathrm{e}^{(2-3\mathrm{i})x}$$

的一个特解 y_2, 再相加得到原方程的一个特解. 现在, $k_1 = r_1 = 2 + 3\mathrm{i}, k_2 = r_2 = 2 - 3\mathrm{i}$, 所以可设

$$y_1 = x \cdot a\mathrm{e}^{(2+3\mathrm{i})x}, \quad y_2 = x \cdot b\mathrm{e}^{(2-3\mathrm{i})x},$$

这里 a, b 是待定的常数. 于是

$$y_1 + y_2 = ax\mathrm{e}^{(2+3\mathrm{i})x} + bx\mathrm{e}^{(2-3\mathrm{i})x} = (a+b)x\mathrm{e}^{2x}\cos 3x + (\mathrm{i}a - \mathrm{i}b)x\mathrm{e}^{2x}\sin 3x$$

就是原方程的一个特解, 因此我们可以设原方程的一个特解是

$$y^* = Axe^{2x}\cos 3x + Bxe^{2x}\sin 3x,$$

然后代入原方程求出 A, B 的值. 具体过程比较烦琐, 最终结果是

$$A = 0, \quad B = \frac{1}{6}.$$

所以原方程的一个特解是

$$y^* = \frac{1}{6}xe^{2x}\sin 3x,$$

原方程的通解是

$$y = \frac{1}{6}xe^{2x}\sin 3x + C_1e^{2x}\cos 3x + C_2e^{2x}\sin 3x,$$

这里 C_1, C_2 都是任意常数.

练习 10.8　求出二阶线性常系数非齐次微分方程

$$y'' - 4y' + 13y = (x^2+1)e^{2x}\sin 3x, \quad \forall x \in \mathbb{R}$$

的一个特解.

10.7　用算子法求线性常系数非齐次微分方程的特解

求线性常系数非齐次微分方程的特解, 除了待定系数法, 还有另一种方法: 算子法 (operational calculus method), 它是由英国自学成才的物理学家、电气工程师奥利弗・亥维赛 (Oliver Heaviside, 1850—1925, 见图 10.3) 提出来的, 其核心思想是直接对微分算子求逆, 下面我们来简单介绍一下 (以二阶为例).

图 10.3　亥维赛

令 $D = \dfrac{\mathrm{d}}{\mathrm{d}x}$, 则我们可以把二阶线性常系数非齐次微分方程

$$y'' + py' + qy = f(x)$$

改写为

$$(D^2 + pD + q)y = f(x),$$

于是

$$y = \frac{1}{D^2 + pD + q}f(x).$$

写到这里, 读者肯定会有疑问: 什么是 $\dfrac{1}{D^2+pD+q}$? $\dfrac{1}{D^2+pD+q}f(x)$ 又是个什么操作? 我们通过具体的例子来解释一下.

例 10.13 我们来求二阶线性常系数非齐次微分方程

$$y'' + y = x^2$$

的一个特解. 我们先把方程改写为

$$(D^2+1)y = x^2,$$

然后等号两边同时除以 D^2+1, 得到

$$y = \frac{1}{D^2+1}x^2.$$

我们把 $\dfrac{1}{D^2+1}$ 展开为 $1 - D^2 + D^4 - D^6 + \cdots$, 并注意到当 $k \geqslant 3$ 时, $D^k x^2 = 0$. 由此得到

$$y = (1-D^2)x^2 = x^2 - (x^2)'' = x^2 - 2.$$

大家可以检验一下, 这确实是原方程的一个特解.

例 10.14 我们来求二阶线性常系数非齐次微分方程

$$y'' - 5y' + 6y = \mathrm{e}^{4x}$$

的一个特解. 我们先把方程改写为

$$(D^2 - 5D + 6)y = \mathrm{e}^{4x},$$

等号两边同时除以 $D^2 - 5D + 6$, 得到

$$y = \frac{1}{D^2 - 5D + 6}\mathrm{e}^{4x},$$

我们用 $k = 4$ 代替上式中的 D, 得到

$$y = \frac{1}{4^2 - 5\times 4 + 6}\mathrm{e}^{4x} = \frac{1}{2}\mathrm{e}^{4x}.$$

大家可以检验一下, 这确实是原方程的一个特解.

例 10.15 我们来求二阶线性常系数非齐次微分方程

$$y'' - 5y' + 6y = \mathrm{e}^{2x}$$

的一个特解. 我们先把方程改写为

$$(D^2 - 5D + 6)y = \mathrm{e}^{2x},$$

等号两边同时除以 D^2-5D+6, 得到

$$y=\frac{1}{D^2-5D+6}\mathrm{e}^{2x},$$

如果我们用 $k=2$ 代替上式中的 D, 则分母等于零. 这时候我们采取如下的操作: 用 $(D^2-5D+6)'=2D-5$ 代替分母, 并在左边加一个 x, 即

$$y=x\cdot\frac{1}{2D-5}\mathrm{e}^{2x}.$$

这个时候再用 $k=2$ 代替上式中的 D, 得到

$$y=x\cdot\frac{1}{2\times2-5}\mathrm{e}^{2x}=-x\mathrm{e}^{2x}.$$

大家可以检验一下, 这确实是原方程的一个特解.

例 10.16　我们来求二阶线性常系数非齐次微分方程

$$y''-4y'+4y=\mathrm{e}^{2x}$$

的一个特解. 我们先把方程改写为

$$(D^2-4D+4)y=\mathrm{e}^{2x},$$

等号两边同时除以 D^2-4D+4, 得到

$$y=\frac{1}{D^2-4D+4}\mathrm{e}^{2x},$$

如果我们用 $k=2$ 代替上式中的 D, 则分母等于零. 这时我们采取如下的操作: 用 $(D^2-4D+4)'=2D-4$ 代替分母, 并在左边加一个 x, 即

$$y=x\cdot\frac{1}{2D-4}\mathrm{e}^{2x}.$$

如果我们用 $k=2$ 代替上式中的 D, 分母仍等于零. 我们继续采取类似的操作: 用 $(2D-4)'=2$ 代替分母, 并在左边加一个 x, 得到

$$y=x\cdot x\cdot\frac{1}{2}\mathrm{e}^{2x}=\frac{x^2}{2}\mathrm{e}^{2x}.$$

大家可以检验一下, 这确实是原方程的一个特解.

例 10.17　我们来求二阶线性常系数非齐次微分方程

$$y''-5y'+6y=\cos4x$$

的一个特解. 我们先把方程改写为

$$(D^2-5D+6)y=\cos 4x,$$

等号两边同时除以 D^2-5D+6, 得到

$$y=\frac{1}{D^2-5D+6}\cos 4x,$$

这个时候我们要用 $k=4$ 代替上式中的 D 吗? 不是的. 因为

$$\cos 4x=\frac{1}{2}\mathrm{e}^{4\mathrm{i}x}+\frac{1}{2}\mathrm{e}^{-4\mathrm{i}x},$$

所以我们实际上有两个 k: $4\mathrm{i}$ 和 $-4\mathrm{i}$. 虽然两个 k 的值不一样, 但 k^2 的值是一样的. 我们用 $k^2=-16$ 代替 D^2, 得到

$$y=\frac{1}{-16-5D+6}\cos 4x=\frac{1}{-5D-10}\cos 4x=\frac{-1}{5}\cdot\frac{1}{D+2}\cos 4x.$$

利用平方差公式 $D^2-4=(D-2)(D-2)$, 把 $\dfrac{1}{D+2}$ 改写为 $\dfrac{D-2}{D^2-4}$. 因此

$$y=\frac{-1}{5}\cdot\frac{D-2}{D^2-4}\cos 4x.$$

继续用 $k^2=-16$ 代替 D^2, 我们得到

$$\begin{aligned}y&=\frac{-1}{5}\cdot\frac{D-2}{-16-4}\cos 4x=\frac{D-2}{100}\cos 4x=\frac{(\cos 4x)'-2\cos 4x}{100}\\&=\frac{-4\sin 4x-2\cos 4x}{100}=\frac{-2\sin 4x-\cos 4x}{50}.\end{aligned}$$

大家可以检验一下, 这确实是原方程的一个特解.

例 10.18 我们来求二阶线性常系数非齐次微分方程

$$y''-8y=\mathrm{e}^{3x}x^2$$

的一个特解. 先把方程改写为

$$(D^2-8)y=\mathrm{e}^{3x}x^2,$$

然后等号两边同时除以 D^2-8, 得到

$$y=\frac{1}{D^2-8}\mathrm{e}^{3x}x^2.$$

这个时候, 我们要把 e^{3x} 移到最左边, 同时把分母中的 D 用 $D+3$ 代替, 得到

$$y=\mathrm{e}^{3x}\cdot\frac{1}{(D+3)^2-8}x^2=\mathrm{e}^{3x}\cdot\frac{1}{D^2+6D+1}x^2.$$

我们把 $\dfrac{1}{1+6D+D^2}$ 展开为 $1-(6D+D^2)+(6D+D^2)^2-(6D+D^2)^3+\cdots$, 并注意到当 $k\geqslant 3$ 时, $D^kx^2=0$, 因此我们可以忽略 D^3 以及更高阶的项. 由此得到

$$y=\mathrm{e}^{3x}\cdot(1-6D+35D^2)x^2=\mathrm{e}^{3x}(x^2-12x+70).$$

大家可以检验一下, 这确实是原方程的一个特解.

上面我们举了很多例子, 计算过程看似很 “无厘头”, 但每次得到的答案 (特解) 又都是正确的. 确实, 亥维赛的算子法在实际操作中获得了巨大的成功, 但因其常常涉及无穷级数的运算以及一些神秘的规则 (亥维赛将其做成了一个表格), 招致了数学家的批评. 数学家的唯一评判标准就是严谨, 亥维赛的算子法显然不满足这个要求. 亥维赛关于算子法的论文被拒稿, 理由是论文包含错误的内容且证明过程有不可修复的缺陷. 但亥维赛反驳说: 因为不懂消化的过程, 我就要拒绝美味的大餐吗?

大家肯定很也好奇算子法背后的原理是什么. 有人用拉普拉斯变换来解释算子法的原理, 其实还有一个更简单的解释, 就是求导法则的熟练应用. 比如, 当我们研究二阶线性常系数非齐次微分方程

$$(1+D^2)y=x^2$$

的时候, 我们直接令 $y^*=(1-D^2)x^2$, 于是

$$(1+D^2)y^*=(1+D^2)(1-D^2)x^2=(1-D^4)x^2=x^2-(x^2)''''=x^2,$$

因此 y^* 确实是方程 $(1+D^2)y=x^2$ 的一个特解.

又如, 当我们研究二阶线性常系数非齐次微分方程

$$(D^2+1)y=\sin ax$$

的时候 (这里 a 是一个不等于 ±1 的实数), 令 $y^*=\dfrac{\sin ax}{-a^2+1}$, 则由 $D^2\sin ax=(\sin ax)''=-a^2\sin 4x$ 可得,

$$(D^2+1)y^*=(D^2+1)\frac{\sin ax}{-a^2+1}=\frac{(\sin ax)''+\sin ax}{-a^2+1}=\sin ax,$$

因此 y^* 确实是方程 $(D^2+1)y=\sin ax$ 的一个特解.

再复杂一点: 当我们研究二阶线性常系数非齐次微分方程

$$(D^2-5D+6)y=\cos 4x$$

的时候, 令 $y^*=\dfrac{D-2}{-5(-4^2-4)}\cos 4x$, 则

$$(D^2-5D+6)y^*=(D^2-5D+6)\frac{D-2}{-5(-4^2-4)}\cos 4x$$

$$
\begin{aligned}
&= \frac{D-2}{-5(-4^2-4)}(D^2-5D+6)\cos 4x \\
&= \frac{D-2}{-5(-4^2-4)}(-4^2-5D+6)\cos 4x \\
&= \frac{D-2}{-5(-4^2-4)}(-5D-10)\cos 4x \\
&= \frac{(D-2)(D+2)}{-4^2-4}\cos 4x \\
&= \frac{D^2-4}{-4^2-4}\cos 4x = \frac{(\cos 4x)''-4\cos 4x}{-4^2-4} = \cos 4x.
\end{aligned}
$$

因此 y^* 确实是方程 $(D^2-5D+6)y=\cos 4x$ 的一个特解.

其他的例题也可以用类似的方式来理解, 请读者自行写出对应的过程.

10.8 算子法的理论基础

本节我们来补充几个和 D 有关的性质. 因此可以将本节视作上一节的一个附录.

我们用 V 表示定义在 $\mathbb{R}$ 上的所有复值光滑函数 (任意阶导数都存在的函数) 构成的向量空间, 则 D 是 V 上的一个线性变换, 把光滑函数 f 变成 f'. 设 n 是一个自然数, $P(t)=a_nt^n+\cdots+a_1t+a_0$ 是一个 n 次多项式, 我们用 $P(D)$ 表示微分算子

$$P(D)=a_nD^n+\cdots+a_1D+a_0,$$

它也是 V 上的一个线性变换, 把光滑函数 f 变成

$$P(D)f=a_nf^{(n)}+\cdots+a_1f'+a_0f.$$

比如, $D\mathrm{e}^{kx}=k\mathrm{e}^{kx}, D^2\cos kx=-k^2\cos kx$. 下面的定理是显然的.

定理 10.6 设 P,Q 是两个多项式, 则对任意光滑函数 f, 我们有

$$P(D)Q(D)f=Q(D)P(D)f=PQ(D)f.$$

如果多项式 $P(t)$ 的常数项 $a_0\neq 0$, 则存在一个形式幂级数

$$Q(t)=b_0+b_1t+b_2t^2+b_3t^3+\cdots,$$

使得 $P(t)Q(t)=Q(t)P(t)=1$. 我们把这个 Q 称为 P 的逆 (倒数), 记作 P^{-1}. 比如, $1-t$ 的逆就是

$$1+t+t^2+t^3+\cdots.$$

如果多项式 $P(t)$ 的常数项为零, 则存在正整数 m 和一个常数项非零的多项式 $R(t)$, 使得

$$P(t)=t^mR(t).$$

于是

$$P^{-1}(t)=t^{-m}R^{-1}(t),$$

它是一个洛朗形式幂级数 (即带有负幂次项的形式幂级数). 比如,

$$\begin{aligned}(t^2-t^3)^{-1}&=t^{-2}(1-t)^{-1}=t^{-2}(1+t+t^2+t^3+t^4+t^5+\cdots)\\&=t^{-2}+t^{-1}+1+t+t^2+t^3+\cdots.\end{aligned}$$

最后, 我们定义

$$D^{-1}x^n=\frac{x^{n+1}}{n+1},$$

则对任意的洛朗形式幂级数 $Q(t)$ 和任意的多项式 $f(x)$, $Q(D)f$ 都有了确定的含义. 比如,

$$(D^{-2}+D^{-1}+1+D+D^2+D^3)x^3=\frac{x^5}{20}+\frac{x^4}{4}+x^3+3x^2+6x+6.$$

定理 10.7　设 P 是一个非零多项式, $f(x)$ 是一个多项式, 则线性常系数微分方程

$$P(D)y=f(x)$$

的一个特解是 $y^*=P^{-1}(D)f(x)$.

证明　直接带入验算, $P(D)y^*=P(D)P^{-1}(D)f(x)=f(x)$.

□

例 10.19　我们来考虑二阶线性常系数非齐次微分方程

$$(D^2-D^3)y=x^3.$$

根据上面的定理, 它的一个特解是

$$\begin{aligned}(D^2-D^3)^{-1}x^3&=D^{-2}(1-D)^{-1}x^3\\&=D^{-2}(1+D+D^2+D^3+D^4+D^5+\cdots)x^3\\&=D^{-2}(x^3+3x^2+6x+6)\\&=\frac{x^5}{20}+\frac{x^4}{4}+x^3+3x^2.\end{aligned}$$

可能有读者发现了一点不对劲, 如果我们交换 D^{-2} 和 $(1-D)^{-1}$ 的顺序, 则会得到

$$\begin{aligned}(D^2-D^3)^{-1}x^3&=(1-D)^{-1}D^{-2}x^3\\&=(1+D+D^2+D^3+D^4+D^5+\cdots)\frac{x^5}{20}\\&=\frac{x^5}{20}+\frac{x^4}{4}+x^3+3x^2+6x+6.\end{aligned}$$

比上一个结果多了 $6x+6$. 好在这个问题并不严重, 因为 $6x+6$ 其实是包含在齐次微分方程 $(D^2-D^3)y=0$ 的通解中的. 换句话说,

$$y_1^*=\frac{x^5}{20}+\frac{x^4}{4}+x^3+3x^2,\quad y_2^*=\frac{x^5}{20}+\frac{x^4}{4}+x^3+3x^2+6x+6$$

都是非齐次微分方程 $(D^2-D^3)y=x^3$ 的特解. 如果我们的目的是获得非齐次微分方程 $(D^2-D^3)y=x^3$ 的一个特解, 那么无论采取哪种方式 (顺序) 都是可以的. 当然, 第一种方式得到的特解 y_1^* 更简单.

下面的定理也是显然的.

定理 10.8 (平移定理) 设 k 是一个非零常数, 则对任意光滑函数 f, 我们有

$$D\mathrm{e}^{kx}f=\mathrm{e}^{kx}(D+k)f.$$

推论 10.1 设 P 是一个多项式, k 是一个常数, 则对任意光滑函数 f, 我们有

$$P(D)\mathrm{e}^{kx}f=\mathrm{e}^{kx}P(D+k)f.$$

定理 10.9 设 P 是一个非零多项式, k 是一个常数, $f(x)$ 是一个多项式, 则线性常系数微分方程

$$P(D)y=\mathrm{e}^{kx}f(x)$$

的一个特解是 $y^*=\mathrm{e}^{kx}P^{-1}(D+k)f(x)$.

证明 直接带入验算,

$$P(D)y^*=P(D)\mathrm{e}^{kx}P^{-1}(D+k)f(x)=\mathrm{e}^{kx}P(D+k)P^{-1}(D+k)f(x)=\mathrm{e}^{kx}f(x).$$

□

例 10.20 我们都知道, $x\mathrm{e}^x$ 的原函数是 $(x-1)\mathrm{e}^x+C$, 这里 C 是一个任意的常数. 稍微复杂一点: $x^2\mathrm{e}^x$ 的原函数是 $(x^2-2x+2)\mathrm{e}^x+C$, $x^3\mathrm{e}^x$ 的原函数是 $(x^3-3x^2+6x-6)\mathrm{e}^x+C$. 更一般地, 对正整数 n, $x^n\mathrm{e}^x$ 的原函数是

$$\big(x^n-nx^{n-1}+n(n-1)x^{n-2}-\cdots+(-1)^n n!\big)\mathrm{e}^x+C.$$

这个结论可以用数学归纳法证明.

上述结果还有另外一种理解方法: $x^n\mathrm{e}^x$ 的原函数其实就是一阶线性微分方程 $y'=x^n\mathrm{e}^x$ 的通解. 令 $y=\mathrm{e}^x z$, 则

$$x^n\mathrm{e}^x=(\mathrm{e}^x z)'=\mathrm{e}^x z+\mathrm{e}^x z',$$

消去 e^x, 得到 $x^n=z+z'$, 即

$$x^n=(1+D)z.$$

上述非齐次方程的一个特解是

$$\begin{aligned} z^* &= (1+D)^{-1}x^n = (1-D+D^2-D^3+\cdots)x^n \\ &= x^n - nx^{n-1} + n(n-1)x^{n-2} - \cdots + (-1)^n n!. \end{aligned}$$

因为齐次方程 $z'+z=0$ 的通解是 $z=C\mathrm{e}^{-x}$, 这里 C 是一个任意的常数, 所以非齐次方程 $z'+z=x^n$ 的通解是

$$z = x^n - nx^{n-1} + n(n-1)x^{n-2} - \cdots + (-1)^n n! + C\mathrm{e}^{-x},$$

于是

$$y = \mathrm{e}^x z = \mathrm{e}^x\big(x^n - nx^{n-1} + n(n-1)x^{n-2} - \cdots + (-1)^n n!\big) + C.$$

我们还可以写得更快一些: 微分方程 $Dy=\mathrm{e}^x x^n$ 的一个特解是

$$\begin{aligned} y^* &= D^{-1}\mathrm{e}^x x^n = \mathrm{e}^x(1+D)^{-1}x^n = \mathrm{e}^x(1-D+D^2-D^3+\cdots)x^n \\ &= \mathrm{e}^x\big(x^n - nx^{n-1} + n(n-1)x^{n-2} - \cdots + (-1)^n n!\big). \end{aligned}$$

齐次方程 $Dy=0$ 的通解是 $y=C$, 这里 C 是一个任意的常数. 因此, 非齐次方程 $Dy=\mathrm{e}^x x^n$ 的通解是

$$y = \mathrm{e}^x\big(x^n - nx^{n-1} + n(n-1)x^{n-2} - \cdots + (-1)^n n!\big) + C.$$

参 考 文 献

[1] 常庚哲, 史济怀. 数学分析教程[M]. 北京: 高等教育出版社, 2003.

[2] 陈天权. 数学分析讲义[M]. 北京: 北京大学出版社, 2009.

[3] 菲赫金哥尔茨. 微积分学教程[M]. 8 版. 北京: 高等教育出版社, 2006.

[4] 陶哲轩. 分析[M]. 北京: 人民邮电出版社, 2008.

[5] 同济大学数学系. 高等数学[M]. 7 版. 北京: 高等教育出版社, 2014.

[6] 小平邦彦. 微积分入门[M]. 北京: 人民邮电出版社, 2019.

[7] 张筑生. 数学分析新讲[M]. 北京: 北京大学出版社, 1990.

[8] 卓里奇. 数学分析[M]. 4 版. 北京: 高等教育出版社, 2006.

索 引